服务机器人应用技术项目教程

主　编　廖春蓝　卢飞跃
副主编　陈英华　张　立
参　编　黄志彬　吴清辉

北京理工大学出版社
BEIJING INSTITUTE OF TECHNOLOGY PRESS

内容简介

本书是广州市一流课程"服务机器人应用技术"配套的新形态教材，该课程是中国特色双高专业群骨干专业的核心课。课程创新"岗课赛证融通"综合育人模式，依据国家机器人产业最新战略部署，围绕"机器人+"新产业、"服务机器人应用技术员"新职业，根据2022年发布的"服务机器人应用技术员"国家职业技术技能标准，以及专业的人才培养方案，将服务机器人新技术融入教学内容，旨在培养能够从事多场景下服务机器人的集成、实施、优化、维护等工作的优秀技术应用型人才。本书介绍了多场景下服务机器人应用技术，主要包括服务机器人应用技术的基本概念与分类、服务机器人的组成结构与拆装、机器人操作系统的编程与调试，以及多场景服务机器人典型工作项目开发。专业课程涉及的主要知识与技能融入教材的3个模块：模块1"服务机器人认知与拆装"、模块2"机器人操作系统基础任务"、模块3"服务机器人的典型项目任务"。

本书适合作为高等职业院校服务机器人应用技术相关课程用书，也可供该领域的企业技术人员参考。

版权专有　侵权必究

图书在版编目（CIP）数据

服务机器人应用技术项目教程 / 廖春蓝, 卢飞跃主编. -- 北京：北京理工大学出版社, 2025.1.
ISBN 978-7-5763-4759-3

Ⅰ. TP242.3

中国国家版本馆 CIP 数据核字第 2025QP4846 号

责任编辑：王梦春　　**文案编辑：**辛丽莉
责任校对：周瑞红　　**责任印制：**李志强

出版发行 / 北京理工大学出版社有限责任公司
社　　址 / 北京市丰台区四合庄路6号
邮　　编 / 100070
电　　话 / (010) 68914026（教材售后服务热线）
　　　　　　(010) 63726648（课件资源服务热线）
网　　址 / http://www.bitpress.com.cn

版 印 次 / 2025年1月第1版第1次印刷
印　　刷 / 三河市天利华印刷装订有限公司
开　　本 / 787 mm×1092 mm　1/16
印　　张 / 16.5
字　　数 / 369千字
定　　价 / 84.80元

图书出现印装质量问题，请拨打售后服务热线，负责调换

前 言

机器人技术是一门跨专业的新兴学科，涉及机械学、电学、计算机技术、传感技术、通信技术、人工智能技术，甚至纳米科技和材料技术等。在产业革命、技术创新和社会需求三大因素的驱动下，全球范围内的机器人革命势不可挡。智能机器人作为新一代人工智能关键技术的典型载体，是人工智能应用"皇冠上的明珠"。服务机器人则是机器人家族的一个大类，目前发展势头迅猛，也是全球各国争相研究的热点。

2021年12月，工业和信息化部、国家发展改革委等15个部门发布的《"十四五"机器人产业发展规划》指出，机器人的研发、制造和应用是衡量一个国家科技创新和高端制造业水平的重要标志。党中央、国务院高度重视机器人产业发展，将机器人纳入国家科技创新重点领域，大力推动机器人研发创新和产业化应用。2023年1月，工业和信息化部、教育部等17个部门联合印发的《"机器人+"应用行动实施方案》指出，落实《"十四五"机器人产业发展规划》重点任务，加快推进机器人应用拓展，创新应用模式和显著应用成效的机器人典型应用场景。

目前，虽然有关工业机器人的书籍很多，但是有关智能移动机器人，特别是服务机器人的书籍极度匮乏。本书贯彻落实《习近平新时代中国特色社会主义思想进课程教材指南》文件要求和党的二十大精神，认真学习《国家职业教育改革实施方案》，领会高等职业教育要落实好立德树人根本任务，深化课程内容改革，致力于普及新兴学科知识，推动职业教育高质量发展，培养青年学生科技强国的使命担当。本书围绕"机器人+"新产业和"服务机器人应用技术员"新职业，对标2022年国家发布的"服务机器人应用技术员"国家职业标准，将服务机器人相关的新技术融入创设的3个模块，以围绕具体应用场景的18个项目任务为驱动，通过详细的步骤和案例分析，引导学习者全过程进行实践，帮助学习者深入学习不同应用场景下服务机器人的集成、实施、优化、维护的方法与技能。

本书共分为3个模块：模块1介绍了服务机器人认知与拆装，分为初识服务机器人、拆装服务机器人的机械臂、连接服务机器人的感知系统和服务机器人整机集成与交付4个项目；模块2是机器人操作系统的基础任务，分为操控ROS小海龟行走、创建自己的工作空间和功能包、编写参数读写节点、创建问候话题通信模型、创建运算服务通信模型、创建清洗动作通信模型6个项目；模块3是服务机器人的典型项目任务，分为舞蹈机器人转圈行走、会展机器人展品介绍、迎宾机器人与人交流、扫地机器人自建地图、安防机器人多点巡航、门禁机器人识别人脸、物流机器人货品分拣、采摘机器人采摘荔枝8个项目。

本书是广州市一流课程"服务机器人应用技术"的配套教材，配合学银在线网络课程开展线上、线下混合教学。本书配有大量源代码、功能包和多应用场景下服务机器人的工作视频，具体可以扫对应的二维码进行查看。本课程配有微课视频、电子课件、课程标准、电子教案、习题答案等数字化教学资源，具体可以报名学银在线课程"服务机器人应用技术"进行学习。通过纸质教材、数字资源、网络平台的有机融合，构建了"人人乐学、处处可学、时时能学"的立体学习空间。

本书是广州番禺职业技术学院和广州市威控机器人有限公司合作开发的专业教材。编写分工为：广州番禺职业技术学院廖春蓝、卢飞跃担任主编；陈英华、张立担任副主编；参编人员有广州市威控机器人有限公司黄志彬、吴清辉。本书的编写还得到了广州市威控机器人有限公司和北京六部工坊科技有限公司的技术支持，同时，编者也参考了大量有关智能机器人方面的资料，在此对相关资料的编著者和企业工程师一并表示感谢。

由于编者水平有限，书中难免存在错误和不妥之处，恳请广大读者批评指正。

编　者

目 录

模块 1　服务机器人认知与拆装 ·· 1
　项目 1　初识服务机器人 ··· 1
　项目 2　拆装服务机器人的机械臂 ·· 13
　项目 3　连接服务机器人的感知系统 ··· 30
　项目 4　服务机器人整机集成与交付 ··· 48

模块 2　机器人操作系统基础任务 ·· 60
　项目 1　操控 ROS 小海龟行走 ·· 60
　项目 2　创建自己的工作空间和功能包 ··· 75
　项目 3　编写参数读写节点 ··· 91
　项目 4　创建问候话题通信模型 ··· 108
　项目 5　创建运算服务通信模型 ··· 120
　项目 6　创建清洗动作通信模型 ··· 132

模块 3　服务机器人的典型项目任务 ·· 147
　项目 1　舞蹈机器人转圈行走 ·· 147
　项目 2　会展机器人展品介绍 ·· 156
　项目 3　迎宾机器人与人交谈 ·· 167
　项目 4　扫地机器人自建地图 ·· 181
　项目 5　安防机器人多点巡航 ·· 197
　项目 6　门禁机器人识别人脸 ·· 208
　项目 7　物流机器人货品分拣 ·· 228
　项目 8　采摘机器人采摘荔枝 ·· 243

参考文献 ·· 256

模块 1　服务机器人认知与拆装

块引入 <<<

随着科技与社会文明的飞速跃迁，机器人代替人类劳作的梦想逐渐变成了现实，智能机器人应运而生，成为人类的得力助手，悄然走进了人类的生活。

机器人能够胜任各种烦琐、沉重甚至高危的工作，无论是在工业生产线上进行精密操作，还是在深海、太空中探索未知，它们都能发挥巨大的作用。此外，机器人还深入日常生活的方方面面，如家庭清洁、老年护理、门禁安防、迎宾接待、儿童教育等领域，为人类提供便捷和高效的服务，使人类的生活更加美好。

追溯机器人的历史，我们不禁感叹古人的智慧与勇气。数千年前，古人就开始尝试制造各种机械装置，如"自动人"和"伶人"等，这些装置虽然简单粗糙，却已经具备了机器人的雏形。古人的尝试不仅体现了他们对机器人的孜孜追求，更展现了他们对未知世界的勇敢探索。

当今社会，随着科技的快速发展，机器人技术已经取得了巨大的进步。智能服务机器人、仿生机器人、人形机器人等高科技产品不断涌现，它们不仅具备了更加强大的功能，而且越来越容易与人类交流。这些机器人已经成为我们生活中的伙伴和助手，为我们的生活带来了更多可能性。

服务机器人是机器人家族中的一个年轻成员，到目前为止尚没有一个十分严格的定义，但它早已深入人类社会生活的方方面面。那到底什么是服务机器人呢？它能为人类做些什么呢？本模块将带领大家全方位地认识服务机器人。

项目 1　初识服务机器人

【情境导入】

小张毕业后，满怀热情地加入了某市的青少年科技馆，并担任了智能机器人科普基地的讲解员。这个科普基地是青少年们探索科技奥秘的乐园，尤其是服务机器人科普区，更是吸引了无数好奇的目光。

作为讲解员，小张不仅要向游客们展示各种先进的服务机器人，还要讲述它们的发展历史和应用场景。从迎宾机器人到厨师机器人，从家庭服务机器人到商业服务机器人，服务机器人的身影无处不在。小张的讲解生动有趣，让青少年们对服务机器人产生了浓厚的兴趣，激发了他们的求知欲望和探索精神。在这里，他们不仅学到了知识，更感受到了科技的魅力。

让我们跟随小张，一起去探索神秘的服务机器人。

【学习目标】

1. 知识目标

（1）掌握机器人和服务机器人的概念和相关定义。
（2）熟悉机器人的发展历程和发展阶段。
（3）熟悉服务机器人的分类。

2. 技能目标

（1）能正确阐述服务机器人的三大核心技术模块。
（2）能在特定的应用场景中正确分辨服务机器人和工业机器人。

3. 素养目标

（1）能以科学的态度对待科学，以真理的精神追求真理。
（2）感受科技魅力，初步培养科技强国的情怀。

【知识导入】

一、机器人的发展历史与分类

1. 机器人的发展历史

在我国，机器人的应用历史悠久，最早记载的机器人是西周时期的能工巧匠研制的一款能歌善舞的"伶人"。春秋后期，木匠鼻祖鲁班曾制造过一只木鸟，据说它能在空中飞行"三日不下"。到了汉代，我国科学家张衡不仅发明了地动仪，而且还发明了记里鼓车。记里鼓车每行一里①，车上的木人击鼓一次，每行十里击钟一次，类似于现代的计程车。三国时期，蜀国的丞相诸葛亮发明了"木牛流马"，用于运送军粮。

1986年3月，我国开始把研究、开发智能机器人的内容列入国家高技术研究发展计划（简称"863计划"）。1986—2009年的20多年中，在"863计划"的旗帜下，我国团结了几千人的研究开发队伍，圆满完成各项科研任务，建成了一批高水平的研究基地，造就了一支跨世纪的研究开发队伍，为我国21世纪机器人技术的持续创新发展奠定了基础。1998年，上海未来伙伴机器人有限公司推出全球第一台教育机器人。2006年，我国研发出首台具有国际一流语音交互水平、复杂动作及智能运动控制水平的"美女机器人"，其具有仿真的美女外形，服装和发型可以根据应用场合更换。她能够根据工作人员的命令，马上完成相应的动作，能够讲英语、四川方言，能够唱歌、讲笑话，可以与游客进行语音聊天和知识问答，在移动行走时，她能自动识别场景中碰到的障碍物，并做语音提示。

2003年，北京航空航天大学机器人研究所联合海军总医院在国内率先研发出了辅助脑外科手术的机器人。截至2008年年底，该机器人已经成功实施了5 000余例手术。

---

① 1里=500米。

2012年，由中国船舶科学研究中心702所、中国科学院沈阳自动化研究所和声学研究所等国内多家科研机构与企业联合攻关，设计完成的"蛟龙号"顺利完成了7 000 m海试任务，并且在马里亚纳海沟创造了下潜7 062 m的世界载人深潜纪录。

2013年，作为嫦娥三号的巡视器，中国首辆月球车"玉兔号"驶抵月球表面，进行月球表面勘测。2019年，"玉兔二号"也随嫦娥四号登上月球，对月球背面进行科学探索。2021年，天问一号着陆后的第7天，我国首个火星车"祝融号"缓缓驶离着陆平台，踏上火星乌托邦平原表面，行驶了0.522 m。

2022年，广东佛山千玺机器人集团研发制造的智慧餐厅在北京冬奥会上圆满完成了媒体工作人员的供餐任务。智慧餐厅配备了120台制餐机器人，在冬奥会期间24小时待命，每天接待五六千人。

在国外，公元1世纪，希腊人赫仑利用所学知识设计了许多由铅锤、车轮、滑车等组成的"自动人"，这些"自动人"出色地完成了表演。公元2世纪，亚历山大时代的古希腊数学家希罗发明了以水、空气和蒸汽压力为动力的机械玩具，它可以自己开门，还可以借助蒸汽唱歌，如气转球、自动门等。根据记载，公元15世纪，达·芬奇利用木头、皮革和金属外壳等设计出了一种初级机器人，它采用齿轮传动方式，内部配置了自动鼓的装置，机体之间连接了传动连杆，不仅可以完成一些简单动作，还能发声。

1662年，日本的竹田近江利用钟表技术发明了自动机器玩偶，并在大阪的道顿崛演出。1738年，法国天才技师杰克·戴·瓦克逊发明了一只机器鸭，它会嘎嘎叫，会游泳和喝水，还会进食和排泄。瓦克逊的本意是想把生物的功能加以机械化而进行医学上的分析。

1893年，英国人摩尔制造了靠蒸汽驱动双腿进行圆周运动的蒸汽人。1920年，捷克斯洛伐克作家卡雷尔恰佩克在他的剧本《罗素姆万能机器人》中，根据捷克文robota（苦工）和波兰文robotnik（工人）创造出了"机器人"这个单词。该剧本描写了一个长相和动作都像人的机器人robot按照其主人的命令以呆板的方式从事繁重的劳动，它没有感觉和感情。从此robot便成了机器人一词的起源，并开始在全世界流行。

1927年，美国西屋电气公司的工程师温兹利制造了第一个"电报箱"机器人，它装有无线电发报机，可以回答一些简单的问题，但它不能走动。1939年，西屋电气公司制造出了由电缆控制的家政机器人Elektro。它可以行走和说单词，甚至抽烟，不过它离真正干家务活还差得很远。但是，它让人们对家庭服务机器人的憧憬变得更加具体了。1942年，美国科幻巨匠阿西莫夫提出了"机器人三定律"，这三条定律后来成为机器人学术界所默认的研发原则。

1952年，美国福特汽车公司建造了世界上第一条全自动的汽车生产线，该生产线上的42部自动机器可以完成500种不同的加工工序和产品检验。1954年，美国发明家德沃尔提出了工业机器人的概念，并率先研发出了世界上第一台可编程的工业机器人。他借助伺服技术控制工业机器人的关节，利用人手对工业机器人进行动作示教，使工业机器人能够实现动作的记录和再现。这就是所谓的示教再现工业机器人，这种工业机器人能按照不同的程序从事不同的工作，因此具有通用性和灵活性。目前的工业机器人差不多都采用了这种工作方式。1956年，马文·明斯基提出了智能机器的观点："智能机器能够创建周围环境的抽象模型。如果遇到问题，它能够从抽象模型中寻找解决问题的方法"。他的观点影响了此后几十年全世界智能机器人的研究和发展方向。

1959 年，"机器人之父"约瑟夫·恩格尔伯格在德沃尔专利技术的基础上研制出世界上第一台真正意义的工业机器人 Unimation（万能自动）。这是公认的世界上第一台机器人，后来应用于汽车制造领域。1962 年，美国机械与铸造公司（American Machine and Foundry, AMF）生产出了 Verstran（万能搬运）工业机器人，它们与 Unimation 一样成为真正商业化的工业机器人。作为最早的示教再现型机器人产品，它们由类似于人类的手和臂组成，控制方式也与数控机床相似。它们被出口到世界各国，掀起了全世界对机器人研究和应用的热潮。1961 年，恩斯特在机器上安装了触觉传感器。1962 年，托莫维奇和博尼在世界上最早的"灵巧手"上应用了压力传感器。1963 年，美国麻省理工学院（Massachusetts Institute of Technology, MIT）的麦卡锡则在机器人中加入了视觉传感系统，并于 1965 年推出了世界上第一个带有视觉传感器和能够识别及定位积木的机器人 Roborts。同年，美国约翰·霍普金斯大学也研制出了机器人 Beast，它能通过声呐系统和光电管等装置校正自己的位置。

1967 年，日本成立了人工手研究会（后更名为仿生机构研究会），并召开了首届机器人学术会议。1968 年，美国斯坦福研究所研发了机器人 Shakey。Shakey 带有视觉传感器，能根据人的命令发现并抓取积木。虽然控制它的计算机足有一个房间那么大，但是 Shakey 可以算是世界上第一台智能机器人，它拉开了第三代机器人研发的序幕。1969 年，被誉为"仿人机器人之父"的日本早稻田大学的加藤一郎教授研发出了世界上第一台用双脚走路的机器人。

1970 年，美国召开了第一届国际工业机器人学术会议。在这之后，机器人的研究得到了广泛而快速的普及。1973 年，美国第一次将小型计算机用于控制机器人，从而诞生了美国辛辛那提米拉克隆公司的机器人 T3。同年，该公司又制造了第一台由小型计算机控制的工业机器人，它由液压驱动，能提升有效负载达 45 kg。1978 年，美国 Unimation 公司推出了通用型工业机器人可编程通用装配操作手（programmable universal manipulator for assembly, PUMA），即 PUMA 机器人，这标志着工业机器人技术已经完全成熟。至今，大量的 PUMA 机器人仍然工作在全世界的许多工厂中。

1984 年，约瑟夫英格伯格开发出了服务机器人 Helpmate，它能够在医院里为病人送饭、送药、送信。同年，他还预言，机器人将会擦地板、做饭、洗车，进行安全检查等。1992 年，日本研制出了一台光敏微型机器人，其体积不到 3 cm³，质量为 1.5 g。从 1997 年开始，本田公司研制出了一系列可以像人类一样走路的步行机器人 P2、P3、ASIMO（advanced step innovative mobility）。这些机器人身高 1.2~1.8 m，它们都有 3D 视觉，头部能自由地转动，双脚能避开障碍物和改变方向，以及在被推撞后可以自我平衡。1999 年，日本索尼公司推出了犬型娱乐机器人 AIBO，从此娱乐机器人迈进了普通家庭。

2002 年，美国 iRobot 公司推出了吸尘机器人 Roomba，它能自动地设计行进路线，避开障碍物，还能在电量不足时自动地驶向充电座。2004 年，美国发射的"勇气"号和"机遇"号火星车先后成功地登陆火星，它们在火星表面行走、拍摄、钻探、化验，出色地完成了自己的使命。2006 年 6 月，微软公司推出机器人开发平台 Microsoft Robotics Studio，从而使机器人模块化和平台统一化的趋势越来越明显。2011 年 11 月，美国国家航空航天局（National Aeronautics and Space Administration, NASA）的"好奇号"火星车从美国佛罗里达州卡纳维拉尔角发射场成功升空，在火星上开展科学考察工作。

2020年，韩国现代汽车公司收购了波士顿动力公司，波士顿动力公司从2009年开始先后研发了Bigdog（机器大狗）、Atlas（人形机器人）、Spot（机器狗）、Handle（双轮搬运机器人）等多款机器人。

2. 机器人的发展方向

随着人类社会的不断进步和科学技术的不断发展，机器人已经在各行各业中得到了广泛应用，目前几乎所有高精尖的技术领域都有它们的身影。特别是进入21世纪后，机器人不仅深入人们的生产，而且更加深入人们生活的方方面面，人类与机器人的距离越来越近。

机器人的发展历程可以分为四个阶段，如表1-1所示。

表1-1 机器人发展的四个阶段

序号	阶段	机器人类型	特点
1	第一阶段	示教再现型机器人	机器人根据事先编好的程序工作，不能独立思考，不能处理外界的信息
2	第二阶段	感觉型机器人	机器人具有视觉、触觉、听觉等感知能力，能对外界环境信息做出反应
3	第三阶段	智能机器人	机器人不仅具有感知能力，还具有自我学习能力，能借助人工智能（artifical intelligent，AI）技术进行自我决策
4	第四阶段	仿生机器人	机器人具有高级生命形态和特征，可以在未知的非结构化环境中有效地完成各种复杂的工作任务

展望未来，随着全球人口老龄化程度越来越严重，人类对机器人的需求也将越来越大、越来越多样化。

在制造生产领域，商业产品的生产已经从传统的单品种、大批量的生产逐步向多品种、小批量的柔性生产过渡。因此，由各种加工装备、工业机器人、自动化仓库和物联网系统组成的大规模集成柔性制造系统正逐步成为制造工业的主要生产手段之一。随着工业机器人数量的快速增长和工业生产的快速发展，人们对工业机器人的工作能力也提出了更高的要求。这些具有一定智能的工业机器人需要应用更多的传感器，运用人工智能技术进行学习、推理和决策来完成更加复杂的工作任务。

服务机器人是机器人家族中年轻而又重要的一员，国际上一般认为，除了用于生产的工业机器人，其余的机器人都可以统称为服务机器人。服务机器人的应用越来越广泛，而且越来越智能化。智能服务机器人作为机器人产业的新兴领域，高度融合了人工智能、传感、网络、大数据、云计算等高新技术，与移动互联网的新业态、新模式相结合，为推动人类的智慧化生活提供了突破口。当前，全球各大科技巨头都持续投入人工智能方面的研究，这将成为智能服务机器人实现良好人机互动的突破口。随着具有智能服务机器人的数量日益增多，云技术未来极有可能成为服务机器人的标准配置。

总体而言，随着人工智能领域各项关键技术问题的解决，机器人将会在制造、化工、交通、航天、航海、医疗、教育、军事、农业等各个领域得到广泛的应用。机器人也将朝着更智能化、更网络化、更人性化、更多元化的方向发展。

3. 机器人三定律

人们在研发和应用机器人的同时，也担心越来越智能的机器人会对人类造成威胁。为了规范机器人的行为和活动，人们采用了科幻小说家阿西莫夫（Asimov）于 1940 年在小说中订立的"机器人三定律"。

第一定律：机器人不得伤害人类个体，或者坐视人类个体受到伤害而甩手不管。

第二定律：除非违背第一定律，否则机器人必须服从人类命令。

第三定律：在不违背第一及第二定律的原则下，机器人必须保护自己。

阿西莫夫认为有了"机器人三定律"，人类和机器人就能和平相处。但被誉为"人工大脑"之父的美国科学家雨果·德·加里斯却不这么认为。雨果·德·加里斯认为，在人工智能还比较低级的情况下，机器人会听从人类发出的任何命令，随着人工智能的不断发展，当机器人的智能程度接近甚至高于人类时，机器人将会有自己的意识，它们将不再愿意受人类的控制，人类或许将面临灾难。

4. 机器人的分类

全球的机器人数不胜数，种类繁多，并且有很多分类方法，目前国际上也没有非常统一、严格的分类标准。例如，可以按照应用领域、控制方式、使用空间、国家区域、驱动方式、关键技术等进行分类。

根据 2021 年 6 月 1 日我国实施的国家标准《机器人分类》（GB/T 39405—2020）（以下简称 GB/T 39405—2020），按照机器人的应用领域，机器人分为工业机器人、个人/家用服务机器人、公共服务机器人、特种机器人和其他应用领域机器人五大类；根据机器人的运动方式，机器人分为轮式机器人、足腿式机器人、履带式机器人、蠕动式机器人、浮游式机器人、潜游式机器人、飞行式机器人和其他运动方式机器人；根据机器人的使用空间，机器人分为地面/地下机器人、水面/水下机器人、空中机器人、空间机器人和其他使用空间机器人；根据机器人的机械结构类型，机器人分为垂直关节型机器人、平面关节型机器人、直角坐标型机器人、并联机器人和其他机械结构类型机器人；根据机器人的编程和控制方式，机器人分为编程型机器人、主从机器人和协作机器人三大类。

中国电子学会将机器人划分为三类，分别是工业机器人、服务机器人和特种机器人。

2022 年，工业和信息化部、国家发展和改革委员会等 15 个部门联合发布的《"十四五"机器人产业发展规划》中提到，重点推进工业机器人、服务机器人、特种机器人重点产品的研制及应用。其中，工业机器人主要包括焊接机器人、真空（洁净）机器人、民爆物品生产机器人、物流机器人、协作机器人、移动操作机器人等；服务机器人主要包括农业机器人、建筑机器人、医疗康复机器人、养老助残机器人、家庭服务机器人、公共服务机器人等；特种机器人主要包括水下机器人、安防机器人、危险环境作业机器人、卫生防疫机器人等。

国际上一般将机器人分为工业机器人和服务机器人两大类。如果按照国家区域分类，机器人可分为欧美系机器人、日系机器人、国产机器人等。

工业机器人和服务机器人都可以代替人类工作和劳动，但它们有各自的特点。工业机器人的工作环境一般都是已知的、相对固定的。服务机器人的工作环境大部分都是未知的、变化的。工业机器人从事的工作大部分跟人类生产相关，服务机器人从事的工作大部分跟人类生活相关。

二、服务机器人的定义

1. 机器人的定义

在科技界，科学家一般都会给每一个科技术语赋予一个明确的定义。机器人自问世以来，新的机型不断涌现，新的功能层出不穷，而且由于机器人技术的飞速发展，机器人越来越智能化，其所涵盖的内容越来越丰富，功能越来越强大，机器人的定义也在不断充实与创新。同时，机器人涉及"人"的概念，这就注定成为一个难以准确回答的哲学问题。就像机器人一词最早诞生于科幻小说中一样，人们至今都对机器人充满了幻想。也许正是由于机器人定义的模糊，才留给人们无限的想象空间和创造空间。因此，机器人的定义仍然是仁者见仁智者见智，国际学术界至今对机器人没有统一的定义，不同的学者根据自己的研究方向有着不同侧重点的说法，不同的国家也有各自的习惯解释。

1967年，在日本召开的第一届机器人学术会议上，学者们提出了两个具有代表性的机器人定义。一个是森政弘与合田周平提出的定义：机器人是一种具有移动性、个体性、智能性、通用性、半机械半人性、自动性、奴隶性等特征的柔性机器。另一个是日本机器人之父加藤一郎提出的定义：机器人是由能工作的手、能行动的脚和有意识的头脑组成的一个个体，同时具有非接触传感器（相当于人的耳目）、接触传感器（相当于人的皮肤）、固有感及平衡感传感器等感觉器官和能力。日本工业机器人协会给出的机器人定义：机器人是一种带有存储件和末端执行器的通用机械，它能够通过自动化动作替代人类劳动。美国机器人工业协会给出的定义：机器人是一种用于移动各种材料、零件、工具和专用装置，通过编程来执行各种任务，并具有编程能力的多功能机械手。

国际标准化组织（International Standardization Organization，ISO）将机器人定义为具有一定程度的自主能力的可编程执行机构，能进行运动、操纵或定位。

我国发布的国家标准 GB/T 39405—2020 中，将机器人定义为具有两个或两个以上可编程的轴，以及一定程度的自主能力，可在其环境内运动以执行预定任务的执行机构。

2. 服务机器人的定义

服务机器人是机器人家族中的一个非常年轻的成员，到目前为止还没有一个严格统一的定义。国际机器人联合会（IFR）给服务机器人下了一个初步的定义：服务机器人是指通过半自主或完全自主运作，为人类健康或设备良好状态提供服务的机器人，但不包括从事生产的设备。根据这一定义，工业生产中使用的操纵机器人如果应用于非制造业，也可认为是服务机器人。

我国《国家中长期科学与技术发展规划纲要（2006—2020年）》对服务机器人给予了明确定义：智能服务机器人是在非结构环境下为人类提供必要服务的多种高技术集成的智能化装备。

服务机器人可以安装机械手臂，也可以不安装机械手臂，但是基本配备了多种传感器。日常生活中常见的扫地机器人、送餐机器人、迎宾机器人、看护机器人、陪伴机器人、娱乐机器人、医疗辅助机器人、商业清洁机器人等都属于服务机器人。

三、服务机器人的发展趋势

全球人口的老龄化带来大量的问题，适龄劳动力大幅减少，政府的财政负担日益增大。服务机器人能代替人类进行工业领域之外的劳作，其应用范围非常广泛，涉及家政服务、助老助残、公共服务、物流运输、前台销售、医疗辅助、保洁清洗、教育等诸多领域。

数据显示，世界上至少有48个国家在开发机器人，其中25个国家已涉足服务机器人的开发。近年来，全球服务机器人市场增长保持较快的速度。2022年，全球专业服务机器人销量增长了48%。

2023年10月，国际机器人联合会（Internal Federation of Robots，IFR）发布了《2023世界机器人报告》，报告中指出，服务机器人行业正在高速发展，物流机器人、酒店机器人、农业机器人、专业清洁机器人、搜救与安防机器人等服务机器人的销量快速上升。根据IFR测算，2022年全球机器人市场规模达到513亿美元。其中，工业机器人市场规模达到195亿美元，服务机器人达到217亿美元，特种机器人超过100亿美元。预计到2024年，全球机器人市场规模将有望突破650亿美元，全球服务机器人市场规模将有望增长到290亿美元。

服务机器人在疫情影响下孕育出新的发展机遇，已形成初具规模的行业新兴增长点。抗疫系列机器人成为疫情防控的新生力量，"无接触"的无人配送已成为新焦点。对于专业清洁机器人领域中的消杀机器人，全球有50家企业能够提供这套终端，随之带来一些技术革新。紫外线消毒机器人能通过红外摄像头监测消毒范围内的人类，避免紫外线伤及无辜。疫情防控期间，为解决食品和药物配送"最后一公里"的物流机器人，是服务机器人领域近两年销量增长最快的细分领域之一。专业度更强的医疗、农业机器人也带着更高技术要求，奔赴市场。

我国在服务机器人领域的研发与日本、美国等国家相比起步较晚。在国家863计划的支持下，我国在服务机器人研发方面已经开展了大量工作，并取得了一定的成绩。例如，哈尔滨工业大学研制的导游机器人、迎宾机器人、清扫机器人等，华南理工大学研制的机器人护理床，中国科学院自动化研究所研制的智能轮椅等。但是随着产业化的发展，服务机器人的需求呈现多样化的爆发趋势，仅仅依靠几个重点院校和研究所很难满足所有需求，所以，普通高等院校开展服务机器人研究，对于丰富服务机器人的应用类型，加快我国服务机器人的产业化进程，有着非同一般的战略意义。

中国服务机器人产业存在巨大市场潜力和发展空间。

四、服务机器人的三大核心技术模块

服务机器人的交互能力、感知能力、运动能力对应三大核心技术模块。人机交互（human-machine interaction，HMI）与识别模块、环境感知模块和运动控制模块是服务机器人的三大核心技术模块，支撑着智能服务机器人产业。

如图1-1所示，依托三大核心技术模块，服务机器人有基础硬件，如电池模组、电源模组、主机、存储器、专用芯片等；有软件，如机器人操作系统（robot operating system，ROS）、Linux操作系统、安卓系统等。服务机器人基础硬件和软件构成服务机器人整机，整合基础硬

件、系统、算法、控制元件,形成满足一定移动能力和交互能力的服务机器人整机。在此基础上形成各种场景应用开发,如控制类 APP、管理员 APP 和各类应用程序 APP 等。

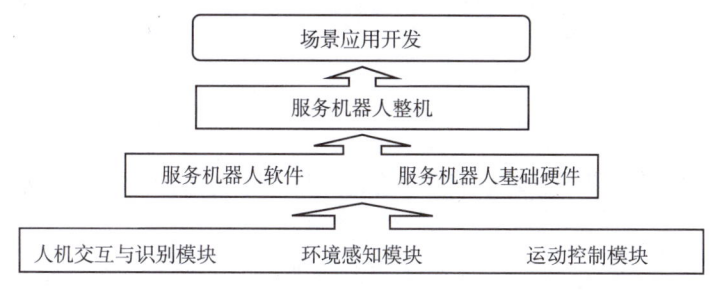

图 1-1 服务机器人三大核心技术模块

人机交互与识别模块包括语音识别、语义识别、语音合成、图像识别等,相当于人的大脑;环境感知模块借助各种传感器,如陀螺仪、激光雷达、相机、摄像头等,相当于人的眼、耳、鼻、皮肤等;运动控制模块包括舵机、电机、芯片等,相当于人的四肢。

服务机器人三大模块可以继续细分为语音模块、语义模块、图像模块、感知模块、运控模块、芯片模块。在服务机器人的各个细分模块中,语音模块的重要性和成熟度均最高,语义模块是目前的突破重点,运控模块相对重要性最弱。重要性排序依次为语音模块、语义模块、芯片模块、图像模块、感知模块、运控模块。成熟度排序依次为语音模块、图像模块、运控模块、感知模块、语义模块、芯片模块。

从技术储备上看,人工智能是核心。语音和光学字符识别(optical character recognition, OCR)领域具备一定的成熟度。其他的技术包括图像识别、语义分析都还在很早期的阶段。语音和 OCR 领域已发展 20 年,在某些特定场景和行业已经有了一些数据基础。语音领域是目前平台类企业最大的板块。

【任务实施】

"服务机器人应用技术员"职业守则如下。
1)遵纪守法,诚实守信。
2)忠于职守,爱岗敬业。
3)团结协作,开拓创新。
4)爱护设备,安全操作。
5)严守规程,执行工艺。
6)保护环境,文明生产。

作为一名机器人工程师,在工作时必须全程严格遵守"服务机器人应用技术员"的职业守则。

请积极参与下列话题的讨论,并完成课后作业。
1)上网检索参考文献和相关资料,查找更多关于服务机器人的应用场景,并简要阐述服务机器人在这些应用场景下具备哪些基本功能。

2）从多个维度阐述服务机器人与工业机器人的区别。分析工业机器人无法胜任服务机器人工作的原因。

3）根据对本项目的学习，谈谈自己对服务机器人产业的认识，以及未来就业的规划和愿景。

【任务评价】

班级		姓名		日期		
自我评价	1. 是否了解服务机器人的发展历程				□是	□否
	2. 是否清楚服务机器人的定义与特点				□是	□否
	3. 是否了解服务机器人的发展趋势				□是	□否
	4. 是否了解服务机器人的三大核心技术模块				□是	□否
	5. 是否能正确阐述服务机器人与工业机器人的本质区别				□是	□否
	6. 是否有从事服务机器人行业相关工作的意愿				□是	□否
自我总结						
小组评价	是否遵守课堂纪律				□优 □中	□良 □差
	是否遵守"服务机器人应用技术员"职业守则				□优 □中	□良 □差
	是否积极与小组成员团结协作完成项目任务				□优 □中	□良 □差
	是否积极参与课堂教学活动				□优 □中	□良 □差
异常情况记录						

【任务拓展】

为了更好地学好专业知识，了解目前典型应用场景下的各类服务机器人，请仔细阅读以下拓展知识。

典型服务机器人介绍

目前，在研发未知或者不确定环境下作业的服务机器人时，人们逐步认识到机器人技术的本质是感知、交互、行动等技术的结合。随着人们对机器人技术本质认识的不断加深，服务机器人及其技术开始源源不断地向人类活动的各个领域渗透。结合这些领域的应用特点，人们开发出了各式各样的服务机器人。这些服务机器人从外观上已经远远脱离了最初仿人机器人和工业机器人所具有的形状，它们更加符合各种不同应用领域的特殊要求，从而为服务机器人开辟出更广阔的发展空间。

按照服务机器人的应用场景，可以分为民用机器人、军用机器人、水下机器人、飞行机器人、空间机器人5大类。

1. 民用机器人

民用机器人主要包括家政机器人、娱乐机器人、医疗机器人、迎宾机器人、教育机器人、助老机器人等。民用机器人是服务机器人的一个关键发展领域。与工业机器人相比，民用机器人的一个重要特征就是可移动。如果给可移动的民用机器人装上机械手，加载上力觉、视觉、超声、红外、激光等传感器，它就可以对周围环境进行识别，与人类进行沟通，从而帮助或者代替人类完成某种工作。

在全球范围内，65岁及以上老年人总数量在2020年就已经达到了72 348.4万，首次突破7亿。2023年，我国60岁及以上人口达到2.97亿，占全国人口的21.1%，65岁及以上人口超过2.17亿，占全国总人口的15.4%。我国人口老龄化问题也越来越严重，空巢家庭数量不断增多。随着全球人口老龄化的迅速发展，将会有更多的民用机器人，特别是家政机器人、助老机器人、医疗机器人，深入人类生活的方方面面。例如，国内外很多家高端的养老院已经引进多款助老机器人和娱乐机器人，这些服务机器人协助老人完成日常活动，管理老人的饮食与用药，提供陪伴与娱乐服务，还配备健康监测和紧急救援功能，为老人们的生活带来了极大的便利和乐趣。

2. 军用机器人

军用机器人是以智能化信息技术和通信技术为核心的一类武器装备，主要包括各种用于军事领域的机器人，如机器人车辆、侦查机器人、支援机器人等。军用机器人可以代替士兵完成后勤保障任务，特别是可以在恶劣环境中完成许多载人系统无法完成的工作。因此大量采用军用机器人是一种趋势，西方很多国家都投入巨资研发军用机器人。

军用机器人的智能化和自主能力相对较低，大多采用遥控或者半自动控制，在通信方面仍然存在一些问题，可能出现敌我不分的情况。这也是军用机器人实战使用遇到的一个瓶颈。目前，一些西方国家正在组建机器人部队，替代士兵站岗放哨，执行侦查、监视、排爆等任务。

3. 水下机器人

水下机器人主要是指一些科研院所、科技企业或者高等院校研发的一类潜水器，主要用于石油开采、海底矿产勘测、打捞作业、水下管道铺设及检查、水下电缆铺设及检查、海产养殖、水库大坝勘测等领域。水下机器人可以长时间地在水下侦查潜艇或舰船的活动情况，也可以在水下对潜艇和舰船进行攻击或者检修。

世界上第一艘无人遥控水下机器人于1953年问世。随着全球海洋石油业的迅速发展，无人遥控水下机器人得到飞速发展，它们多数都是有缆水下机器人，直接或者间接地服务于海洋石油开采业。相比有缆水下机器人，无人无缆水下机器人发展相对较慢。今后，无人无缆水下机器人将向着智能化、远程化方向发展。如果运用图像识别、人工智能技术提高了水下机器人的信息处理能力和定位导航的精准度，无人无缆水下机器人将成为真正的海洋智能机器人。

4. 飞行机器人

飞行机器人又称无人机，在民用领域和军事领域都有广泛应用。目前全球领先的大疆无人机属于民用无人机产品，主要用于航拍、农业、教育等领域。军用领域的无人机主要包括各种侦察无人机、电子对抗无人机、攻击型无人机等。新型军用无人机还装有反导弹系统、激光制导、电子干扰器等，可以配合飞行员进行空中打击。

无人机由于质量较轻、体积较小，因此在空中飞行更加灵活。同时，无人机降低了飞行员执行危险任务的风险。

5. 空间机器人

空间机器人是为了考察月球、火星、金星、木星、水星等太阳系的行星及其卫星而研制的各种机器人，是用于代替人类在太空中进行科学试验、出舱操作、空间探测等活动的一类特种机器人。空间机器人一般是由机械臂及其机械手或装备有机械臂及其机械手的机器人车辆构成的，它们可以在太空的各种环境中作业和导航。在人类未来的太空活动中，有大量的空间探测、空间生产、空间装配、空间实验、空间维修等工作需要由空间机器人完成。

与地面机器人的工作环境相比，空间环境和地面环境差别很大，空间机器人往往需要在超低温、强辐射、高真空、微重力、照明差的环境中工作，因此空间机器人具有其自身的特点。首先，空间机器人的体积比较小，质量比较轻，抗干扰能力比较强。其次，空间机器人的智能化程度比较高，功能比较全。最后，空间机器人消耗的能量要尽可能小，工作寿命要尽可能长，而且由于在太空这种特殊的环境下工作，所以对它的可靠性要求也非常高。空间机器人在保证空间活动的安全性、提高生产效率和经济效益、扩大空间站的作用等方面都将发挥巨大的作用。

空间机器人主要从事的工作如下。

1）空间建筑与装配。例如，在组装空间站的各个舱段时，搬运、装配连接构件等舱外活动都离不开空间机器人。

2）其他航天器的维护与修理。空间机器人主要是对失灵的卫星进行回收，对故障卫星进行修理，为空间飞行器提供物资补给。

3）空间生产和科学实验。宇宙空间和地球地面上环境极其不同，宇宙空间具有微重力和高真空环境，空间机器人利用这种环境可以生产地面上无法或难以生产的产品，在太空中进行一些地面上无法做的科学实验。这里的空间机器人多是通用型多功能机器人，它们就像工厂生产线的工人一样进行工作。

项目 2　拆装服务机器人的机械臂

【情境导入】

李工程师是某机器人公司的机械工程师，主要负责机器人产品的组装与维修保养工作。他手中的工具仿佛是他的魔法棒，能精准而迅速地拆装机器人的各种部件。服务机器人是一个非常复杂的智能系统，它集成了先进的机械、电子、传感、控制及人工智能等技术，不仅能够完成多样化的工作任务，还能够在不断变化的环境中，通过学习、感知与决策，提供高度自主化和智能化的服务。

让我们在李工程师的指导下，认识服务机器人的组成结构，学习如何选用合适的工具，一步步拆解与组装服务机器人的机械臂。

【学习目标】

1. 知识目标

（1）熟悉服务机器人的四大组成部分。
（2）熟悉服务机器人机械系统的功能。

2. 技能目标

（1）掌握常用机械拆装工具的使用方法。
（2）能正确使用工具拆装服务机器人的机械臂。

3. 素养目标

（1）牢记"服务机器人应用技术员"职业守则。
（2）能以科学的态度对待科学，以真理的精神追求真理。

【知识导入】

一、服务机器人的组成

服务机器人是一个多学科交叉的综合性研究领域，涉及机械结构、电子技术、传感技术、人工智能等多个方面。服务机器人的种类繁多，本身系统也比较复杂。一般认为，服务机器人由感知系统、控制系统、机械系统和驱动系统四个部分组成，其组成结构如图 1-2 所示。

图 1-2　服务机器人的组成结构

服务机器人的控制系统相当于人的大脑，主要负责接收传感器传来的信息，作出相应的决策，并发出控制信号，告诉机器人的执行部件要做什么、怎么做。服务机器人的控制系统一般由硬件（控制器等）和软件（ROS、编程语言等）两部分组成。根据系统中是否有反馈通道，控制系统可以分为开环控制系统和闭环控制系统两类。控制系统中没有反馈通道的是开环控制系统，有反馈通道的是闭环控制系统。根据控制原理，控制系统又分为程序控制系统、适应性控制系统和人工智能控制系统。

服务机器人的机械系统主要是指各类机械结构和装置，包括执行机构、移动机构和传动机构三个部分。执行机构是服务机器人实现服务功能的一类重要的机械结构，是面向工作对象的机械装置，相当于人的手和手臂等，不同的服务机器人具有不同的执行机构。移动机构是服务机器人实现自主移动的机械结构，相当于人的脚和腿等，常见的有轮式、履带式、足式移动机构。传动机构是将驱动系统输出的动力传递到执行机构或移动机构的中间装置，传动部件是驱动源和机器人各个关节之间的桥梁，常见的有齿轮机构、凸轮机构、连杆机构、带传动机构、滚珠丝杆传动机构、滑轮机构等。

服务机器人的感知系统主要由各种传感器及其驱动电路构成，它能让机器人感知周围环境的情况，相当于人的五官。随着传感器技术的不断发展，出现了很多比人类五官感知更加灵敏、更高精度的传感器，使机器人的感知能力在某些方面超过人类。

服务机器人的驱动系统负责驱动执行机构等机械结构，它将控制系统下达的命令转换成执行机构需要的信号，相当于人的肌肉和筋络。工程中常见的驱动方式有液压驱动、气压驱动和电动驱动三种。液压驱动具有较大的驱动力、体积小、调速方便的优点，但液压驱动系统成本高、可靠性差，而且维修保养比较麻烦。气压驱动成本低、动作可靠、不发热、环保无污染，但推力偏小，不能实现精确的中间位置调节，一般用于两个极限位置的驱动。电动驱动虽然推力相对较小，大推力时成本较高，但其精确度较高、效率高、控制灵活、调速方便。大多数的服务机器人采用的是电动驱动方式。

智能服务机器人首先通过感知系统获取人类的命令和周围的环境信息，然后通过控制系统对所接收的各类信息进行分析和处理，并作出相应的决策，向机器人发出控制信号，告诉机器人需要做什么。最后服务机器人的驱动系统将控制系统下达的命令转换成执行机构等机械系统所需要的信号，并发送给机械系统，最终驱动机械系统完成服务机器人的工作。

二、服务机器人的机械系统

服务机器人的机械系统主要包括执行机构、移动机构和传动机构3个部分。

1. 执行机构

服务机器人的执行机构通常由多个精密的机械臂、关节和末端执行器等组成。执行机构是机器人执行各种功能动作的关键部件，它使服务机器人能够灵活地完成抓取、搬运、开门等各类任务。服务机器人的执行机构是直接接触工作对象的一类机械装置，相当于人的手和手臂。服务机器人的执行机构设计精良，具备高度的可靠性和稳定性，能够在各种复杂环境下稳定运行。此外，执行机构还具备自适应性和可调整性，能够根据实际需求进行灵活调整和优化，更好地满足服务需求。

因为服务机器人的种类繁多，其执行机构也各式各样。常见的服务机器人执行机构是机械手臂，用于配合末端执行器实现抓取动作。目前，服务机器人中比较常见的末端执行器有夹爪、吸盘和仿生手三种。

图 1-3 所示为广州市威控机器人公司的威控复合机器人的机械臂，其末端执行器为刚性的平行夹爪。平行夹爪是最常见的一种机械臂末端夹爪，它由两个平行的夹爪板组成，可以通过调整夹爪板之间的间距来适应不同大小的物体。平行夹爪比较适用于对称物体的抓取，如方形或圆柱形物体。

图 1-4 所示为 2019 年 10 月深圳市越疆科技有限公司发布的一款专为 K12 教育市场定制的智能机械臂 DOBOT Magician Lite，学生可以通过其丰富的软硬件交互方式及多样化兼容拓展接口，实现丰富创意。这款机器人执行机构由底座、大臂、小臂和末端执行器构成，而且提供柔性夹爪、吸盘和夹笔器三种末端执行器，能执行多种抓取任务。

图 1-3　威控复合机器人的机械臂

此外，在 2023 世界机器人大会上亮相的追觅人形机器人现场为大家制作了咖啡。如图 1-5 所示，追觅人形机器人正在展示高难度的咖啡"拉花"动作。图 1-6 和图 1-7 分别所示的深圳市优必选科技公司的 Walker X 机器人和熊猫机器人优悠，也在世界机器人大会上为观众还原展示了大运会闭幕式现场的骑平衡车，以及握手、开冰箱拿水、自拍、比心等动作及技能。这些人形机器人的手和手臂都采用了仿生设计，具有和人一样灵巧的五指，能高度精准地执行复杂操作，体现了机器人卓越的功能性和灵活性。

图 1-4　DOBOT Magician Lite

服务机器人在执行动作时，其执行机构还需要与感知系统和控制系统等其他系统紧密配合。感知系统通过传感器获取环境信息，为执行机构提供必要的数据。控制系统则根据感知的信息指导执行机构进行动作，确保机器人能够准确、高效地完成任务。

图 1-5　追觅人形机器人制作咖啡

图 1-6　Walker X 机器人

图 1-7　熊猫机器人优悠

总的来说，服务机器人的执行机构是一个复杂而精密的系统，它使机器人能够模拟人类的操作，完成各种复杂任务。随着技术的不断进步，执行机构的性能也将不断提升，为机器人的应用带来更多可能性。

2. 移动机构

移动机构是服务机器人实现自主移动的机械结构，相当于人的脚和腿。移动机构让服务机器人能够在不同环境中平稳移动并执行任务。

服务机器人在自主移动时，其导向方式按照有无轨道，分为有轨道式导向和无轨道式导向两种。有轨道式导向是通过检测机器人与轨道之间的相对位置来进行导向的；无轨道式导向则是通过检测机器人在环境中的位置来进行导向的。早期的服务机器人很多采用了有轨道式导向，如图 1-8 和图 1-9 分别所示的餐厅服务机器人、和物流机器人。但随着激光雷达的普及使用，以及导航算法的进一步完善，更多的服务机器人采用无轨道式导向。

用轨道引导机器人移动在工业机器人中更为常见。可以像铁路一样在地面铺设一条轨道，机器人的轮子在轨道上滚动，由轨道引导机器人到达各个目标位置。一般的做法是在地面下浅层 10 mm 处铺设电缆，利用高频交流电产生磁场；在移动机器人身上安装两个侧向线圈检测磁场信号，进行移动导向，移动路线由所敷设的电缆决定。电缆敷设好以后，要改变导向路线就很困难，但有轨道式导向可靠性高。也有做法是把金属箔带或白色带子沿着机器人必须行走的路线贴在地面上，当光线照在地面上时，用摄像机或光电管判别白带反射光谱来进行导向，这种方法比起铺设电缆，改变移动路线要容易一些。

图 1-8　餐厅服务机器人

图 1-9　物流机器人

无轨道式导向主要用于自主移动的机器人，这类机器人安装有激光雷达、视觉、触觉等传感装置，利用自身的感知系统来辨识环境和道路情况，自动识别自身所处的位置，自主规划移动路线。无轨道式导向也是目前服务机器人的主流导向方式。例如，图 1-10 所示的导购机器人，这类穿梭在商场、超市、酒店内的服务机器人都具备自动避障、语音交互、导航等功能，一般都采用无轨道式导向。

服务机器人中常见的有轮式、履带式、足式、蠕动式、蛇行式移动机构。室内服务机器人采用轮式移动机构居多，室外机器人为了适应野外环境采用履带式移动机构居多。轮式移动机构的效率最高，但其适应能力相对较差。足式移动机构的适应能力最强，但其效率最低。

（1）轮式服务器机器人

轮式服务器机器人中，常见的轮子有普通轮、麦克纳姆轮两种。

麦克纳姆轮简称麦轮，是一种可以全方位移动的全向轮，主要由轮毂和围绕轮毂的倾斜辊子组成。其中，轮毂是整个轮子的主体支架，辊子则是安装在轮毂上的鼓状物。在服务机器人上安装多个麦克纳姆轮，通过精确控制每个麦克纳姆轮的转动方向和速度，可以实现机器人在平面内的任意方向的平移和自转。如图 1-11 所示，麦克纳姆轮采用独特的结构设计，其辊子的轴线与轮毂轴线之间的夹角通常为 45°。

图 1-10　导购机器人

图 1-11　麦克纳姆轮

当麦克纳姆轮转动时，辊子会以一定的角度和速度在地面滚动。由于辊子与轮毂轴之间的夹角，辊子的滚动方向并不完全与轮子的前进方向一致，而是产生了一个斜向力，这个斜向力使轮子在前进的同时，还能产生侧向移动。多个麦轮的斜向力可以合成一个合力，这个合力决定了服务机器人的运动方向和速度。如果将机器人同一侧的两个麦轮以相反的方向旋转，使沿前后方向的力相互抵消，而横向的力处于同一方向，这样机器人就可以横向移动了。

（2）履带式服务机器人

履带式服务机器人因其独特的履带设计，具备强大的地形适应能力，特别适合室外场景。无论是在平坦的路面还是在崎岖的山地，它都能稳稳地前行，完成各种任务。它的履带系统不仅保证了良好的抓地力，还使机器人在各种复杂环境中都能保持稳定的运动状态。履带式机器人广泛用于物流运输，能够将重型货物安全快速地搬运至目的地；也可以用于巡检排爆，帮助人们及时发现潜在的安全隐患；此外，还可以用于环境清洁，通过高效的清扫系统，将环境打扫得一尘不染。

如图 1-12 所示，由安徽惊天液压智控股份有限公司自主设计制造的 GTRC-80 多功能遥控搬运机器人就采用了履带式设计，该履带式服务机器人具备高危环境下远距离抓取、搬运、负重上下坡及遥控行走等功能。

图 1-12 履带式服务机器人

（3）足式服务机器人

足式服务机器人以其独特的行走方式和灵活的机动性，已经成为现代服务机器人领域的一大亮点。足式服务机器人采用仿生学的设计理念，拥有类似动物或者人类的足部结构，使其能够在各种地形中自如行走，无论是平坦的地面还是楼梯、斜坡，都能轻松应对。按照足的数量和特性，足式服务机器人可以分为单足式服务机器人、双足式服务机器人、四足式服务机器人以及六足式服务机器人等类型。

单足式服务机器人因为只有一条腿，所以只能实现跳跃的运动。在表演和娱乐领域，单足式机器人可以进行简单的跳跃动作表演。在科普和教育领域，单足式机器人可以作为研究平台，用于探索单足行走的机理和动力学特性，帮助学生理解机器人控制技术和运动控制原理。

双足式服务机器人通常设计得更接近人类的行走方式，它模拟人类的走路动作，具有高度的适应性和灵活性，能在多种场合代替人类执行任务。人形机器人是典型的双足式服务机器人，它是一种高度仿真人类的智能机器人，拥有与人体相似的四肢结构和身体比例，具备出色的运动能力。它们不仅外观接近人类，而且在行为上也更贴近人类习惯，使人机交互更加自然流畅。图 1-13 所示为国内多家企业推出的人形机器人，其中，优必选的 Walker S 已经在蔚来的新能源汽车工厂内进行"实训"。"实训"任务包括移动产线启停自适应行走、鲁棒里程计与行走规划、感知自主操作、系统数据通信与任务调度等方面。

四足式服务机器人是一种稳定且速度较快的机器人类型。相对于单足式和双足式机器人，四足式机器人在稳定性、速度和载重上具有显著优势。相对于六足式及六足式以上的

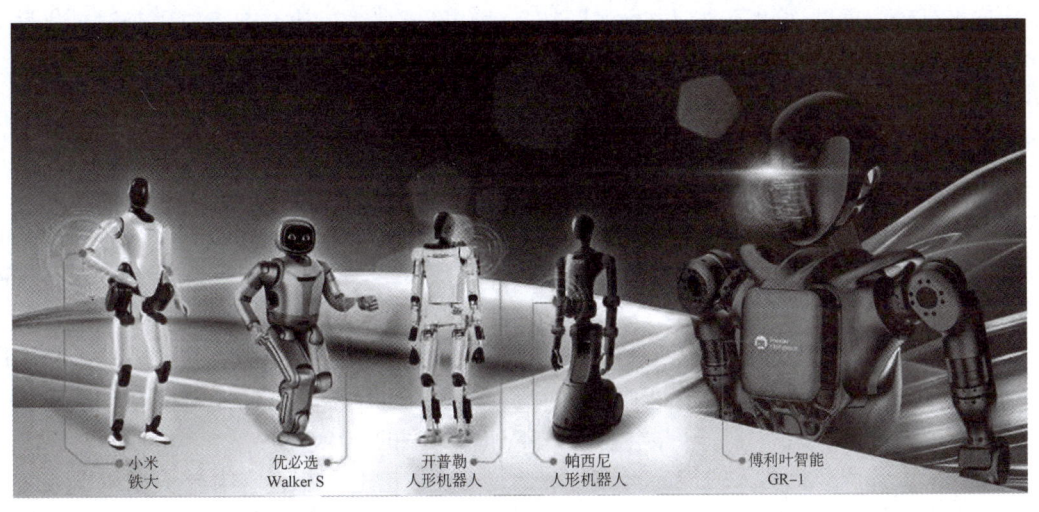

图1-13 多款人形机器人

机器人，四足式机器人在速度、灵活度、结构以及能耗方面也具有优势。这种机器人可以应用于各种地形环境，包括山地、沙滩等复杂地形，执行巡逻、物资运输等任务。

在服务领域，足式服务机器人可以胜任多种任务。它可以在工厂中巡检、在餐厅中送餐、在博物馆中引导游客、在家庭中陪伴老人等。足式服务机器人特别是人形机器人的出现，不仅提升了服务质量，也为人们带来了全新的互动体验，展现了科技与生活的完美结合。

3. 传动机构

服务机器人的传动机构负责将驱动系统输出的动力传递到各个执行部件，以实现机器人的各种动作和功能。服务机器人中传动机构的性能直接影响机器人的运动精度、稳定性和效率。

服务机器人的传动机构有多种类型，常见的有齿轮传动机构、皮带（链）传动机构、滚珠丝杆传动机构、凸轮传动机构等。

齿轮传动是机械传动中应用最广泛的一种传动方式，在服务机器人中也得到广泛应用，常用于实现服务机器人精确的运动控制与定位。众所周知，电机输出轴的转速比较大，每分钟可达几千转甚至上万转，所以一般需要经过齿轮减速，才能用来驱动执行部件完成相应的动作。齿轮机构可以传递任意两轴间的运动和动力，具有传动功率范围大、传动效率高、传动比准确、使用寿命长、工作安全可靠等特点。齿轮机构主要有各种旋转矢量（rotary vector，RV）减速器、谐波减速器、行星减速器、齿轮齿条等。RV减速器具有体积小、质量轻、传动比范围大、寿命长、精度保持稳定、效率高、传动平稳等一系列优点，在先进机器人传动中有逐渐取代谐波减速器的发展趋势。图1-14所示为一款中空的RV减速器。

图1-14 RV减速器

皮带传动或链传动机构主要利用皮带或链

条传递平行轴之间的回转运动，也可将回转运动转换成直线运动，广泛应用于服务机器人的各种运动部件中。皮带传动的优势在于结构简单、运行平稳且噪声小，同时具有较好的缓冲吸震性能，能够吸收冲击并减少对机器人的影响，有效保护机械部件。此外，皮带传动的维护相对简单，使用寿命较长，不需要频繁更换，降低了维护成本。链条传动具有较高的传动效率和稳定的动力传递特性，其承载能力强，而且能够在高负载、高应力的环境下稳定运行。但链条传动也存在一些缺点，如瞬时传动比不恒定、传动不平衡以及传动时可能产生噪声和冲击等。因此，在选择是否使用链条传动时，需要根据服务机器人的具体需求和工作环境进行综合考虑。

随着技术的发展，微型传动系统也逐渐在服务机器人中得到应用。微型传动系统采用模具成型工艺制造，具有质量轻、能耗低、生产效率高等优势。它们能够更好地适应服务机器人对精密控制、微型化、轻量化、低成本和低噪声的需求。

总的来说，服务机器人的传动机构是一个复杂而关键的系统，它需要根据机器人的具体需求和应用场景进行设计和优化。随着新材料和新工艺的发展，传动机构的性能和效率将得到进一步提升，为服务机器人更广泛的应用提供有力支持。

三、服务机器人的控制系统

目前，服务机器人的控制系统正在向智能系统方向发展。服务机器人的控制系统主要包括硬件和软件两大部分。其中，控制系统的硬件包括服务机器人内部的控制器、芯片、接口电路等各种电气控制装置。控制系统的软件包括 ROS、程序代码、数据信息、各类文档等。

不同的服务机器人在功能和硬件组成上存在较大的差异，因此，服务机器人的控制系统缺乏严格、统一的规范性和通用性。所谓通用性，是指运用软件工程的方法开发出适合不同类型的服务机器人的软件系统。

1. 控制系统的硬件

控制系统的硬件是控制器、芯片、接口电路等各种电气控制装置的总称。这些物理装置按系统结构的要求构成一个有机整体，为机器人的控制运行提供物质基础。

服务机器人的控制器是整个服务机器人系统的控制中心，它指挥服务机器人的各个部分协调运行，保证服务机器人按照预先设定的目标和步骤有条不紊地完成相应的操作和任务。

控制器从存储器中逐条取出命令，分析每条命令规定的是什么操作以及所需数据的存放位置等，然后根据分析判断的结果向服务机器人其他部件发出控制信号，统一指挥整个服务机器人完成命令所规定的任务，实现相应的功能。

2. 控制系统的软件

不同的软件一般都有对应的软件授权，软件用户必须在同意所使用软件的许可证的情况下才能够合法地使用软件。另一方面，特定软件的许可条款不能与法律相违背。依据许可方式的不同，大致可将软件分为如下几类。

1) 专属软件：此类软件的授权通常不允许用户随意复制、研究、修改或散布该软件。违反此类授权通常会有严重的法律责任。传统的商业软件公司会采用此类授权，专属软件的源码通常被公司视为私有财产而予以严密保护。

2）自由软件：此类软件的授权与专属软件相反，赋予用户复制、研究、修改和散布该软件的权利，并提供源码供用户自由使用，仅进行些许的其他限制，如 Linux、Firefox 和 OpenOffice 等软件。

3）共享软件：此类软件通常可免费获取并使用其试用版，但在功能或使用期限上受到限制。开发者会鼓励用户付费以获取功能完整的商业版本。根据共享软件作者的授权，用户可以从各种渠道免费拷贝此类软件，并可以自由地传播。

4）免费软件：此类软件可免费获取和转载，但并不提供源码，也无法修改。

5）公共软件：此类软件是指原作者已放弃权利，或者著作权已经过期，或者作者已经不可考究的软件。使用上无任何限制。

目前，服务机器人使用的主流软件系统是 ROS，ROS 可以在开源操作系统 Ubuntu（基于 Linux 操作系统）上运行。

四、机械拆装工具的分类与使用

服务机器人在交付给用户前，需要工程师进行整机组装。同时，工程师在维修、保养服务机器人时，也需要拆卸服务机器人的各个部件。使用专用的拆装工具可以便捷、高效地完成机器人的拆装任务。用于拆装服务机器人机械部件的工具主要有螺丝刀、扳手、钳子等。

1. 螺丝刀

螺丝刀是一种生活中常用的拆装工具，主要由手柄、刀杆和刀头组成，用于拧紧或松开螺丝、螺母等紧固件。手柄的作用是提供握感和转动力，通常由塑料、木质或金属等材料制成，其形状一般呈圆柱形或六角形，以增加人手握住的稳定性。刀杆是刀头与手柄之间的连接部分，其长度和粗细根据螺钉的长度和粗细而定。刀头是螺丝刀的工作部分，螺丝刀刀头的尺寸和形状需要与螺钉的头部相配合，以便于正确操作。刀头一般由凸缘、刀尖和螺旋槽等部分组成。

螺丝刀操作简便，易于掌握，可以快速完成螺丝的拧紧或松开。根据规格标准，顺时针方向旋转螺丝刀为嵌紧螺丝，逆时针方向旋转螺丝刀为松出螺丝。使用螺丝刀时，要根据需要调整力度，过小的力无法松开或者拧紧螺丝，过大的力有可能会对螺丝造成损坏。

普通的螺丝刀通常采用人手旋转刀柄的方式拧紧或松开螺丝，所以这一类螺丝刀适用于小型螺丝，如眼镜、手机、计算机上的螺丝。为了省时省力，在大批量安装螺丝的场景，可以使用电动螺丝刀。

为了满足机械拆装的多样化需求，螺丝刀有多种型号，不同型号的螺丝刀适用于不同规格的螺丝。如图 1-15 所示，螺丝刀按不同的刀头形状分为一字形、十字形、米字形、梅花形、方形、三角形、六角形等。其中，一字形螺丝刀和十字形螺丝刀是生活中最常用的。

（1）一字形螺丝刀

如图 1-16 所示，一字形螺丝刀的刀头比较扁，像一个"一"字。一字形螺丝刀的规格一般用"刀头宽度×刀杆长度"表示。例如，3 mm×75 mm 的螺丝刀就是指刀头宽度为 3 mm，刀杆长度为 75 mm 的一字形螺丝刀。注意，这里的 75 mm 不是指整个螺丝刀的长度，因为 75 mm 并没有包括手柄的长度。

一字形　　十字形　　米字形

梅花形　　方形　　三角形

中孔梅花形　　六角形　　十二角形

五角形　　三叉形　　U形

图 1-15　常见的螺丝刀刀头形状

有时也用"SL+数字"来表示一字形螺丝刀的规格，SL 后面的数字表示刀头宽度，如 SL1.5、SL1.7、SL2.5、SL3 等。刀头宽度一般有 1.5 mm、1.7 mm、2.5 mm、3 mm、4.5 mm、5 mm、5.5 mm、6 mm、7 mm、8 mm 等几种。刀杆长度一般有 60 mm、75 mm、80 mm、100 mm、150 mm、200 mm、250 mm、300 mm 等几种。

（2）十字形螺丝刀

如图 1-17 所示，十字形螺丝刀的刀头呈"十"字形。十字形螺丝刀从小到大一般有 7 种规格：PH000、PH00、PH0、PH1、PH2、PH3、PH4，这些规格代表螺丝刀刀头的十字槽号。一般用"槽号×刀杆长度"表示十字形螺丝刀的规格。例如，PH0×100 mm 表示十字槽号是 PH0，刀杆长度是 100 mm。PH000 到 PH4 这 7 种规格对应的刀杆直径分别为 1.5 mm、2 mm、3 mm、4.5（5）mm、6 mm、8 mm、10 mm。十字形螺丝刀的刀杆长度一般和一字形螺丝刀相同，也有 60 mm、75 mm、80 mm、100 mm、150 mm、200 mm、250 mm、300 mm 等几种。

图 1-16　一字形螺丝刀 　　　　图 1-17　十字形螺丝刀

（3）六角形螺丝刀

六角形螺丝刀分为内六角和外六角两种螺丝刀。图 1-18 和图 1-19 所示分别为内六角

直柄螺丝刀和外六角直柄螺丝刀。

图 1-18　内六角直柄螺丝刀

图 1-19　外六角直柄螺丝刀

内六角螺丝刀的刀头是一个六边形，对应拆卸的螺丝头部凹形也是六边形，称作内六角螺丝。内六角螺丝刀的规格一般用"H+对边距离"表示，对边距离单位为 mm，常用的规格有 H1、H1.5、H2、H2.5、H3、H4、H5、H6 等几种。H5 表示内六角螺丝刀刀头六边形的对边距离为 5 mm，可以拆卸对边距离为 5 mm 的内六角螺钉，其中对边距离为 5 mm 的内六角螺钉是 M6 规格的螺钉。

服务机器人上有很多小型的内六角螺钉，可以用内六角螺丝刀进行安装和拆卸。

（4）方形螺丝刀

方形螺丝刀的刀头形状是一个四边形，用来拆卸凹形是四边形的螺丝。方形螺丝刀的规格一般用刀头四边形对边的距离表示，前面带字母 S，常用规格有 S2、S2.5、S3、S3.5、S4 等。图 1-20 所示为 S2 方形螺丝刀。

（5）梅花形螺丝刀

如图 1-21 所示，梅花形螺丝刀的刀头槽口像一个星形，又称花形螺丝刀。梅花形螺丝刀的规格一般用对角的距离表示，通常用"T+数字"表示。常见的有以下规格：T1、T2、T3、T4、T5、T6、T7、T8、T9、T10、T15、T20、T25、T27、T30、T40、T45、T50、T55、T60、T70、T80、T90、T100 等。但是这里的数字并不表示实际的对角距离值，而是有对应的尺寸。例如，T5 对应的对角距离为 1.42 mm。

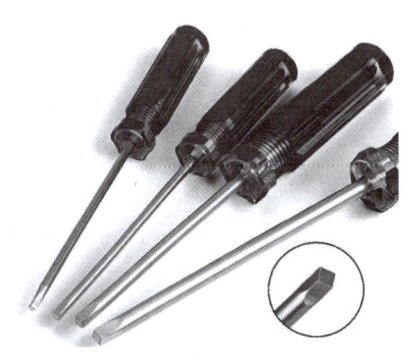

图 1-20　方形螺丝刀

图 1-21　梅花形螺丝刀

2. 扳手

扳手是一种利用杠杆原理拧转螺栓、螺母的手动工具，主要由手柄和卡口构成。扳手通常用碳素或合金材料的结构钢制造。扳手的卡口分为固定卡口和活动卡口两种。固定卡口的扳手只能用于拆装固定规格尺寸的螺母，活动卡口的扳手可以手动调节卡口大小，所以可以用于多种规格尺寸的螺母。扳手的卡口能够紧密地贴合螺母或螺栓，通过杠杆原理，使操作者在较小的力气下就能轻松拧紧或松开螺母。扳手设计精巧，操作简便，能够大幅提高工作效率。同时，扳手的手柄通常采用防滑设计，使操作者在使用时能够保持稳定，减少因手滑而导致的意外伤害。

根据不同的使用场景和需求，扳手可以分为多种类型，常见的有以下几种。

（1）内六角扳手

内六角扳手又称艾伦扳手。常见的英文名称有"Allen key（或 Allen wrench）"和"Hex key"。名称中的"wrench"表示"扭"的动作，它体现了内六角扳手和其他工具（如一字形螺丝刀和内六角形螺丝刀等）之间最重要的差别，内六角扳手通过扭矩施加对螺丝的作用力，非常省力，大幅降低了操作者的劳动强度。内六角扳手的两端头部都设计为六角形，特别适合拆卸和安装各种内六角螺丝。内六角扳手与内六角螺丝之间有六个接触面，受力充分并且均匀，所以内六角螺丝不容易损坏。

如图 1-22 所示，内六角扳手有长边和短边，分别用 L 和 H 来表示其长度和宽度。一般用头部六边形对边之间的距离 S 来表示其规格。一般 L、H 和 S 值都是相互对应的一系列值。内六角扳手的规格分为公制和英制。常见的公制内六角扳手规格有 1.5 mm、2 mm、2.5 mm、3 mm、4 mm、5 mm、6 mm、7 mm、8 mm、10 mm、12 mm、14 mm、17 mm、18 mm、22 mm、24 mm、27 mm、32 mm、36 mm 等。规格为 5 mm 的内六角扳手指的是头部六边形对边的距离为 5mm，其长、宽分别为 150 mm 和 34 mm。

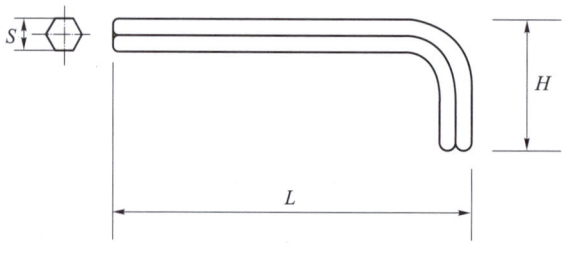

图 1-22 内六角扳手

服务机器人上的某些内六角螺丝，由于其操作空间的限制，在安装和拆卸服务机器人时不能使用内六角直柄螺丝刀，这就需要使用图 1-23 所示的 L 形内六角扳手，这种内六角扳手的短边可以深入狭窄的空间进行操作。此外，它的长柄设计可以在操作时更加省力，特别适用于需要长时间或者大扭力进行螺丝拧转的场景。此外，L 形的设计还使它在多角度受力时具有更好的性能，能够适应不同角度和位置的螺丝拆卸需求。如图 1-24 所示，还有一些 L 形内六角扳手的一端是球头形状，这样的设计增加了操作的灵活性。

图 1-23 L 形内六角扳手　　　　图 1-24 带球头内六角扳手

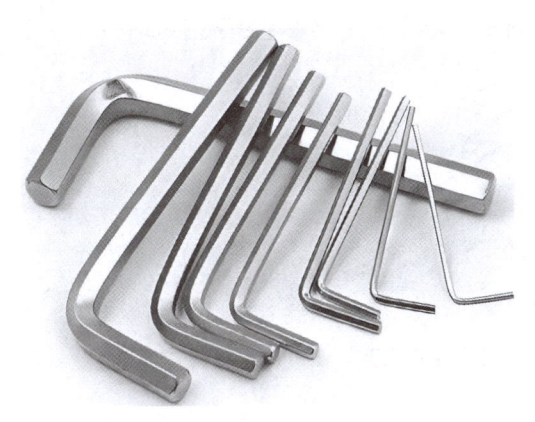

（2）梅花扳手

梅花扳手是指两头为六角孔或内十二角孔的花环状结构的扳手，而且两头花环的大小一般是不同的，可以适合旋转不同尺寸的螺栓和螺母。如图 1-25 所示，侧面看旋转螺栓部分和手柄部分是错开的。这种结构便于拆卸装配在凹陷空间的螺栓、螺母，并可以为手指提供操作间隙，以防擦伤。用在补充拧紧和类似操作中，可以使用梅花扳手对螺栓或螺母施加大扭矩。梅花扳手有各种大小，使用时要选择与螺母或螺栓尺寸对应的扳手。

图 1-25 梅花扳手

（3）套筒扳手

套筒扳手又简称套筒。它由多个带六角孔或十二角孔的套筒并配有手柄、接杆等多种附件组成，特别适用于拧转空间十分狭小或凹陷很深的螺栓或螺母。当螺母或螺栓的顶端面完全低于被连接面，用开口扳手或梅花扳手无法深入凹孔时，用套筒扳手就非常方便。此外，在螺栓件存在空间限制的场合，也只能用套筒扳手。

套筒扳手通常由碳素结构钢或合金结构钢制成，扳手头部具有规定的硬度，中间及手柄部分则具有弹性。套筒扳手一般都附有一套各种规格的套筒头以及摆手柄、接杆、万向接头、旋具接头、弯头手柄等，用来套入六角螺帽。套筒扳手有公制和英制之分，套筒虽然内凹形状一样，但外径、长短等一般是针对对应设备的形状和尺寸设计的。目前，国家没有统一规定套筒扳手的外径和长短，所以市面上有非常多种类的套筒扳手。图 1-26 所示为常见的三种套筒扳手,依次分别是 Y 形、7 字形、十字形套筒扳手。

图 1-26　常见套筒扳手

3. 钳子

钳子是一种用于夹持、固定加工工件,或者扭转、弯曲、剪断金属丝线的手工工具。钳子的外形呈 V 形,通常包括手柄、钳腮和钳嘴三个部分。钳子一般用碳素结构钢制造,先锻压轧制成钳胚形状,然后经过磨铣、抛光等金属切削加工,最后进行热处理。

钳子的手柄形状依据握持形式而设计成直柄、弯柄和弓柄三种样式。工程师使用钳子时往往要与电线之类的带电导体接触,所以,钳子的手柄上一般都套有聚氯乙烯等绝缘材料制成的护管,以确保操作者的安全。

钳嘴的形式很多,常见的有尖嘴、平嘴、扁嘴、圆嘴、弯嘴等样式,可适应不同形状工件的作业需要。按照其主要功能和使用性质,钳子可分为夹持式钳子、钢丝钳、剥线钳、管子钳等。钢丝钳、尖嘴钳等常用于夹持金属管、电线和小物件等,确保拆装过程中的精确性和安全性。图 1-27 和图 1-28 所示分别为常见的钢丝钳和尖嘴钳。

图 1-27　钢丝钳 　　　　　　　　　图 1-28　尖嘴钳

【任务实施】

"服务机器人应用技术员"职业守则如下。

1) 遵纪守法,诚实守信。
2) 忠于职守,爱岗敬业。
3) 团结协作,开拓创新。
4) 爱护设备,安全操作。

5）严守规程，执行工艺。

6）保护环境，文明生产。

作为服务机器人应用技术员，工作时必须严格遵守职业守则，请按照以下步骤规范操作。

一、机械臂模组安装

使用 S5 内六角扳手，按照图 1-29 所示的位置要求，将机械臂底座 4 颗 M6×60 杯头内六角螺丝放进安装孔位，将机械臂模组安装在机器人本体上。

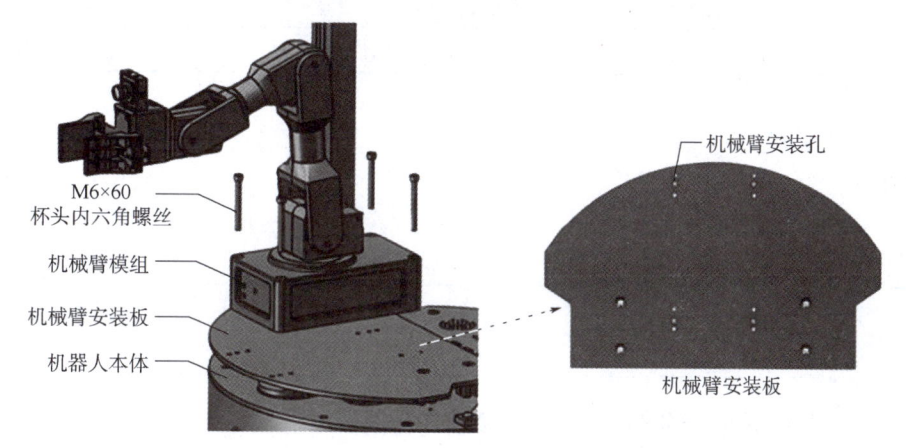

图 1-29 机械臂安装示意图

二、托盘安装

按照图 1-30 所示的位置要求，选用合适的内六角扳手，用 M6×8 黑色圆头内六角螺丝和 T 形 M6 滑块螺母将两块 1/4 扇形托盘导向板固定在服务机器人两侧竖立的型材上，型材顶端与导向板底边距离为 307 mm，再用 M5×6 内六角螺丝锁入托盘四个孔位，将托盘固定。

图 1-30 托盘安装示意图

【任务评价】

班级		姓名		日期	
自我评价	1. 是否熟悉服务机器人的组成结构				□是 □否
	2. 是否熟悉服务机器人机械系统的分类				□是 □否
	3. 是否熟悉服务机器人控制系统的组成				□是 □否
	4. 是否熟悉常用机械拆装工具的分类				□是 □否
	5. 是否掌握常用拆装工具的使用方法				□是 □否
	6. 是否能正确拆装服务机器人的机械臂等部件				□是 □否
自我总结					
小组评价	是否遵守课堂纪律				□优 □良 □中 □差
	是否遵守"服务机器人应用技术员"职业守则				□优 □良 □中 □差
	是否积极与小组成员团结协作完成项目任务				□优 □良 □中 □差
	是否积极参与课堂教学活动				□优 □良 □中 □差
异常情况记录					

【任务拓展】

为了更好地学好专业知识，了解目前用于服务机器人拆装的一些特殊的工具，请仔细阅读以下拓展知识。

特殊类型螺丝刀

随着科技的发展，各种产品日新月异，螺丝刀的样式和规格也种类繁多。拆装不同的机械部件，一般都需要使用专属的螺丝刀。

1. 三角螺丝刀

刀头为一个三角形的螺丝刀就是三角形螺丝刀，又称三角螺丝刀。三角螺丝刀是一种较为特殊的螺丝刀，很多商家不希望用户将他们的产品自行拆开，于是就使用较为特殊的三角形螺丝来组装产品，要拆装三角形螺丝就需要使用专属的三角螺丝刀。一般用刀头三角形的高来表示三角螺丝刀的规格。图 1-31 所示为三角螺丝刀的刀头。

2. U 形螺丝刀

如图 1-32 所示，U 形螺丝刀的刀头有 2 个突出的端口，像大写字母 U，它的规格一般用 2 个突出端之间的距离表示，常用规格有 U1.7、U2.0、U2.3、U2.6 等几种。U 形螺丝刀使用场景不多，拆卸小家电或者插座的时候比较常用。

3. 三叉形螺丝刀

如图 1-33 所示，三叉形螺丝刀比 U 形螺丝刀多出一个叉，刀头形状非常特殊，使用频率不高。拆装插座、鼠标、键盘、吹风机时可以使用三叉形螺丝刀。

图 1-31 三角螺丝刀的刀头

图 1-32 U 形螺丝刀

4. Y 形螺丝刀

如图 1-34 所示，Y 形螺丝刀的刀头槽口形状像一个大写字母 Y，一般用来拆卸凹形是 Y 字形的螺丝。Y 形螺丝刀的规格一般用刀头外围直径表示，通常数字前带 Y，常用规格有 Y1、Y2、Y3、Y4、Y5、Y6 等几种。Y5 表示刀头工作端外围直径为 5 mm。

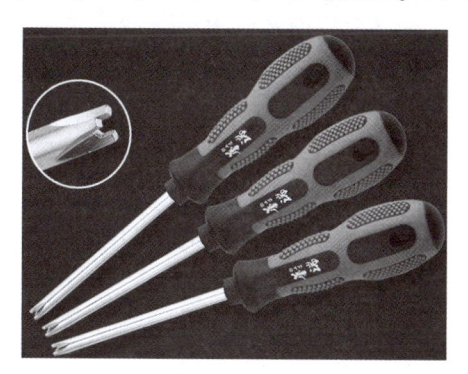

图 1-33 三叉形螺丝刀

图 1-34 Y 形螺丝刀

项目 3　连接服务机器人的感知系统

【情境导入】

王工程师是某机器人公司的工程师，主要负责机器人产品中传感器的电气连接与调试工作。他精通各类传感器的性能与特点，能够准确地将激光雷达、立体相机、超声波传感器等核心部件安装在服务机器人上。经过他的精心调试，这些传感器仿佛赋予了机器人感知世界的"眼睛"和"耳朵"，使其能够实时感知周围环境，并据此为人类提供智能化的服务。

让我们在王工程师的指导下，认识服务机器人的感知系统，学习如何高效连接与调试这些关键部件。

【学习目标】

1. 知识目标

（1）熟悉服务机器人中常见的传感器类型。
（2）熟悉各类传感器的功能和特点。

2. 技能目标

（1）能正确阐述服务机器人中常见传感器的工作原理。
（2）能正确使用工具进行传感器的电气连接。

3. 素养目标

（1）养成求真务实的学习态度。
（2）明确操作规程，提升安全意识。

【知识导入】

服务机器人的感知系统

与传统机器人不同的是，服务机器人是一种智能机器人。服务机器人能感知周围环境，恰恰体现了其智能性。

服务机器人的感知系统是指机器人能够自主感知周围环境和自身状态，按照一定规律做出判断，并将判断信息转换成输出信号的一类智能系统。服务机器人的感知系统主要由各种传感器、测量电路、控制电路以及数据处理系统等构成，它能让机器人感知周围环境的情况，相当于人的五官。

1. 激光雷达

（1）激光雷达及其工作原理

激光雷达，是一种以发射激光束探测目标的位置、速度等特征量的雷达系统，其工作原理与雷达非常相似。激光发射机先将电脉冲变成激光束这样的光脉冲探测信号，然后向目标物体发射出去，光脉冲被目标物体反射回来后，光学接收机将接收到的光脉冲回波信号与发射信号进行比较，同时作适当的信息处理后将光脉冲还原成电脉冲，最终获得目标物体的距离、方位、高度、速度、姿态甚至形状等信息，从而对周围物体进行探测、跟踪和识别。

激光雷达以其高精度测距和测速能力，广泛应用于生产、生活的各个领域，为国民经济、社会发展和科学研究提供了极为重要的原始数据，并取得了显著的经济效益，具有良好的应用前景。在自动驾驶汽车领域，它助力车辆实现环境感知与避障；在无人机和智能机器人领域，它助力导航和定位；在地质勘探、气象观测等科研领域，它也发挥着不可或缺的作用。图1-35~图1-37分别展示了测距激光雷达，以及装载了激光雷达的无人驾驶汽车和巡检机器人。

图1-35 测距激光雷达

图1-36 装载了激光雷达的无人驾驶汽车

图1-37 装载了激光雷达的巡检机器人

按照测距原理，激光雷达的测距有两种方法。

一种是飞行时间（time of flight，TOF）测距方法。它是一种进行光飞行时间测量的方式。这种方式，顾名思义就是发射出一道激光，然后会有一种二极管来进行激光的回波检测，再使用一个很高精度的计时器去测量光波发射到目标物引起反馈再回来的时间差，因为光速的不变性，再将时间差乘以光速就可以得到激光雷达到目标物体之间的距离。现在主流的各大工业级别的激光雷达所采用的距离测量方式就是TOF。实际上，TOF测量方式的成本非常高，价格昂贵。因为进行光速的测量需要非常高精度的计时器，这个计时器必须达到 ps 级别的测量精度。此外，激光器和激光检测器都需要非常高端的器件，并且在光学性能上也有很高的要求。

对于 TOF 测量方法，可再细分为两种方式：一种称为脉冲式，另一种称为相位式。脉冲式比较简单直接，就是发出一道激光的脉冲，然后再检测激光的相关信息，这个是目前激光雷达测距采用的主流方式。相位式则是连续发射激光，基于光速传播的特性，接收到的回波信号相位上会有差距，通过检查相位差可以确定距离，这种方式的优势在于成本相对更低，但其主要问题是测量的速度无法提高。目前有的网站上售卖的激光测距笔就是采用的相位式激光测距。

另一种全新的测量方法是三角测距法。美国微软公司开发的体感控制设备 Kinect 的体感摄像头，还有美国英特尔（Inter）公司研发的 RealSense 都使用了三角测距法。三角测距法从本质上来说是一种基于图像处理的方法。例如，给人拍照的时候，人距离相机的远近会决定人像在照片中的大小，这就是三角测距原理的一个应用。三角测距法采用了一种特制的摄像头，能拍摄出激光光斑的特性，从而能反推出距离。这种方式的最大优点在于它的成本比 TOF 低很多。三角测距法本质上来说是一个摄像头加一个处理芯片。三角测距法也有一些缺点，像拍照一样，它会有分辨率的限制。如果分辨率不高，物体比较远，就会看不清楚。同理，三角测距法对于远距离的物体也会看不太清楚，所以三角测距法对算法有非常高的要求。如果算法不够优秀，即使测量四五米以外的物体也会不够准确。

（2）激光雷达的组成

激光雷达一般由发射系统、接收系统、信息处理系统等部分组成。发射系统是各种形式的激光器，如二氧化碳激光器、掺钕钇铝石榴石激光器、半导体激光器、波长可调谐的固体激光器及光学扩束单元等组成。接收系统采用望远镜和各种形式的光电探测器（如光电倍增管、半导体光电二极管、雪崩光电二极管、红外和可见光多元探测器件等）组成。

（3）激光雷达的特性

与普通微波雷达相比，激光雷达使用的是激光束，工作频率比微波高许多，主要优点如下。

1）分辨率高。

激光雷达可以获得极高的角度、距离和速度分辨率。通常角分辨率不低于 0.1 mard，也就是说可以分辨 3 km 距离上相距 0.3 m 的两个目标（这是微波雷达办不到的），并可同时跟踪多个目标；距离分辨率可达 0.1 m；速度分辨率可达 10 m/s。距离和速度分辨率高，意味着可以利用距离多普勒成像技术来获得目标的清晰图像。分辨率高是激光雷达的最显著的优点，其多数应用都基于此。

2）隐蔽性好、抗有源干扰能力强。

激光直线传播，方向性好，其光束非常窄，只有在其传播路径上才能接收到，因此截获非常困难，且激光雷达的发射系统（发射望远镜）口径很小，可接收区域窄，有意发射的激光干扰信号进入接收机的概率极低；另外，与微波雷达易受自然界广泛存在的电磁波影响的情况不同，自然界中能对激光雷达起干扰作用的信号源不多，因此激光雷达抗有源干扰的能力很强，适合工作在日益复杂和激烈的信息战环境中。

3）低空探测性能好。

微波雷达由于存在各种地物回波的影响，低空存在一定区域的盲区（无法探测的区域)。而对于激光雷达来说，只有被照射的目标才会产生反射，完全不受地物回波的影响，因此可以"零高度"工作，低空探测性能较微波雷达强了许多。

4) 体积小、质量轻。

通常普通微波雷达的体积庞大，整套系统质量数以吨计，光天线口径就达几米甚至几十米。而激光雷达则轻便、灵巧得多，发射望远镜的口径一般只有厘米级，整套系统的质量最小的只有几十千克，架设、拆收都很简便。而且激光雷达的结构相对简单，维修方便，操纵容易，价格也较低。

激光雷达也有缺点，主要如下。

1) 激光雷达工作时受天气和大气的影响较大。在晴朗的天气里激光的衰减较小，传播距离较远。而在大雨、浓烟、浓雾等恶劣天气条件下，衰减急剧加大，传播距离变小。例如，在地面或低空使用的 CO_2 激光雷达的作用距离，晴天为 10~20 km，而恶劣天气则小于 1 km。而且，大气环流还会使激光光束发生畸变、抖动，直接影响激光雷达的测量精度。

2) 由于激光雷达的波束极窄，在空间搜索目标非常困难，直接影响对非合作目标的截获概率和探测效率，只适合小范围内的搜索和捕获目标。

(4) 服务机器人中的激光雷达

服务机器人的激光雷达里面是一个高速的激光测距仪，这个激光测距仪在 1 s 内能够进行的测量次数或者采样的点数，就是激光雷达的采样频率。采样频率的单位是 sps (sample per second)，也可以是赫兹 (Hz)。激光雷达在工作时是高速旋转的，其每秒旋转的圈数就是扫描频率，单位也是 Hz。

例如，思岚科技的激光雷达 RPLIDAR 在 1 s 内可以进行 4 000 次点的采样测量，它的采样频率就是 4 000 Hz。采样频率越大，每秒采集的点就越多，激光雷达就能够更加精确地刻画环境的数据。相反，如果激光雷达的采样频率越小，它旋转时分到每一圈的点数也会越少，在这种情况下，就很有可能漏掉环境的轮廓信息。图 1-38 就是采样频率分别为 4 000 Hz 和 2 000 Hz 的两种成像的对比图，由该图可以看出，2 000 Hz 的激光雷达成像点更加稀疏。如果这时候机器人正前方有一根细杆，那么 2 000 Hz 的激光雷达很有可能扫描不到杆子，最终就会导致机器人直接撞到杆子，这就是采样频率过小会带来的一个问题。

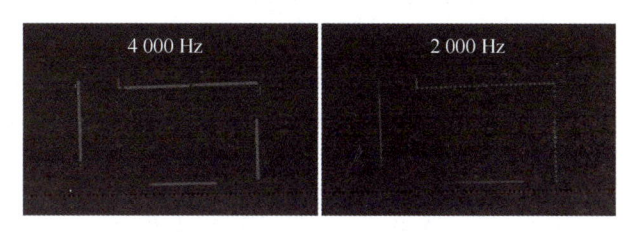

图 1-38 两种采样频率的成像图

如果 RPLIDAR 扫描时旋转速度为 10 圈/s，则它的扫描频率就是 10 Hz。对应采样频率为 4 000 Hz 的激光雷达，它扫描一圈就可以分到 400 个点。除此以外，它的角度分辨率能够达到 0.9°。把转速降低，分到每圈的点数会变得更多，但是这样也会带来一个新的问题，单纯地将转速变慢会使激光雷达对环境的测量不够实时。

图 1-39 所示为相同采样频率为 4 000 Hz 条件下不同扫描频率的激光雷达的扫描成像图。扫描频率为 10 Hz，也就是每秒转 10 圈，降低后的扫描频率为 5 Hz，即每秒转 5 圈。通过对比两种成像图不难看出，装有高扫描频率激光雷达的机器人在移动、扭动的时候，其激光雷达的数据可以比较实时、真实地反映出环境的变化，而低扫描频率激光雷达则出现了严重的失真。由此可见，激光雷达的扫描频率越低，成像图越容易失真。

图 1-39　不同扫描频率的成像图

对于普通家用的服务机器人或者运行得比较慢的机器人，5 Hz 的扫描频率已经足够。但是对于用在商用领域或要求更高的高速转动的物体，转速较低的雷达就不够用。为了保证扫描成像图的准确，激光雷达的采样频率和扫描频率存在一个平衡点。行业内有一个通用的要求，激光雷达每秒的转数不能低于 5 转，即扫描频率不能小于 5 Hz，且每一圈采集的点数要达到 30~60 个点，才能保证成像图的准确性。在满足这种指标的情况下，激光雷达的采样频率至少需要达到 1 800 Hz。

如果要把 1 800 Hz 的采样频率降到更低，而不降低激光雷达的转数，每圈就只能得到更低的采样点数，这样很可能会导致机器人在即时定位与地图构建（simultaneous localization and mapping，SLAM）建图的过程中出现很多问题。例如，地图绘制不够全面，或者机器人在导航的时候出现碰撞障碍物的情况。

从测距半径来看，激光雷达可以分为近距离激光雷达、中等距离激光雷达和远距离激光雷达三种。家用服务机器人一般装载近距离激光雷达，例如，扫地机器人采用的就是测距半径在 10 m 以内的激光雷达。商用条件下测距半径为 10~100 m 的激光雷达是中等距离激光雷达。测距半径为 100~200 m 甚至更远距离的激光雷达是远距离激光雷达，例如，谷歌无人驾驶汽车采用的就是远距离激光雷达。表 1-2 所示为思岚 RPLIDAR A2 系列激光雷达的参数表。该系列激光雷达属于近距离激光雷达，外形尺寸为直径 76 mm，高为 41 mm，采用通用异步收发器（universal asynchronous receiver/transmitter，UART）串口输出。

表 1-2　RPLIDAR A2 系列激光雷达的参数表

项目	单位	A2M7	A2M8	A2M12
测距半径	m	0.2~16	0.2~12	0.2~12
扫描角度	(°)	360	360	360
采样频率	Hz	16 000	8 000	16 000

续表

项目	单位	A2M7	A2M8	A2M12
扫描频率	Hz	10（5~15）	10（5~15）	10（5~15）
测距分辨率	mm	≤1%（测距≤12 m），≤2%（测距 12~16 m）		
角度分辨率	(°)	0.225	0.45	0.225
输出	b/s	256 000	115 200	256 000

2. 双目立体视觉传感器

双目立体视觉（binocular stereo vision）是机器视觉的一种重要形式，它基于视差原理并利用成像设备从不同的位置获取被测物体的两幅图像，通过计算图像对应点间的位置偏差来获取物体三维几何信息的方法。双目立体视觉传感器又称双目立体相机，是一种基于 3D 视觉传感技术的视觉传感器。3D 视觉传感技术是一种深度传感技术，它增强了像机进行目标物体识别的能力，是一项非常重要的科学技术突破。相对于 2D 技术，3D 视觉传感技术除了显示目标物体的 X 值和 Y 值之外，还可以提供记录场景或对象的深度值，在感知和处理日常活动的方式上带来了独特的进步。3D 视觉传感技术利用光学技术模拟人类视觉系统，促进了增强现实、人工智能和物联网的发展和应用。

目前市面上主流的 3D 光学视觉方法有三种：双目立体视觉法，结构光法（structured light）以及 TOF。目前最成熟的方法是结构光法，已经在工业 3D 视觉中大规模应用。

（1）双目立体视觉法

双目立体视觉法通过从两个视点来观察同一物体，从而获得同一物体在不同视角下的图像。如图 1-40 所示，物体 A 和物体 B 位于摄像头 1 和摄像头 2 前方。从 1 号视角看到的图像中，物体 A 位于物体 B 的左方。从 2 号视角看到的图像中，物体 A 位于物体 B 的右方。两个图像中物体 A 的位置不重合，有一定偏差，称为视差。通过三角测量原理来计算图像像素间的位置偏差（视差）来获取物体的三维图像，例如，把一根手指放在鼻尖前方，左右眼分别看到手指会有一个错位的效果，这个位置差称为视差。相机所要拍摄的物体离相机越近，视差越大，离相机越远，视差越小。由此可以得出，当两个相机的位置已知时，可以通过计算相似三角形的原理得出物体到相机的距离，过程与人类眼睛的工作原理相似。在双目立体视觉系统的硬件结构中，通常采用两个摄像机作为视觉信号的采集设备，通过双输入通道图像采集卡与计算机连接，把摄像机采集的模拟信号经过采样、滤波、强化、模数转换，最终向计算机提供图像数据。

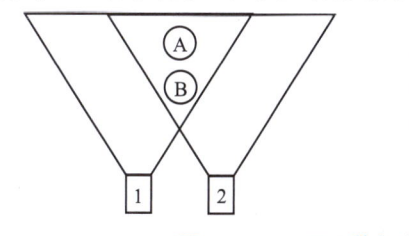

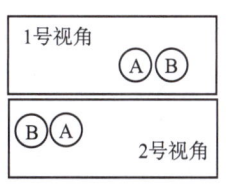

图 1-40 双目立体视觉原理

双目立体视觉法的开创性工作始于20世纪60年代中期。美国MIT的Lawrence Roberts通过从数字图像中提取立方体、楔形体和棱柱体等简单规则多面体的三维结构，并对物体的形状和空间关系进行描述，把过去的简单二维图像分析推广到了复杂的三维场景，标志着立体视觉技术的诞生。随着研究的深入，研究的范围从边缘、角点等特征的提取，线条、平面、曲面等几何要素的分析，直到对图像明暗、纹理、运动和成像几何等进行分析，并建立起各种数据结构和推理规则。特别是在1982年，David Marr首次将图像处理、心理物理学、神经生理学和临床精神病学的研究成果从信息处理的角度进行概括，创立了视觉计算理论框架。这一基本理论框架对立体视觉法的发展产生了极大的推动作用，在这一领域已形成了从图像的获取到最终的三维场景可视表面重构的完整体系，使立体视觉成为计算机视觉中一个非常重要的分支。

一个完整的双目立体视觉系统通常可分为数字图像采集、相机标定、图像预处理与特征提取、图像校正、立体匹配、三维重建六大部分。双目立体视觉法具有高3D成像分辨率、高精度、高抗强光干扰等优势，而且可以保持低成本。但是需要通过大量的中央处理器/专用集成电路（CPV/ASIC）演算获取它的深度和幅度信息，其算法极为复杂，因此较难实现，同时该方法易受环境因素干扰，对环境光照强度比较敏感，且比较依赖图像本身的特征，因而拍摄暗光场景时表现差。双目立体视觉法还有另一个限制，即它过度依赖被拍摄物体的表面纹理，如果被摄物体表面没有明显的纹理，使用该法会无法匹配与之对应的像素问题。

（2）结构光法

结构光法是一种主动双目视觉技术。该方法通过近红外激光器，将具有已知结构特征（如离散光斑、条纹光、编码结构光等）的光线投射到被拍摄物体上，再由专门的红外摄像头采集三维物体物理表面成像的畸变情况，然后通过观测图案与原始图案之前发生的形变得到图案上各个像素的视差。这个技术通过光学手段获取被拍摄物体的三维结构，再将获取的信息进行更深入的应用。结构光法的工作原理可看作另一种双目立体视觉法，红外激光器和红外摄像头可当作双目立体视觉法中的左右双目。

相比双目立体视觉法，结构光法的红外激光器发射出的光可以照亮被扫描物体，所以它不需要像双目立体视觉法一样依赖光源，而且在较平整、没有明显纹理的物体表面也可以测算出物体的三维深度。

如图1-41所示，结构光深度相机通常由一个红外结构光发射器、一个红外结构光接收器和一个三原色（red、green、blue，RGB）摄像头组成。通过近红外激光器，将具有一定结构特征的光线投射到拍摄物体上，再由专门的红外摄像头进行采集。这种具备一定结构的光线，会因拍摄物体的不同深度区域而采集不同图像的相位信息，然后通过运算单元将这种结构的变化换算成深度信息，以此来获得三维结构。

Kinect视觉传感器是一种使用红外射线进行主动探测的立体成像设备，最初用于微软的XBOX游戏机上，由于其优秀的三维成像能力，后来也广泛应用于机器人，它是机器人视觉系统的核心部件。Kinect还内置了语音麦克风阵列，可用于语音识别输入。

Kinect传感器使用的是一种光编码技术。光编码技术虽然也属于结构光技术，但又不同于传统的结构光测量技术。光编码使用的是连续的照明（而非脉冲），不需要特制的感光芯片，只需要普通的互补金属氧化物半导体（complementary metal oxide semiconductor，CMOS）感光芯片，这让方案的成本大大降低。光编码技术的光源打出去的并不是周期性变化的二维图像编码，而是一个具有三维纵深的"体编码"。这种光源称为激光散斑

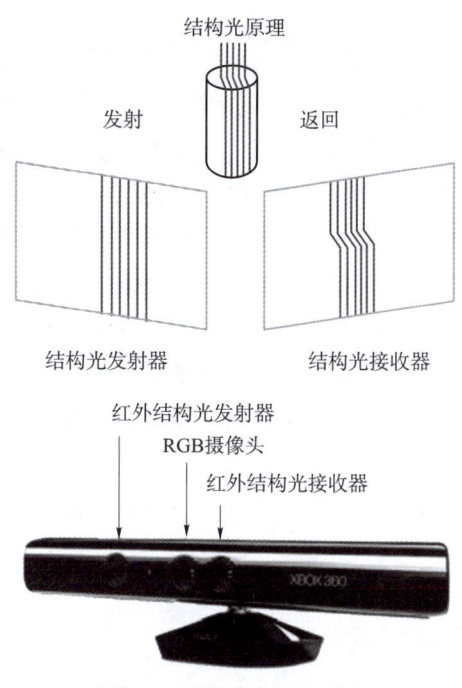

图 1-41　结构光深度相机

（laser speckle），是当激光照射到粗糙物体或穿透毛玻璃后形成的随机衍射斑点。这些散斑具有高度的随机性，而且会随着距离的不同变换图案，也就是说空间中任意两处的散斑图案都是不同的。只要在空间中打上这样的结构光，整个空间就都做了标记，把一个物体放进这个空间，只要看看物体上面的散斑图案，就可以推出这个物体在什么位置。

Kinect 的成像原理是每隔一段距离取一个参考平面，把参考平面上的散斑图案记录下来。假设用户活动空间是距离电视机 1~4 m 的范围，每隔 10 cm 取一个参考平面，那么标定下来就已经保存了 30 幅散斑图像。需要进行测量的时候，拍摄一幅待测场景的散斑图像，将这幅图像和保存下来的 30 幅参考图像依次做互相关运算，就会得到 30 幅相关度图像，而空间中有物体存在的位置，在相关度图像上就会显示出峰值。把这些峰值一层层叠在一起，再经过一些插值运算，就可以得到整个场景的三维形状。

结构光深度相机的优缺点如表 1-3 所示。

表 1-3　结构光深度相机的优缺点

优点	缺点
非常适合在光照不足（甚至无光）、缺乏纹理的场景使用	室外环境基本不能使用。因为在室外容易受强自然光影响
在一定范围内可以达到较高的测量精度	测量距离较近。物体距离相机越远，物体上的投影图案越大，精度也越差，相对应的测量精度也越差
技术成熟，深度图像有相对较高的分辨率	易受光滑平面反光的影响

（3）TOF

TOF 测距方法属于双向测距技术，它主要利用信号在两个异步收发器（或反射面）之间往返的飞行时间来测量节点间的距离。传统的测距技术分为双向测距技术和单向测距技术。在信号电平比较好调制或在非视距视线环境下，接收信号强度指示（received signal strength indication，RSSI）测距方法估算的结果比较理想；在视距视线环境下，TOF 测距方法能够弥补 RSSI 测距方法的不足。最早应用 TOF 测距方法的器件是超声测距仪。

TOF 测距方法有两个关键的约束：一个是发送设备和接收设备必须始终同步；另一个是接收设备提供信号的传输时间的长短。为了实现时钟同步，TOF 测距方法采用了时钟偏移量来解决时钟同步问题。通过测量光飞行时间来得到距离，具体就是通过给目标连续发射激光脉冲，然后用传感器接收反射光线，通过探测光脉冲的飞行往返时间来得到确切的目标物距离。因为光速极快，实际通过直接测光飞行时间不可行，一般通过检测一定手段调制后的光波相位偏移来实现。简单来说就是发出一束经过处理的光，光在碰到物体以后会反射回来，捕捉来回的时间，由于光速和调制光的波长已知，所以能快速准确地计算出光到物体的距离。

TOF 深度相机的优缺点如表 1-4 所示。

表 1-4　TOF 深度相机的优缺点

优点	缺点
具有高精度的深度探测能力，可以在不同的光照条件下实现精准的深度测量，距离误差在 1~2 cm	对光电器件和信号处理芯片等硬件要求高，特别是时间测量模块
具备宽频段和大动态范围的特点，可以适应不同环境下的复杂光照与物体表面特性，具有较好的稳定性和鲁棒性	分辨率受传感器的像素数量和物体距离的影响，随着距离的增加，分辨率下降。因此，在实际应用中需要平衡分辨率和深度探测精度的需求
可以在纳秒级时间内快速响应，实现较高的帧率和数据输出速率，适用于多种实时应用场景	常受环境光和其他干扰源的影响，如阳光、反光等因素，需要进行后期处理或采用其他补偿方法

3. 红外传感器

红外传感器是利用红外线的物理性质来进行测量的一类传感器。红外线又称红外光，具有反射、折射、散射、干涉、吸收等性质。任何物质，只要它本身具有一定的温度，即高于绝对零度，都能辐射红外线。红外线传感器测量时不与被测物体直接接触，因而不存在摩擦的问题，并且有灵敏度高、反应快等优点。图 1-42 所示为红外避障模块电路，图 1-43 所示为常见的热释电红外感应探头，图 1-44 所示为由热释电红外感应探头构成的人体红外感应传感器。

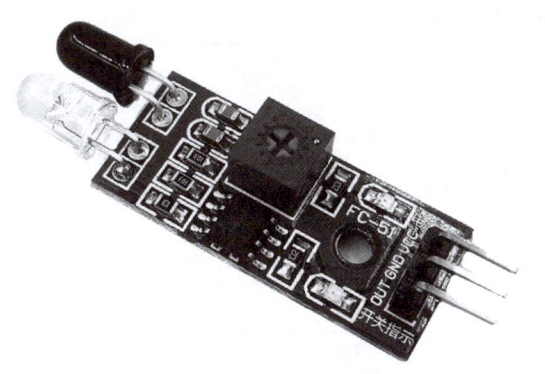

图 1-42　红外避障模块电路

图 1-43　热释电红外感应探头

图 1-44　人体红外感应传感器

红外传感器由光学系统、检测元件和转换电路组成。光学系统按其结构的不同可分为透射式和反射式两类。检测元件按工作原理可分为热敏检测元件和光电检测元件。热敏检测元件应用最多的是热敏电阻。热敏电阻受到红外线辐射时温度升高，电阻阻值发生变化。对于正温度系数热敏电阻，温度升高，则阻值变大。对于负温度系数热敏电阻，温度升高，则阻值变小。这个变化的电阻阻值通过转换电路变成电信号输出。光电检测元件常用的是光敏元件，通常由硫化铅、硒化铅、砷化铟、砷化锑、碲镉汞三元合金、锗及硅等材料掺杂制成。

红外传感器可以应用于许多领域。例如：红外传感器可以帮助医生对病人进行诊断和治疗；利用人造卫星上的红外传感器可以对地球云层进行监视，实现大范围的天气预报；采用红外传感器可以检测飞机上正在运行的发动机的过热情况；装有红外传感器的望远镜可用于军事行动，在林地战中探测密林中的敌人，在城市战中探测墙后面的敌人。这些均是利用红外传感器测量人体表面温度从而得知敌人的所在地。

红外测距传感器是红外传感器的一种，它利用红外信号遇到障碍物距离不同反射强度也不同的原理进行障碍物远近距离的检测。红外测距传感器具有一对红外信号发射与接收的二极管，发射管发射特定频率的红外信号，接收管接收这种频率的红外信号，当红外的检测方向遇到障碍物时，红外信号反射回来被接收管接收，经过处理之后，通过数字传感器接口返回到中央处理器主机，中央处理器即可利用红外的返回信号识别周围环境的变化。红外测距传感器的具体参数如表 1-5 所示。

表 1-5　红外测距传感器参数表

编号	项目	参数说明
1	供电电压	5 V（DC）
2	工作电流	30 mA/5 V（DC）
3	测量距离	10~80 cm
4	物理接口	电压模拟输出，三线制，SIG/GND/+5 V
5	响应时间	39 ms

红外测距传感器为模拟量输出，使用时直接将传感器线缆插头插入控制器面板的模拟量接口（ADC1-ADC15）即可。图 1-45 所示为某款红外测距传感器测量距离与输出电压之间的关系曲线，测距范围是 10~80 cm，对应的直流电压输出是 0.4~2.3 V。例如，当输出电压为 2 V 时，说明障碍物到传感器的距离约为 12 cm。

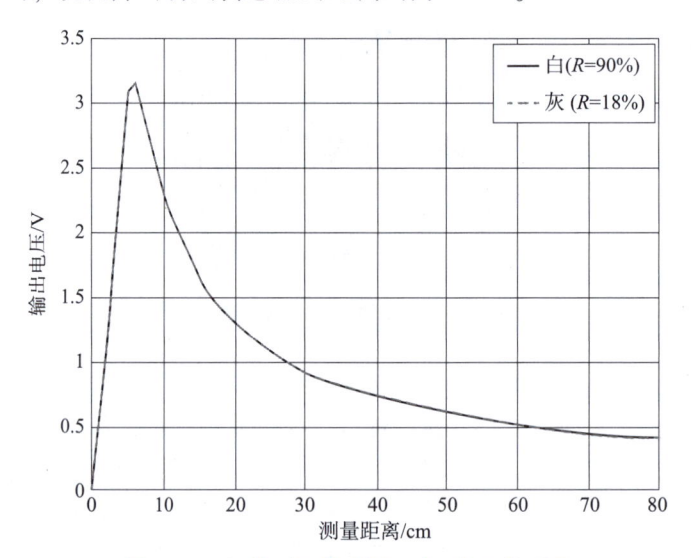

图 1-45　红外测距传感器距离-电压关系图

4. 超声波传感器

超声波传感器是将超声波信号转换成其他能量信号（通常是电信号）的一类传感器。因为超声波是振动频率高于 20 kHz 的机械波，所以超声波传感器具有频率高、波长短、绕射现象小、方向性好、定向传播等特点，广泛应用于工业、国防、医学等领域。

超声波碰到杂质或者分界面会产生显著反射形成反射回波，碰到活动物体能产生多普勒效应，因而可以做成测距的传感器。超声波传感器具有工作可靠、安装方便、发射夹角较小、灵敏度高、方便与工业显示仪表连接等优点，广泛应用于机器人防撞、液位监测以及防盗报警等相关领域。

超声波传感器主要由以下三个部分构成。

发射器：通过振子振动产生超声波并向空中辐射。

接收器：振子接收超声波时，根据超声波发生相应的机械振动，并将其转换为电能量，作为接收器的输出。

控制部分：通过集成电路控制发射器的超声波发送，并判断接收器是否收到信号（超声波），以及已接收信号的大小。

常用的超声波传感器由压电晶片组成，它既可以发射超声波，也可以接收超声波。小功率超声探头多作探测作用，它有许多不同的结构，分为直探头（纵波）、斜探头（横波）、表面波探头（表面波）、兰姆波探头（兰姆波）、双探头（一个探头发射、一个探头接收）等。图 1-46 所示为一款型号为 HC-SR04 的双探头超声波传感器。

5. 灰度传感器

灰度传感器是一种检测物体表面亮度变化的传感器，主要用于光通量的检测，即测量传感器前端的亮度。多个灰度传感器配合使用可以实现循线移动、运动追光等功能。灰度传感器可以是一个成型的产品，也可以是一个电路模块，不同的场合选用不同的灰度传感器。图 1-47 所示为一个灰度传感电路模块。

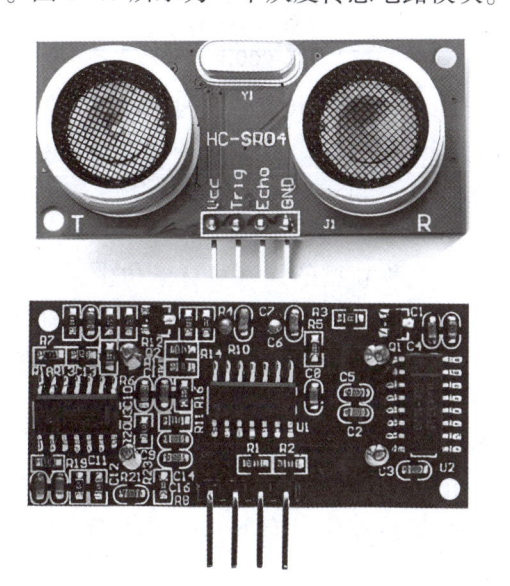

图 1-46　HC-SR04 型双探头超声波传感器　　图 1-47　灰度传感电路模块

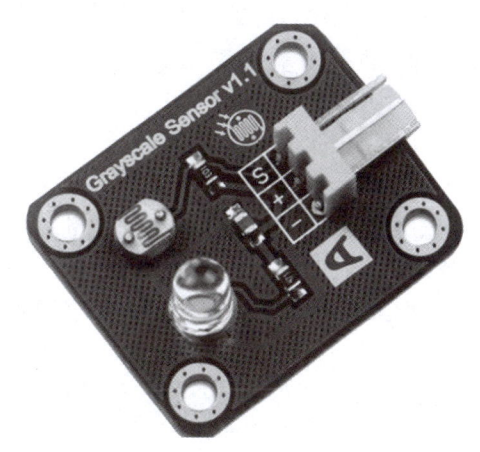

灰度传感器利用光线的散射和反射原理，通过检测物体表面不同区域的亮度差异来识别目标物体的形状和位置。灰度传感器常用的光源是红外线 LED 灯。当 LED 灯光线照射到物体表面时，会发生多种反射和散射现象，其中最主要的是漫反射和镜面反射。漫反射是光线照射到不同位置时，散射的光线由表面不规则的微小颗粒反射出去形成的，其亮度和反射角度比较随机、无规律。而镜面反射则是光线被平滑表面反射，其亮度和反射角度具有规律性。

灰度传感器测量到的目标物体表面不同区域的亮度值称为灰度值。这些变化的灰度值可以反映出目标物体表面的形状和轮廓。灰度传感器的灰度值通常是通过将一组像素灰度值求平均得到目标区域的灰度值。在实际应用中，灰度传感器可以实现多个物体的检测，因为不同物体的灰度值通常也不相同，所以，通过比较不同物体的灰度值，可以实现目标物体的识别。同时，由于灰度传感器没有特定的颜色限制，因此可以应用于多种不同颜色物体的识别。

总的来说，灰度传感器是一种基于反射和散射原理的传感器，可以检测物体表面的亮度变化，实现目标物体的识别和轮廓检测。目前，灰度传感器已经广泛应用于机器人和智能电子设备等领域。

灰度传感器一般为模拟量电压输出，物理接口与红外测距传感器相同，也是三线制，使用时直接插入控制器面板的 ADC 模拟量接口。灰度传感器的主要参数如表 1-6 所示。

表 1-6 灰度传感器的主要参数

编号	项目	参数说明
1	供电电压	3.5~5 V（DC）
2	工作电流	10 mA/5 V（DC）
3	控制信号	模拟信号
4	有效测量光通量范围	100~100 000 lm

在安装方式上，灰度传感器模块可以安装到灰度传感器延长座上，也可以安装到机器人底盘下方。灰度传感器为模拟量输出，使用时直接将传感器线缆插头插入控制器面板的模拟量接口即可。

6. 电子皮肤

模仿人类皮肤感知功能的电子皮肤（e-skin）又称新型的柔性可穿戴仿生触觉传感器，其结构简单，具有轻薄、柔软、灵活等特点，可加工成各种形状，可将外界刺激转化为不同的输出信号，在智慧医疗、人机交互、虚拟现实（virtual reality，VR）和人工智能等领域具有广阔的应用前景。

电子皮肤能像衣服一样附着在设备表面，能让机器人感知到物体的地点、方位及硬度等信息，是一种可以让机器人产生触觉的系统。此外，电子皮肤能具有生物皮肤现有的功能，例如，感知温度、压力和水流等，还能具备生物皮肤不具有的功能，例如，感知声波、测量血压、心跳等。

电子皮肤可以使机器人拥有和人类、动物一样的触觉，使机器人更加人性化、智能化。电子皮肤包含数百个独立的传感器，借助传感器收集的信息，机器人可以利用所谓的"触觉"来控制走向，识别周围环境的情况，找出最佳的行进路线。通过电子皮肤和数据的计算，机器人能够实时对障碍物进行反应，实现自主灵活地运动。

目前电子皮肤大多需要与外部电源集成。除了传感部分外，电子皮肤的大多数组件通常都是刚性的，这极大地影响了电子皮肤的美感、舒适性和安全性，也对信号采集产生了不利影响。因此，迫切需要开发和构建轻薄、柔软、高透明度和高稳定性的一体化自供电的透明电子皮肤。

电子皮肤通常由三维界面应力检测单元、局部点微应力检测单元和外围电路组成。其中三维界面应力检测单元由新型平板电容压力传感器组成，用于实时检测三维界面应力的大小，包括与界面垂直的正应力和与界面相切的剪应力。局部点微应力检测单元由新型声表面波压力传感器组成，用于检测局部点的微应力大小。

在服务机器人的运动过程中，若其中一只手臂上的电子皮肤感知到障碍物，例如，触碰到桌角或旁人，机器人就会亮红灯以提示有障碍物。此时，电子皮肤接收到的压力信号转换为电信号传给服务机器人底盘上的控制器，控制器将会控制双臂，使双臂立即掉电、停止运动，从而避免服务机器人对人类或自身造成伤害。依靠这种电子皮肤，机器人不仅能感知物体的地点和方位，还能获得物体的硬度、强度、温度、表面纹理等，机械臂会通过触感决定下一步动作和移动方向。基于一些数学运算，机器人完全可以按照命令精准地完成既定的任务。

【任务实施】

"服务机器人应用技术员"职业守则如下。
1）遵纪守法，诚实守信。
2）忠于职守，爱岗敬业。
3）团结协作，开拓创新。
4）爱护设备，安全操作。
5）严守规程，执行工艺。
6）保护环境，文明生产。

作为服务机器人应用技术员，在工作时必须严格遵守"服务机器人应用技术员"职业守则，完成以下任务。

1）查看实训室内服务机器人上所装载的超声波传感器、激光雷达、深度相机等各类传感器，简要阐述它们的功能和工作原理。

2）选用合适的螺丝刀，按照图1-48所标识的连线方式完成服务机器人的电气线路连接，并使用扎带将电线有序捆绑。

3）实训室内服务机器人的底盘周围安装了5个超声波传感器，序号从0到4。请开机后在主文件夹中打开超声波传感器的测试功能包，运行其中的脚本文件，观察5个超声波传感器输出的距离值的变化，通过手动测试的方法正确分辨出5个超声波传感器在机器人底盘周围的排列顺序，并将序号标注在图1-49中。

图1-48 服务机器人的电气连线图　　　　图1-49 超声波传感器布局图

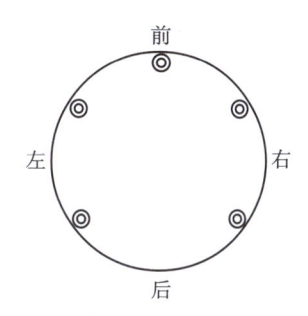

【任务评价】

班级		姓名		日期		
自我评价	1. 是否熟悉服务机器人的感知系统的功能					□是 □否
	2. 是否熟悉激光雷达的工作原理					□是 □否
	3. 是否熟悉双目立体视觉传感器的工作原理					□是 □否
	4. 是否熟悉红外测距传感器的工作原理					□是 □否
	5. 是否熟悉超声波传感器、灰度传感器的工作原理					□是 □否
	6. 是否能正确连接服务机器人的电气线路					□是 □否
自我总结						
小组评价	是否遵守课堂纪律					□优 □良 □中 □差
	是否遵守"服务机器人应用技术员"职业守则					□优 □良 □中 □差
	是否积极与小组成员团结协作完成项目任务					□优 □良 □中 □差
	是否积极参与课堂教学活动					□优 □良 □中 □差
异常情况记录						

【任务拓展】

为了更好地学好专业知识，了解目前用于服务机器人的一些先进传感器，请仔细阅读以下拓展知识。

机器人特殊传感器介绍

机器人技术是感知、交互、行动等技术的结合。目前，越来越多的传感器应用于服务机器人上，让服务机器人能更好地感知周围环境。

1. 触觉传感器

触觉是人与外界环境直接接触时的重要感觉，研制满足要求的触觉传感器是机器人发展的关键技术之一。触觉传感器是能够感知外界接触、压力和滑动等刺激，并将这些刺激转换为可识别和可处理的电信号的装置。机器人在运动过程中接触到其他物体时，触觉传感器可以向控制器发出信号。触觉传感器是用于机器人模仿触觉功能的传感器。随着微电子技术的发展和各种有机材料的出现，触觉传感器已广泛应用于医疗、制造业和机器人等领域。

不同类型的触觉传感器基于不同的物理效应和转换机制。常见的触觉传感器通过感知外界刺激引起的电阻、电容、电压或电荷等物理量的变化，将这些变化转换为电信号进行传输和处理。触觉类的传感器有广义和狭义之分，广义的触觉包括触觉、压觉、力觉、滑觉、冷热觉等，狭义的触觉指机械手与对象接触面上的力感觉。

触觉信息是通过传感器和目标物体的接触而得到的，因此，触觉传感器的输出信号基本上是力和位置偏移的函数，这里的力就是指两者接触而产生的力。在触觉技术中，高效的转换方法仍在研究中。触觉传感器一般分为简单触传感器和复杂触觉传感器两种。简单触传感器只能探测和周围物体接触与否，仅传递单一信息，如限位开关、接触开关等。复杂触觉传感器不仅能探测是否和周围物体接触，还能感知探测物体的外轮廓。传感器输出信号常为0或1，最经济适用的形式是各种微动开关。常用的微动开关由滑柱、弹簧、基板和引线构成，具有性能可靠、成本低、使用方便等特点。一般触觉传感器装于机器人末端执行器上。除微动开关外，触觉传感器还采用碳素纤维及聚氨基甲酸酯为基本材料，当机器人与物体接触时，可通过碳素纤维与金属针之间建立导通电路。与微动开关相比，碳素纤维具有更高的触电安装密度、更好的柔性，可以安装于机械手的曲面手掌上。

从功能角度分类，触觉传感器大致可分为接触觉传感器、力/力矩觉传感器、压觉传感器和滑觉传感器等。这些传感器分别用于感知接触、力/力矩、压力和滑动等刺激。按照接触觉实现的原理分类，接触觉可以分为激光式、超声波式、红外线式等几种。国内外对接触觉传感器的研究主要有气压式、超导式、磁感式、电容式、光电式五种工作类型。由于接触觉是机器人接近目标物的感觉，并没有具体的量化指标，所以与一般的测距传感器相比，其精确度并不太高。滑觉传感器用于判断和测量机器人抓握或搬运物体时物体所产生的滑移，它实际上是一种位移传感器。按有无滑动方向，滑觉传感器可分为无方向性传感器、单方向性传感器和全方向性传感器三类。无方向性传感器有探针耳机式，它由蓝宝石探针、金属缓冲器、压电罗谢尔盐晶体和橡胶缓冲器组成，滑动时探针产生振动，罗谢尔盐晶体转换为相应的电信号，缓冲器的作用是减小噪声；单方向性传感器有滚筒光电式，被抓物体的滑移使滚筒转动，导致光敏二极管接收到透过码盘（装在滚筒的圆面上）的光信号，通过滚筒的转角信号而测出物体的滑动；全方向性传感器采用表面包有绝缘材料并构成经纬分布的导电与不导电区的金属球，当传感器接触物体并产生滑动时，金属球发生转动，使金属球面上的导电与不导电区交替接触电极，从而产生通断信号，通过对通断信号的计数和判断可测出滑移的大小和方向，这种传感器的制作工艺要求较高。

按信号转换机制触觉传感器可分为压阻型、电容型、压电型和摩擦电型等。压阻型触觉传感器利用电阻的变化实现对外力的传感；电容型触觉传感器通过压力刺激改变电容值来实现传感功能；压电型触觉传感器基于压电材料的压电效应，将机械压力转换为电压信号；摩擦电型触觉传感器则是利用两种物质互相摩擦时产生的电荷变化来实现传感。

触觉传感器在机器人领域具有广泛的应用，包括机器人灵巧操作、人机共融、模式识别等领域。它可以用于感知机器人与外界环境的接触情况，实现精确的控制和操作。触觉传感器还可以用于人机交互中，提高机器人的感知能力和用户体验。此外，在可穿戴设备、医疗保健设备等领域中，触觉传感器也发挥着重要作用。

总之，触觉传感器是一种能够感知外界接触、压力和滑动等刺激的装置，通过将这些刺激转换为可识别和可处理的电信号，实现机器人与外界环境的交互和感知。它们在机器人领域和其他领域中具有广泛的应用前景。

2. 嗅觉传感器

嗅觉传感器是一种可以检测气体成分的传感器，其工作原理是基于敏感材料对气体的吸附、反应和热释放等特性，将这些特性转换为电信号，从而实现对气体成分的检测。

嗅觉传感器基本由传感器元件、信号处理器和数据分析系统组成。传感器元件是嗅觉传感器的核心，通常采用具有特定吸附能力的敏感材料。气体分子与敏感材料接触会产生相应的电信号，该信号被传送到信号处理器，由信息处理器对其进行特征提取和数据处理。数据分析系统通过模式识别算法分析和识别气味。

目前应用比较广泛的嗅觉传感器主要有三种：半导体嗅觉传感器、电化学嗅觉传感器和石英晶体微天平嗅觉传感器。半导体嗅觉传感器利用敏感材料的电阻变化来检测气体成分，具有响应速度快、灵敏度高、成本低等优点，广泛应用于智能家居、医疗诊断、环境监测等领域。电化学嗅觉传感器通过物质在电极表面的反应来检测气体成分，具有响应速度快、灵敏度高、反应可逆等特点，广泛应用于食品安全、环境污染等领域。石英晶体微天平嗅觉传感器利用晶体振动频率的变化来检测气体成分，具有灵敏度高、稳定性好、准确性高等特点，广泛应用于生化分析、气体检测等领域。

嗅觉传感器的应用非常广泛。在食品安全领域，嗅觉传感器可用于检测食品中的有害物质，如致癌物质和食品添加剂。在环境监测领域，嗅觉传感器可用于监测空气中的有害气体和化学物质，用于环境保护和工业安全。此外，嗅觉传感器还可应用于智能家居、智能医疗、智能服务机器人等领域，例如，空调、烟灶等家电的智能化以及患者呼出气体的监测等。

总之，嗅觉传感器利用敏感材料对气体的吸附、反应和热释放等待性来检测气体成分，其应用非常广泛。随着技术的不断发展和进步，嗅觉传感器的应用前景将更加广阔。

3. 姿态传感器

姿态传感器是一种用于测量物体在空间中的姿态、方向和位置的设备。它可以通过测量物体的角度、加速度和磁场等参数来感知和测量物体的三维姿态，即物体在空间中相对于某个参考坐标系的方向。姿态传感器通常由多个传感器组成，能够同时测量多个方向上的运动或位置变化。

姿态传感器的工作原理主要基于多种传感器组合和数据处理技术。常见的传感器包括加速度计、陀螺仪和磁力计等。这些传感器能够测量物体的加速度、角速度和磁场等信息，从而推算出物体的姿态。加速度计用于测量物体在空间中的加速度变化，通过检测加速度变化来测量姿态角度的方向。陀螺仪用于测量物体的旋转速度，利用旋转惯性原理测量姿态角度的速度和目标。磁力计用于测量地面磁场，通过检测磁场方向和强度的变化来测量姿态方向和视角。姿态传感器通常会将上述多个传感器导出的数据进行整合和过滤，以获得准确的姿态状态。此外，为了提供全面的姿态信息，姿态传感器还可能包括其他类型的传感器，如倾斜计等。

根据具体的应用场景，姿态传感器可以分为多种类型。例如，有些姿态传感器是基于微机电系统（micro-electromechanical system，MEMS）技术的，具有微型化、低功耗等特点；而有些则是针对特定应用而设计的，如航空航天、导航等领域的高精度姿态传感器。

姿态传感器的应用非常广泛，涉及航空航天、机器人、汽车和游戏等多个领域。在航空航天领域，可用于飞行器的导航、飞行控制和姿态稳定等方面，确保飞行器的安全和稳定；在机器人领域，可用于机器人的姿态控制和运动规划等方面，提高机器人的运动性能和精度；在汽车领域，可用于车辆的稳定控制和安全驾驶等方面，例如，电子稳定程序（ESP）系统就需要姿态传感器的支持；在游戏领域，可用于游戏控制器的姿态感应和虚拟现实等方面，提升游戏的互动性和真实感。

总之，姿态传感器是一种非常重要的测量设备，它可以帮助我们确定物体的姿态、方向和位置，为各个领域的应用提供重要的支持和保障。随着技术的不断发展，姿态传感器的性能和应用范围也将不断提高和扩大。

项目4　服务机器人整机集成与交付

【情境导入】

李工程师作为产品交付工程师，在机器人公司担任非常重要的角色。他专注于机器人产品的整机集成与交付，凭借精湛的技术及对服务机器人各类部件性能的深入了解，他能够准确无误地将服务机器人组装完整。机器人的各个部件在他手中被巧妙地连接在一起，形成一个高效、智能的整体。

让我们在李工程师的指导下，深入学习服务机器人的驱动系统和电源模块，学习如何高效地集成服务机器人，确保机器人产品在用户手中稳定、可靠地运行。

【学习目标】

1. 知识目标

（1）熟悉服务机器人的驱动系统。
（2）熟悉服务机器人的电源模块。

2. 技能目标

（1）能阐述服务机器人中常见电机的工作原理和特点。
（2）能正确使用工具进行服务机器人的整机集成与调试。

3. 素养目标

（1）树立科学发展观。
（2）能以科学的态度对待科学、以真理的精神追求真理。

【知识导入】

一、服务机器人的驱动系统

服务机器人的驱动系统将控制系统下达的命令转换成执行机构需要的信号，相当于人的肌肉和筋络。机器人常见的驱动方式有液压驱动、气压驱动和电动驱动三种。工业机器人需要较大的驱动力，所以一般采用电控液压驱动或电控气压驱动。服务机器人由于其可移动性，大多采用的是电动驱动。直流伺服电机广泛应用于多关节的服务机器人，服务机器人的手臂和手爪及腿脚等都可以用直流伺服电机驱动。

液压驱动是一种比较成熟的技术，该方式以高压油作为工作介质。采用液压驱动的机器人可以抓取上百公斤的物品，其液压力可达 7 MPa。液压驱动传动平稳，具有负载能力大、响应快速、易于实现直接驱动等特点，广泛应用于重型、大型机器人。液压系统进行能量转换（电能转换成液压能）时，大多采用节流调速的方式控制速度，效率比电机驱动系统低。而且液压驱动系统对密封性要求高，如果出现液体泄漏将会产生环境污染。因此，近年来负荷为 100 kg 以下的机器人都不再采用液压驱动，而是采用电动驱动。

气压驱动以压缩气体作为工作介质，原理与液压驱动相似。气压驱动系统具有结构简单、价格低廉、无污染等优点，但因为其稳定性差、速度慢、抓取力小，所以只适合中、小负荷的机器人。而且气压驱动难于实现伺服控制，因此多用于程序控制的机器人，如冲压机器人等。

电动驱动具有效率高、控制灵活、使用方便等优点，是目前机器人中应用最多的一种驱动方式。工程中常用的电机有直流电机、舵机、交流电机和步进电机等。目前，服务机器人使用的电机大部分是直流电机和舵机，也有一部分服务机器人使用步进电机。在电动驱动的早期，多采用步进电机，后来逐渐被直流伺服电机取代。服务机器人的电动驱动系统要精确地驱使机器人运动来完成工作任务，其配备的电机必须具有高精度性、高可靠性和快速响应性。

此外，随着科学技术的不断发展，出现了一些新型的驱动方式。如磁致伸缩驱动、形状记忆合金驱动、静电驱动、超声波电机驱动等。新型的驱动材料有超磁致伸缩材料、生物金属（形状记忆合金）、压电材料等。

1. 直流电机

直流电机又称直流电动机，是一种能将直流电能转换为机械能的设备，主要基于电磁感应原理工作。直流电机的转速与外加直流电压成正比，它产生的力矩与电枢电流成正比，其控制特性较好。在机器人中，直流电机将轴的旋转运动输入减速器，然后由减速器的输出轴控制机器人的手臂和脚实现相应动作，从而驱动整个服务机器人运动。直流电机上的电压大小影响服务机器人的转速和转矩。直流电机的调速性能好、启动转矩大，控制起来非常方便。

直流电机主要由定子和转子两部分组成。定子固定不动，上面安装的永磁体或电磁铁产生磁场；转子可以自由旋转，上面绕有线圈，通过电刷和换向器与电源连接。带有电刷的换向器，使电流在转子上的线圈中始终沿同一方向流动。当直流电通过转子上的线圈时，线圈受定子磁场的作用而转动。电刷和换向器确保电流方向在转子旋转过程中不断改变，从而保持转子的持续转动。直流电机的内部结构如图1-50所示。

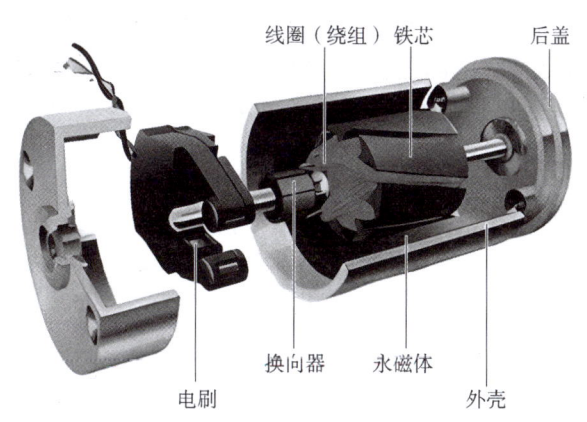

图1-50 直流电机的内部结构

直流电机的分类主要有以下3种。

（1）根据励磁方式分类

直流电动机的励磁方式是指对励磁绕组如何供电，从而产生励磁磁通势，建立主磁场。根据励磁方式的不同，直流电动机分为永磁直流电机、他励直流电机和自励直流电机三种。永磁直流电机使用永磁体产生磁场，而他励直流电机和自励直流电机则通过电流激励电磁铁产生磁场。励磁绕组与电枢绕组无连接关系，而由其他直流电源对励磁绕组供电的直流电机称为他励直流电机。自励直流电机又分为并励直流电机、串励直流电机和复励直流电机三种。并励直流电机的励磁绕组与电枢绕组相并联；串励直流电机的励磁绕组与电枢绕组串联后，再接于直流电源；复励直流电机有并励和串励两个励磁绕组。

（2）根据有无电刷分类

根据有无电刷进行分类，直流电机分为有刷直流电机和无刷直流电机两种。无刷直流电机利用磁极位置传感器和晶体管等开关元件取代了直流电机中的整流子和电刷，解决了直流电机因为整流子与电刷间机械接触带来的安全可靠性较差的问题。无刷电机中的位置传感器在检测出转子位置后，利用产生相同方向转矩的开关元件切换线圈中的电流。除此之外，无刷直流电机在产生转矩等特性方面与直流电机完全相同，因此在机器人领域应用非常广泛。

（3）根据转速高低分类

按照输出转速的高低，直流伺服电机分为高速直流伺服电机和低速大转矩宽调速直流伺服电动机两种。高速直流伺服电机分为普通直流伺服电机和高性能直流伺服电机两种。

在 20 世纪 80 年代以前，机器人广泛采用永磁式直流伺服电机来驱动。随着无刷直流电机的出现，直流伺服电机受到无刷直流电机的挑战和冲击，但在中小功率的系统中，永磁式直流伺服电机还是常常使用的。直流伺服电机具有启动转矩大、体积小、质量轻、转速易控制、效率高等优点。其缺点是需要定期维修、更换电刷，电机使用寿命短、噪声大。直流伺服电机常采用脉冲宽度调制（pulse width modulation，PWM）方式驱动。它利用大功率晶体管的开关作用，将恒定的直流电源电压斩成一定频率的方波电压，并加在直流电机的电枢上，通过对方波脉冲宽度的控制，改变电枢的平均电压来控制电机的转速。尽管开关型放大器有死区，对电网干扰大，但效率高，是目前广泛采用的一种电机驱动方法。为了满足小型直流电机的应用需要，各国半导体厂商纷纷推出直流电机驱动专用集成电路。

改变直流电机转动方向的方法有以下两种。

（1）电枢反接法，即保持励磁绕组的端电压极性不变，通过改变电枢绕组端电压的极性使电机反转。

（2）励磁绕组反接法，即保持电枢绕组端电压的极性不变，通过改变励磁绕组端电压的极性使电机调向。当两者的电压极性同时改变时，电机的旋转方向不变。

他励和并励直流电机一般采用电枢反接法来实现正反转。他励和并励直流电机不宜采用励磁绕组反接法实现正反转是因为励磁绕组匝数较多，电感量较大。当励磁绕组反接时，在励磁绕组中便会产生很大的感生电动势，这将会损坏闸刀和励磁绕组的绝缘性能。

串励直流电机宜采用励磁绕组反接法实现正反转是因为串励直流电机的电枢两端电压较高，而励磁绕组两端电压很低，反接容易，电机车常采用此方法。

2. 舵机

舵机是一种位置（角度）伺服的驱动器，适用于需要角度不断变化并可以保持的控制系统。舵机是一种基于电机驱动和位置反馈的闭环控制系统。控制信号的频率和脉宽决定了舵机的响应速度和转动角度范围。舵机主要适用在对角度有要求的场合，例如，人形机器人的手臂和腿，遥控飞机模型、遥控潜艇和遥控小车的方向控制。因此，舵机在高档玩具及遥控机器人中得到了普遍应用。

舵机主要由舵盘、减速齿轮组、位置检测器、直流电机、控制电路和外壳组成。图1-51所示舵机内部的减速齿轮组为塑料齿轮，其位置检测器主要由电位器构成。舵机的电气连接线一般为排线3根，中间红色的是电源正极线，一边黑色或棕色的是地线，另一根多为白色、黄色或橙色，是舵机的控制信号线。图1-52所示为一款内部为金属齿轮的机器人舵机，该舵机搭配有十字形、一字形、圆盘形、雪花形等多种形状的舵盘。

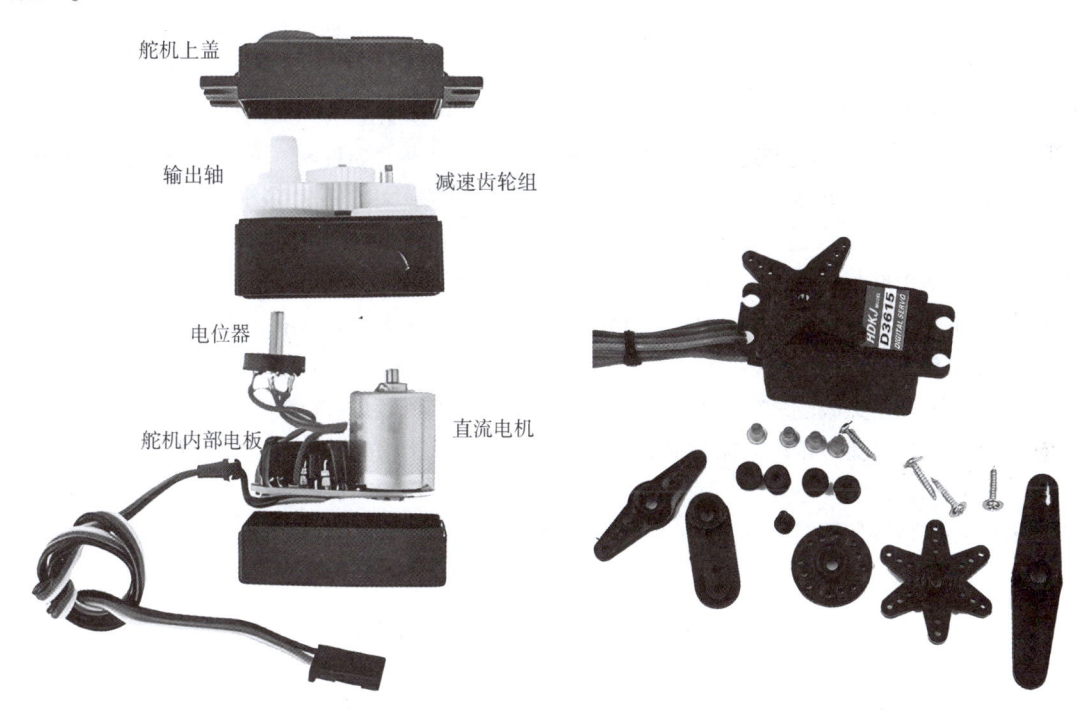

图1-51 舵机内部结构　　图1-52 内部为金属齿轮的机器人舵机

舵机的工作原理：舵机中的控制电路接收到一定脉宽的脉冲宽度调制PWM控制信号，判断直流电机的转动方向，然后驱动直流电机旋转。直流电机带动一系列齿轮转动，经过减速后电机输出的转矩传动至输出轴的舵盘。舵机的输出轴和位置检测器是相连的，当舵盘转动时，位置检测器将反馈一个电压信号到控制电路，形成闭环控制。控制电路根据反馈信号，判断舵盘是否已经到达指定位置。如果已经到达，则控制电机停止转动；如果没有到达，则根据反馈信号决定电机的转动方向和速度，电机继续转动直到到达指定位置。位置检测器一般是可变电阻，当舵机转动时，其电阻值也会随之改变。通过检测可变电阻的阻值，便可反推出转动的角度。

控制舵机的 PWM 信号可由 FPGA 器件、模拟电路或单片机产生。通过改变 PWM 的占空比可以改变舵机的运动转角。例如，PWM 的周期为 20 ms，脉宽范围为 0.5~2.5 ms，驱使舵机转角范围为 0°~180°，则脉宽为 0.5 ms 时舵机转角为 0°，脉宽为 1.5 ms 时舵机转角为 90°，脉宽为 2.5 ms 时舵机转角为 180°。

厂商所提供的舵机规格资料，一般都会包含外形尺寸（mm）、最大转矩（kgf[①]·cm）、速度（s/60°）、测试电压（V）及质量（g）等基本参数。例如，Futaba S-9001 舵机在 4.8 V 时最大转矩为 3.9 kgf·cm、速度为 0.22 s/60°，这表示在 4.8 V 测试电压供电时，舵机输出的最大转矩为 3.9 kgf·cm。这个转矩值可以理解为在摆臂长度为 1 cm 处，能吊起 3.9 kg 的物体。0.22 s/60°表示该舵机转动 60°只需要 0.22 s 的时间。

舵机虽然内部有一个直流电机，却和普通直流电机有很大区别。普通直流电机一般是 360°旋转，而舵机是在一定角度范围内转动。普通直流电机需要额外加装检测模块才能实现反馈，而舵机内部集成了位置检测器，能够反馈角度信息。

为了适合不同的工作环境，有防水及防尘设计的舵机。依据不同的负载需求，舵机内部的齿轮有塑胶齿轮和金属齿轮之分，配备金属齿轮的舵机一般皆为大力矩及高速型舵机，其金属齿轮不会因负载过大而崩齿。较高级的舵机还会装置滚珠轴承，使舵机转动时能更轻快、精准。根据舵机输出力矩的不同，可以分为小力矩舵机、中力矩舵机和大力矩舵机三种类型。小力矩舵机体积小、结构简单，输出的最大力矩大多小于 20 kgf·cm，常用于桌面级小型机器人的四肢和头部等部位。大力矩舵机常用于大型机器人，输出的最大力矩一般大于 100 kgf·cm。中力矩舵机常用于中大型服务机器人的上半身关节，如手臂、肩部和头部等关节，其输出的最大力矩介于小力矩舵机和大力矩舵机之间。

3. 交流电机

交流电机又称交流电动机，是一种将交流电的电能转变为机械能的装置。交流电机利用通电线圈在磁场中受力转动的原理而制成。交流电机的工作效率较高，运转时没有烟尘、气味，不污染环境，噪声也较小。因此，交流电机广泛应用于工农业生产、交通运输、家用电器、医疗电器等各个领域。图 1-53 所示为一款工业生产中常用的三相交流电机。

图 1-53 三相交流电机

图 1-54 所示的三相交流电机主要由一个用以产生磁场的电磁铁绕组（定子）、一个旋转电枢（转子），以及罩壳等组成。交流电机分为同步交流电机和感应电机两种。这两

[①] 1 kgf≈9.807 N。

种电机均为定子侧绕组通入交流电产生旋转磁场,但同步交流电机的转子绕组通常需要激磁机供给直流电(激磁电流),而感应电机的转子绕组不需要通入电流。交流电机通常没有电刷。电刷主要用于直流电机中,它们在旋转时与旋转部件接触,传递电流并改变电流方向。而交流电机的旋转部件是由电磁场驱动的,不需要电刷来传递电流。但是,在一些老式的家用电器中,也有使用带电刷的交流电机。

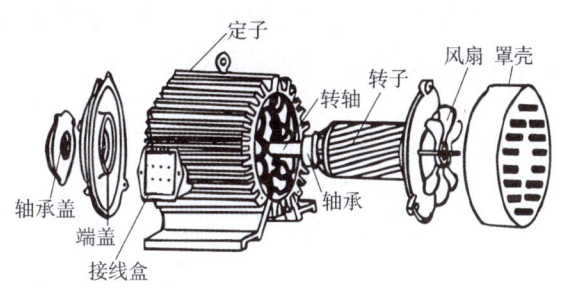

图1-54 三相交流电机结构

交流电动机具有高效能、安全可靠和可控性强等优点,广泛应用于工业、农业、交通运输业和家电行业等领域。例如,压缩机、泵、拖拉机、收割机等生产设备中都用到了交流电机,洗衣机、冰箱、微波炉和空调等家用电器中也用到了交流电机。此外,交流电机不仅用于电动汽车,还广泛应用于汽车中的转向和制动系统。

4. 步进电机

步进电机又称脉冲电机,它没有电刷,是一种将电脉冲信号转换成相应角位移或线位移的电机。步进电机每输入一个脉冲,转子就转动一个角度或前进一步,其输出的角位移或线位移与输入的脉冲数成正比,转速与脉冲频率成正比,而且在时间上与脉冲同步。因而只要控制脉冲的数量、频率和电机绕组的相序,就可获得所需的转角、速度和方向。

步进电机相对于其他电机的最大区别是它接收数字控制信号(电脉冲信号)并转化成与之相对应的角位移或直线位移,它本身就是一个完成数字模式转化的执行元件。步进电机可以进行开环位置控制,输入一个脉冲信号就得到一个规定的位置增量,这样的增量位置控制系统几乎不需要进行系统调整。与传统的直流控制系统相比,步进电机控制成本明显降低。但是开环控制也存在失步等问题,因此只适合初学者制作各类小型服务机器人。

作为一种控制用的特种电机,步进电机无法直接接到直流电源或交流电源上工作,必须使用专用的驱动电源,这个驱动电源又称步进电机驱动器。在早期,控制器(脉冲信号发生器)完全由硬件实现,控制系统采用单独的元件或集成电路组成控制回路,不仅调试安装复杂,还要消耗大量元器件,而且一旦定型,要改变控制方案就要重新设计电路。这就需要针对不同的电机开发不同的驱动器,开发难度和开发成本都很高,控制难度也较大,因而限制了步进电机的推广。随着微电子和计算机技术的发展,出现了软硬件结合的控制方式,即通过程序产生控制脉冲来驱动硬件电路。单片机通过软件来控制步进电机,更好地挖掘出了步进电机的潜力。单片机控制步进电机已成为主流,这也符合数字化的时代趋势。

步进电机的结构形式和分类方法较多,一般按励磁方式分为磁阻式、永磁式和混磁式三种;按相数可分为单相、两相、三相和多相等形式。

步进电机在启动或加速时，如果步进脉冲变化太快，转子由于惯性而跟不上电信号的变化，会产生堵转或失步。在停止或减速时，同样原因则可能产生超步。为防止堵转、失步和超步，提高工作频率，要对步进电机进行升降速控制。步进电机的启动频率特性使步进电机在启动时不能直接达到运行频率，而要有一个启动过程，即从一个低的转速逐渐升速到运行转速。在停止时运行频率不能立即降为零，而要有一个由高速逐渐降速到零的过程。

步进电机由于受到自身制造工艺的限制，例如，步距角的大小由转子齿数和运行拍数决定，但转子齿数和运行拍数是有限的，因此步进电机的步距角一般较大并且是固定的，导致步进的分辨率低、缺乏灵活性，步进电机在低频运行时振动、噪声比其他微电机都高，使物理装置容易疲劳或损坏。这些缺点使步进电机只能应用在一些要求较低的场合，而在要求较高的场合，只能采取闭环控制，这不仅使系统变得复杂，而且还严重限制了步进电机作为优良的开环控制组件的有效利用。为了解决上述问题，人们研究出了细分驱动技术。

细分驱动技术通过控制各相绕组中的电流按一定的规律上升或下降，即在0电流到最大电流之间形成多个稳定的中间电流状态，相应的合成磁场矢量的方向也将存在多个稳定的中间状态，并且按照细分步距旋转。合成磁场矢量的幅值决定了步进电机旋转力矩的大小，合成磁场矢量的方向决定了细分后步距角的大小。细分驱动技术进一步提高了步进电机转角精度和运行平稳性。

二、服务机器人的电源模块

稳定、高效的电源系统是服务机器人必不可少的组成部分。采用电动驱动方式的服务机器人，其电源一般都是电池。电池是将化学能转化成电能的装置，它为服务机器人提供能源，为控制电路提供稳定的电压。电池结构简单、携带方便、充放电操作简便、不受外界气候和温度的影响、性能稳定可靠，在现代社会生活中的各个方面都发挥着巨大的作用。

普通电池的性能参数有电动势、容量、内阻和比能量等。电动势等于单位正电荷由负极通过电池内部移到正极时，电池非静电力所做的功。电动势取决于电极材料的化学性质，与电池的大小无关。电池容量是指电池所能输出的总电荷量，一般以 A·h 作为单位。电池内阻是指电流通过电池内部时受到的阻力，一般电池的面积越大，其内阻越小。电池内阻包括欧姆内阻和极化内阻，极化内阻又包括电化学极化内阻和浓差极化内阻。由于内阻的存在，电池的工作电压总是小于电池的电动势或开路电压。电池的内阻不是常数，在充放电过程中随时间不断变化（逐渐变大），这是因为活性物质的组成、电解液的浓度和温度都在不断地改变。理论上比能量是指电池反应中 1 kg 反应物质所产生的电能。因为电池中的反应物并非全部按电池反应进行，而且电池内阻会引起电动势降低，所以电池的实际比能量比理论比能量小。

机器人中常用的电池有铅酸电池、镍氢电池、锂电池、镍镉电池、镍锌电池等。

1. 铅酸电池

1859 年，法国人普兰特发明了铅酸电池，经过一百多年的发展，铅酸电池广泛应用于交通、军事、航海、航空等诸多领域。按照结构和用途分类，铅酸电池分为启动用铅酸电池、动力用铅酸电池、固定型阀控铅酸电池和其他铅酸电池等。因为铅酸电池体积较大，比较笨重，所以铅酸电池基本上不用于移动的工业机器人。铅酸电池一般用作备用电源，其安装应用成本比较低、单体一致性比较好。但是由于其具有比较严重的环境污染危害性，不利于可持续发展，因此目前正逐步被锂离子电池所代替。

2. 镍氢电池

选用镍氢电池供电的一般是价格比较低的民用消费类机器人，如扫地机器人、玩具机器人等，因为这些消费类机器人都不大，不需要大容量电池和大电流放电，而机器人本身的价格不高，成本就需要严格控制，以利于扩大消费市场。镍氢电池在价格方面比较便宜，因此，镍氢电池广泛应用于民用消费类的服务机器人。

3. 锂电池

锂电池是指电化学体系中含有锂（如锂金属、锂离子、锂合金等），由锂金属或锂合金作为负极材料，使用非水电解质溶液的一类电池。锂金属电池含有金属态锂，通常是不可充电的。锂离子电池不含金属态锂，所以可以充电。锂电池负极材料有碳负极材料、锡基负极材料、纳米级负极材料、纳米氧化物负极材料、合金类负极材料等几种。锂离子电池不含重金属镉，与镍镉电池相比，它极大地减少了对环境的污染。锂离子电池具有工作电压高、体积小、质量轻、无污染、自放电小、无记忆效应、循环寿命长等优点，是目前公认的理想能源。锂离子电池已经广泛应用于服务机器人。例如，仓储机器人、物流机器人、教育机器人等多种服务机器人都采用锂离子电池供电。这些智能机器人对电池容量、循环寿命等要求较高。此外，这些服务机器人的附加值较高，对机器人电池价格不太敏感，所以锂离子电池成为最优选择。

软包锂聚合物电池由于其可塑性和大电流放电性能，广泛应用于内部空间和质量受限的机器人，如大疆无人机、教育机器人等。此外，圆柱形锂离子电池更多用于AGV仓储机器人、清洁机器人等。

4. 镍镉电池

镍镉电池也是一种直流供电电池，镍镉电池可重复500次以上的充放电，经济耐用。其内部抵制力小，即内阻很小，可快速充电，又可为负载提供大电流，而且放电时电压变化很小，是一种非常理想的直流供电电池。

镍镉电池最大的缺点是在充放电过程中如果处理不当会出现严重的"记忆效应"，使服务寿命大幅缩短。所谓"记忆效应"就是电池在充电前，电池的电量没有被完全放尽，久而久之将会引起电池容量的降低，在电池充放电的过程中（放电较为明显），会在电池极板上产生些许的小气泡，日积月累这些气泡减少了电池极板的面积，也间接影响了电池的容量。当然，可以通过掌握合理的充放电方法来减轻"记忆效应"。此外，镉是有毒的，因而镍镉电池不利于生态环境的保护。众多的缺点使镍镉电池已基本淘汰出数码设备电池的应用范围。

【任务实施】

"服务机器人应用技术员"职业守则如下。

1）遵纪守法，诚实守信。
2）忠于职守，爱岗敬业。
3）团结协作，开拓创新。
4）爱护设备，安全操作。

5）严守规程，执行工艺。

6）保护环境，文明生产。

作为一名交付工程师，假设要将实训室的服务机器人交付给用户，请严格遵守职业守则，完成以下任务。

1）利用剪刀等工具，拆开服务机器人产品的外包装，取出所有部件，按照一定的规律将各个部件摆放好。

2）按照产品安装说明书，选用合适的内六角扳手等工具将服务机器人的机械臂等机械部件组装好。

3）选用合适的螺丝刀等工具，进行服务机器人的电气线路连接，并进行电线的有序捆扎，确保接线端口的稳固连接。

4）对服务机器人产品进行外观检查，重点查看头部立体相机、机械臂、底盘是否有破损，如有异常情况，请记录。

5）按下开机键，查看当前电池模块的电量，检查服务机器人的软件系统是否能正常启动，如有异常情况，请记录。

6）利用服务机器人自带的调试功能包，依次对其进行激光雷达、超声波传感器、立体相机等传感器的基本功能测试，并查看电机能否正常转动，机器人是否能自由行走，如有异常情况，请记录。

7）完成服务机器人的集成与调试工作之后，将服务机器人顺利交付至用户手中。

【任务评价】

班级		姓名		日期	
自我评价	1. 是否熟悉直流电机的组成结构和工作原理				□是 □否
	2. 是否熟悉舵机的组成结构和工作原理				□是 □否
	3. 是否熟悉交流电机的组成结构和工作原理				□是 □否
	4. 是否熟悉步进电机的组成结构和工作原理				□是 □否
	5. 是否熟悉锂离子电池的特点和使用场景				□是 □否
	6. 是否能正确进行服务机器人的整机集成与调试				□是 □否
自我总结					

续表

班级		姓名		日期		
小组评价	是否遵守课堂纪律				□优 □良 □中 □差	
	是否遵守"服务机器人应用技术员"职业守则				□优 □良 □中 □差	
	是否积极与小组成员团结协作完成项目任务				□优 □良 □中 □差	
	是否积极参与课堂教学活动				□优 □良 □中 □差	
异常情况记录						

【任务拓展】

为了更好地学好专业知识，了解目前服务机器人的典型应用场景，请仔细阅读以下拓展知识。

1）在餐饮业，服务机器人从点餐到送餐，全流程服务于顾客。顾客可以通过机器人的触摸屏或语音交互完成点餐，机器人再将订单传至厨房。当菜品制作完成后，机器人会自动将食物送至顾客桌前，大幅提高了餐厅的运营效率。同时，机器人还能进行地面清洁，保持整洁的餐厅环境。图1-55所示为某餐厅的送餐机器人。

图1-55 送餐机器人

2）在酒店行业，服务机器人正以其独特的功能和智能化服务，改变着传统的酒店运营模式。它们不仅能够胜任前台接待的工作，通过先进的语音交互技术，与客人进行流畅的对话，高效办理入住和退房手续。此外，服务机器人还能提供路线指引服务，帮助客人轻松找到自己的房间。它们还能承担行李搬运的任务，自动将客人的行李送至指定房间，为客人带来更加轻松和便捷的入住体验。这些智能化的服务机器人，无疑为酒店行业注入了新的活力，提升了服务质量，也展示了科技带来的无限可能。图 1-56 所示为某酒店的服务机器人。

3）在家居生活中，扫地机器人和拖地机器人的应用为日常清洁工作带来了革命性的改变。这些机器人可以自主工作，自动清扫房间和客厅的地面，无论是硬木地板还是地毯，都能应对自如。它们采用先进的传感器和导航系统，确保高效且精准地清洁，有效避免了对家具和其他障碍物的碰撞。更值得一提的是，扫地机器人和拖地机器人能持续工作，不会感到疲惫，大幅提高了清洁效率，同时也降低了人们的劳动强度。有了它们，我们可以将更多的时间和精力投入其他更有意义的活动中，享受更加轻松和舒适的生活。图 1-57 所示为客厅里的扫地机器人。

图 1-56　酒店的服务机器人　　　　图 1-57　扫地机器人

4）在病房里，护理机器人成为医护人员得力的助手。它们能够全天、不间断地监测病人的生命体征，包括心率、血压、体温等重要指标。一旦监测到任何异常数据，护理机器人立即启动预警系统，通过声音、灯光或手机 APP 等方式，迅速通知医护人员，确保病人得到及时的救治。同时，机器人药剂师也发挥着不可或缺的作用。它们能够精确管理药物，确保药物的储存、配发和记录准确无误。此外，机器人药剂师还能定时提醒患者服药，避免漏服或误服，从而保障患者用药的安全和有效。图 1-58 所示为某医院病房里的护理机器人。

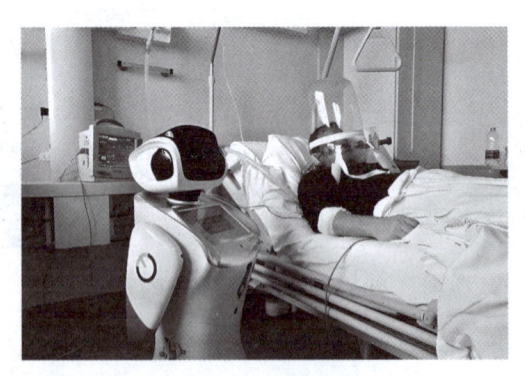

图 1-58　护理机器人

5）在超市或商场中，服务机器人以其高效和精准的服务赢得了广大顾客的喜爱。顾客只需向机器人简单描述需求，机器人便能迅速协助顾客找到心仪的商品，并提供实时的库存查询服务。此外，机器人还能根据顾客的购物历史和喜好，智能推荐相关商品，提升购物体验。不仅如此，机器人还具备货架扫描功能，能够及时发现缺货或错位商品，并向店员发送警报，帮助他们快速进行库存管理，确保货架陈列整齐与商品供应充足。这些功能的应用，不仅提升了零售商店的运营效率，也为顾客带来了更加便捷和舒适的购物体验。图1-59所示为某大型超市的导购机器人。

图1-59 导购机器人

总的来说，服务机器人正以其高效、精准和便捷的优点，逐渐深入我们生活的各个方面，改变着我们的生活方式。

模块 2　机器人操作系统基础任务

案例引入 <<<

机器人操作系统（robot operating system，ROS）是一个面向机器人的开源的元操作系统（open-source，meta-operating system）。ROS 具有类似传统操作系统的诸多功能，并且提供了相关的工具和库帮助开发者创建服务机器人。

目前，ROS 有两个版本，一个是比较成熟的 ROS 1，另一个是 ROS 2。ROS 1 只能在 Linux 操作系统上运行，在 Ubuntu Linux 操作系统中，机器人的感知、决策、控制算法可以更好地组织和运行。ROS 1 非常强大，有很多稳定的插件、丰富的文档和第三方插件。ROS 2 有着全新的架构，功能更加强大，可以在 Ubuntu、macOS 和 Windows 10 操作系统上安装和使用。ROS 2 还在发展之中，缺少一些第三方插件。ROS 2 是未来的发展方向，学好 ROS 1 有助于将来更快地学习 ROS 2。

项目 1　操控 ROS 小海龟行走

【情境导入】

服务机器人应用技术员在进行服务机器人项目开发时，经常需要在 ROS 下对机器人进行功能调试，掌握 ROS 是项目成功的关键。

作为一位新入职的服务机器人工程师，请在学习完本项目后，按照官方文档的指引，在自己的工作计算机上安装 ROS，并且通过完成 ROS 小海龟操控任务来验证是否正确安装了 ROS。

【学习目标】

1. 知识目标

（1）熟悉 Linux 与 Ubuntu 操作系统。

（2）熟悉 ROS 的概念和版本。

2. 技能目标

（1）能正确阐述 ROS 的特点。

（2）能正确安装并配置 ROS。

（3）能操控 ROS 小海龟行走。

3. 素养目标

（1）养成精益求精的学习态度。

（2）培养"与时俱进、开拓创新"的观念。

【知识导入】

一、Linux 操作系统与 Ubuntu 操作系统

1. Linux 操作系统

20 世纪 80 年代，随着计算机硬件性能的不断提高，个人计算机（personal computer，PC）的市场不断扩大，当时可供计算机选用的操作系统主要有 UNIX、DOS 和 macOS 三种。UNIX 操作系统价格昂贵，而且不能在 PC 上运行；DOS 操作系统比较简陋，而且源代码被软件厂商严格保密；macOS 是一种专门用于苹果计算机的操作系统。因此，计算机科学领域迫切需要一个更加完善、强大、廉价和开放的操作系统。

当时在大学校园里供教学使用的典型操作系统非常少，荷兰一位名叫安德鲁·斯图尔特·塔能鲍姆（Andrew S. Tanenbaum）的大学教授为了向学生讲述操作系统内部的工作原理，编写了 Minix 操作系统。Minix 操作系统只是一个用于教学的简单操作系统，而不是一个强有力的实用操作系统，但 Minix 最大的好处就是源代码公开。全世界学习计算机的学生都通过钻研开源的 Minix 源代码来了解计算机里运行的 Minix 操作系统，芬兰赫尔辛基大学二年级的学生林纳斯·本纳第克特·托瓦兹（Linus Benedict Torvalds）就是其中一个。林纳斯在吸收了 Minix 精华的基础上，受到 Minix 和 UNIX 思想的启发，于 1991 年写出了属于自己的 Linux 操作系统，版本为 Linux 0.01，这标志着 Linux 时代的开始。林纳斯利用 UNIX 的核心，去除繁杂的核心程序，改写成适用于一般计算机的 x86 系统，并放在网络上供大家下载。1994 年他推出了 Linux 1.0，至此，Linux 逐渐成为功能完善、运行稳定的操作系统，并得到广泛使用。

Linux 是一套免费使用和自由传播的类 UNIX 操作系统，是一个基于 POSIX 和 UNIX 的多用户、多任务、支持多线程和多 CPU 的操作系统，它支持 32 位和 64 位硬件。Linux 继承了 UNIX 以网络为核心的设计思想，是一个性能稳定的多用户网络操作系统。严格来讲，Linux 这个词本身只表示 Linux 内核但实际上人们已经习惯了用 Linux 来形容整个基于 Linux 内核并且使用 GNU（GNU's not UNIX）工程各种工具和数据库的操作系统。

2. Ubuntu 操作系统

Linux 有上百种不同的发行版，例如，基于社区开发的 Debian、ArchLinux 等，以及基于商业开发的 Red Hat Enterprise Linux、SUSE、Oracle Linux 等。Ubuntu 操作系统也是其中一个，它是最类似 Windows 的 Linux 发行版，非常适合初学者与教学使用。Ubuntu 是一个以桌面应用为主的开源 GNU/Linux 操作系统。

Ubuntu Linux 是由南非人马克·沙特尔沃思（Mark Shuttleworth）创办的基于 Debian Linux 的操作系统，其第一个版本（Ubuntu 4.10 Warty Warthog）于 2004 年 10 月发布。Ubuntu 操作系统适用于笔记本式计算机、桌面计算机和服务器，特别是为桌面用户提供了尽善尽美的使用体验。Ubuntu 操作系统几乎包含了所有常用的应用软件，如文字处理、电

子邮件、软件开发工具和 Web 服务等。用户下载、使用、分享 Ubuntu 操作系统，以及获得技术支持与服务，不需要支付任何许可费用。因此，Ubuntu 操作系统目前已经成为全球最流行且最有影响力的 Linux 开源操作系统之一。

Ubuntu 社区为其使用者提供了学习、交流、切磋和讨论的平台。通过 Ubuntu 庞大的社区组织，Ubuntu 用户可以获得很多帮助和支持，使 Ubuntu 使用起来更加得心应手。

Ubuntu 可以说是 Linux 世界中的黑马，其版本号以"年份的最后一位.发布月份"的格式命名，因此 Ubuntu 的第一个版本称为 4.10（2004 年 10 月）。Ubuntu 操作系统每 6 个月更新一次，一般是每年的 4 月和 10 月发布。除了版本号之外，每个 Ubuntu 版本在开发之初还有一个开发代号。Ubuntu 开发代号比较有意思，格式为"形容词+动物"，从 Ubuntu 6.06 开始，两个词的首字母按照英文字母表的排列顺序取用。表 2-1 为部分 Ubuntu 版本号、开发代号和发布时间。

表 2-1 Ubuntu 版本一览表

版本号	开发代号	发布时间
24.04	Noble Numbat	2024-04-25
23.10	Mantic Minotaur	2023-10-12
23.04	Lunar Lobster	2023-04-20
22.10	Kinetic Kudu	2022-10-21
22.04	Jammy Jellyfish	2022-04-22
21.10	Impish Indri	2021-10-14
21.04	Hirsute Hippo	2021-04-22
20.10	Groovy Gorilla	2020-10-22
20.04 LTS	Focal Fossa	2020-04-23
19.10	Eoan Ermine	2019-10-17
19.04	Disco Dingo	2019-04-19
18.10	Cosmic Cuttlefish	2018-10-18
18.04 LTS	Bionic Beaver	2018-04-26
17.10（GNOME 成为默认桌面环境）	Artful Aardvark	2017-10-21
17.04	Zesty Zapus	2017-04-13
16.10	Yakkety Yak	2016-10-20
16.04 LTS	Xenial Xerus	2016-04-21
15.10	Wily Werewolf	2015-10-23
15.04	Vivid Vervet	2015-04-22

续表

版本号	开发代号	发布时间
14.10	Utopic Unicorn	2014-10-23
14.04 LTS	Trusty Tahr	2014-04-18
13.10	Saucy Salamander	2013-10-17
13.04	Raring Ringtail	2013-04-25
12.10	Quantal Quetzal	2012-10-18
12.04 LTS	Precise Pangolin	2012-04-26
11.10	Oneiric Ocelot	2011-10-13
11.04（Unity 成为默认桌面环境）	Natty Narwhal	2011-04-28
10.10	Maverick Meerkat	2010-10-10
10.04 LTS	LucidLynx	2010-04-29

二、ROS

1. ROS 的概念

ROS 并不是一个软件，而是一系列软件的集合，或者称为软件解决方案堆栈，它包含硬件驱动程序、网络模块、通信架构和机器人算法实现等。ROS 并不是一个操作系统，一般称为元操作系统，即基于操作系统之上的类操作系统。ROS 并不是一个中间件，因为它实现了感知、导航、控制、运动规划和仿真等多种功能。

ROS 是一个应用在机器人上的操作系统，它具有操作方便、功能强大的优点，特别适用于机器人这种多节点多任务的复杂场景。因此，自 ROS 诞生以来，受到了学术界和工业界的欢迎，如今已经广泛应用于机械臂、移动机器人、无人机、无人车等许多种类的机器人上。

智能机器人是一个系统工程，它涉及机械、电子、控制、通信、软件等诸多学科。以前，开发一个机器人需要花费很多时间，需要设计机械结构、画控制电路板、写驱动程序、设计通信架构、组装集成、调试，以及编写各种感知决策和控制算法，每一个任务都需要花费大量的时间，仅靠一个人的力量造出一个动力超强的人形机器人几乎是不可能的。然而随着技术的进步，机器人产业分工开始走向细致化、多层次化，如今的电机、底盘、激光雷达、摄像头、机械臂等元器件都有不同厂家专门生产。社会分工加速了机器人行业的发展。而各个部件的集成需要一个统一的软件平台，在机器人领域，这个平台就是 ROS。

ROS 的主要目标是为机器人研究和开发提供代码复用支持。ROS 是一个分布式的进程框架，这些进程封装在易于分享和发布的程序包当中。ROS 也支持一种类似于代码储存库的联合系统，这个系统也可以实现工程的协作与发布。这种设计可以使一个工程的开发和实现从文件系统到用户接口完全独立决策（不受 ROS 限制）。同时，所有的工程都可以被 ROS 的基础工具整合在一起。

ROS 是一个适用于机器人编程的框架，这个框架把原本松散的零部件耦合在一起，为它们提供了通信架构。ROS 虽然称为操作系统，但并非 Windows、macOS 那种通常意义的操作系统，它只是连接了操作系统和 ROS 应用程序，所以它是一个中间件，在操作系统和 ROS 应用程序之间建立起了沟通的桥梁。在 ROS 系统中，机器人的感知、决策、控制算法可以更好地组织和运行。

2. ROS 的发展历程

20 世纪，机器人创新与开发的门槛非常高，如果想在任何应用领域开发出有科技含量的机器人产品，往往需要建立一整套能够实现预期目标的系统，包括硬件设备、控制系统、界面接口，以及让机器人运行并作为测试平台的检测工具等。随着机器人技术的快速发展和复杂化，代码复用和模块化的需求日益强烈，已有的开源系统已不能很好地满足需求，机器人的研发遇到了瓶颈。

到了 21 世纪，关于人工智能的研究进入了大发展阶段，包括全方位的具体的 AI。例如，斯坦福大学人工智能机器人（Stanford artificial intelligence robot，STAIR）项目组创建了灵活、动态的软件系统的原型，用于机器人技术。2007 年，柳树车库（Willow Garage）公司和 STAIR 项目组合作，提供了大量资源，进一步扩展了这些概念，经过具体的研究测试之后，无数的研究人员将他们的专业性研究贡献到 ROS 核心概念和其基础软件包，这期间积累了众多的科学研究成果。Willow Garage 公司和斯坦福大学人工智能实验室合作，于 2009 年年初推出了 ROS 0.4，这是一个测试版本的 ROS，现在所用的系统框架在这个版本中已经具有了初步的雏形。之后的版本才正式开启了 ROS 发展的成熟之路。

ROS 软件的开发自始至终采用开放的 BSD 协议，在机器人技术研究领域逐渐获得广泛应用。

ROS 各版本均以海龟作为发行代号，到 Kinetic 这个版本的 ROS 为止，已经设计出 10 种造型奇特的"ROS 海龟"，如图 2-1 所示。

图 2-1 不同版本的 ROS 海龟

ROS 自诞生以来，其发展逐渐趋于成熟，近年来随着 Ubuntu 的更新而更新，这说明 ROS 已经初步进入一种稳定的发展状态，每年进行一次更新的频率同时还保留着长期支持的版本，这使 ROS 在稳步前进和发展的同时，也有着开拓创新的方向。目前越来越多的机器人、无人机甚至无人车都开始采用 ROS 作为开发平台。尽管目前 ROS 在工业应用领域还不够完美，但前途十分光明。

ROS 在开源机器人社区中已经变得非常庞大，在高校和科研院所的实验室中已经得到广泛应用，但在工业界还不是非常流行，主要原因是 ROS 1 在实时性、安全性、认证性三方面还比较欠缺。ROS 背后的研发团队发现，ROS 1 有着非常多但又不可修复的问题，为了不断完善 ROS 1 而将所有修改添加到其中需要许多重大的变动，同时也会使 ROS 1 变得非常不稳定。于是，ROS 2 应运而生。ROS 2 是从底层全面重新开发的新一代机器人操作系统。ROS 2 是从零开始开发的，这是一个全新的 ROS，其目标之一就是使 ROS 能与工业应用全面兼容。目前，ROS 2 也随着 Ubuntu 的更新而更新。

为了解决消息间通信的去中心化和实时性问题，ROS 2 引入了数据分布服务（data distribution service，DDS），DDS 已经广泛应用于国防、民航、工业控制等领域，成为分布式实时系统中数据发布/订阅的标准解决方案。

在掌握了 ROS 1 的架构和编程应用方法后，再学习 ROS 2 会更容易理解，也会花费更少的时间。大多数命令行工具在 ROS 1 和 ROS 2 之间是相似的，工具的名称和一些选项不同，但在使用时没有太大区别。

3. ROS 的特点

ROS 为机器人的研究和开发提供了代码复用的支持，其功能越来越强大，主要有以下一些特点。

（1）点对点设计

ROS 采用了分布式的框架，通过点对点的设计让机器人的进程可以分别运行，便于模块化地修改和定制，提高了系统的容错能力。图 2-2 所示机器人系统中的点就是指的"节点"。一般用椭圆表示节点。

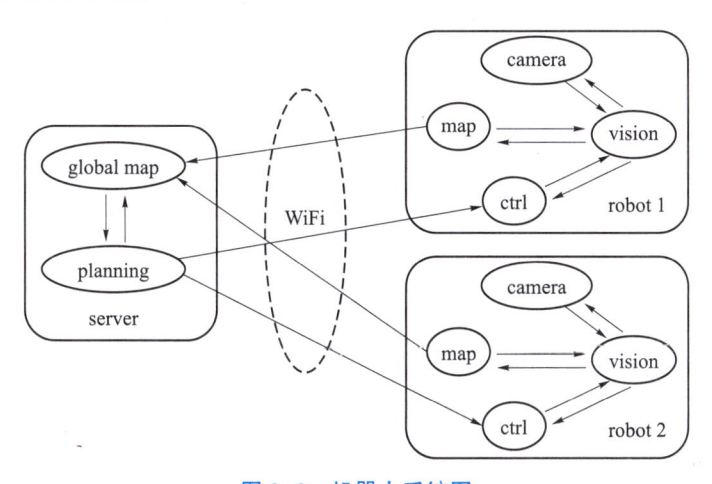

图 2-2 机器人系统图

这种设计可以分散由于计算机视觉和语音识别等功能带来的实时计算压力，能够适应服务机器人遇到的挑战。

（2）支持多种编程语言

ROS 支持多种现代高级编程语言，C++、Python 和 Lisp 语言已经在 ROS 中实现编译并得到应用，Octave 和 Java 的测试库也已经实现。为了支持多语言编程，ROS 采用了一种语言中立的接口定义语言（interface definition language，IDL）来实现各模块之间的消息传送。

（3）精简与集成

ROS 建立的系统具有模块化的特点，各模块中的代码可以单独编译，而且编译使用的 CMake 工具使它很容易实现精简的理念。ROS 基本将复杂的代码封装在库里，只是创建了一些小的应用程序用以显示 ROS 库的功能，这允许对简单的代码超越原型进行移植和重新使用。作为一种新加入的优势，当代码在库中分散后单元测试也变得非常容易。一个单独的测试程序可以测试库中很多的代码。

ROS 不修改用户的主函数，所以代码可以被其他的机器人软件使用。ROS 的优点是很容易与其他的机器人软件平台集成。例如，在计算机视觉方面，ROS 已经与 OpenCV 实现集成；在驱动、导航和模拟器方面，ROS 已经与 Player 系统实现集成；在规划算法方面，ROS 也已与 OpenAVE 系统实现集成。

（4）便于测试

机器人软件开发比其他软件开发更具挑战性，主要是因为调试准备时间长，并且调试过程复杂。况且，因为硬件维修、经费有限等因素，不一定随时有机器人可供使用。ROS 提供两种策略来解决上述问题。

1）精心设计的 ROS 系统框架将底层硬件控制模块和顶层数据处理与决策模块分离，从而可以使用模拟器替代底层硬件模块，独立测试顶层部分，提高测试效率。

2）ROS 提供了一种简单的方法，可以在调试过程中记录传感器数据及其他类型的消息数据，并在试验后按时间戳回放。通过这种方式，每次运行机器人可以获得更多的测试机会。例如，可以记录传感器的数据，并通过多次回放，测试不同的数据处理算法。

（5）开源

ROS 遵从 BSD 协议，这给了开发者很大的自由，使开发者可以清楚地查看、自由地使用源代码。如果有需要，开发者还可以根据不同的系统及硬件环境对源代码进行修改，或者进行二次开发。

（6）强大的库及社区

ROS 提供了广泛的库文件实现机器人的复杂功能。同时由于其开源特性，ROS 的支持与发展依托着一个强大的社区。其官方网站特别关注兼容性和文档支持，提供了一套"一站式"的方案，使用户可以搜索并学习来自全球开发者分享的成千上万个 ROS 程序包。

4. ROS 的发布版本

ROS 版本正式发布于 2010 年，随后 ROS 1 版本频繁迭代，基本上随着 Ubuntu 的更新而更新。2020 年 5 月发布的 ROS Noetic Ninjemys 版本是 ROS 1 的最后一个版本。

每一个 ROS 版本都对应一个适合的 Ubuntu 版本，部分 ROS 1 和 ROS 2 版本分别对应的 Ubuntu 版本如表 2-2、表 2-3 所示。

表 2-2 部分 ROS 1 与 Ubuntu 对应版本

ROS 1 版本	Ubuntu 版本	发布时间
Noetic Ninjemys	Ubuntu 20.04	2020 年 5 月
Melodic Morenia	Ubuntu 18.04	2018 年 5 月
Lunar Loggerhead	Ubuntu 17.04	2017 年 5 月
Kinetic Kame	Ubuntu 16.04	2016 年 5 月
Jade Turtle	Ubuntu 15.04	2015 年 5 月
IndigoIgloo	Ubuntu 14.04	2014 年 7 月

表 2-3 部分 ROS 2 与 Ubuntu 对应版本

ROS 2 版本	Ubuntu 版本	发布时间
Iron Irwini	Ubuntu 20.04	2023 年 5 月
Humble Hawksbill	Ubuntu 20.04	2022 年 5 月
Galactic Geochelone	Ubuntu 20.04	2021 年 5 月
Foxy Fitzroy	Ubuntu 20.04	2020 年 5 月
Dashing Diademata	Ubuntu 18.04	2019 年 5 月
Crystal Clemmys	Ubuntu 18.04	2018 年 12 月

三、ROS 的安装

1. 版本选择

ROS 1 只支持在 Linux 操作系统上安装部署，它的首选开发平台是 Ubuntu。到目前为止，ROS 1 已经相继更新推出了多种版本，供不同版本的 Ubuntu 开发者使用。为了提供最稳定的开发环境，ROS 的每个版本都有一个推荐运行的 Ubuntu 版本。

如果还没有安装 Ubuntu，建议选择 Ubuntu 20.04 版本。以下安装步骤是以安装 ROS Noetic 版本为例的，对应的 Ubuntu 版本是 Ubuntu 20.04 版本。

如果计算机上已经安装了 Ubuntu，在终端中输入 cat/etc/issue 就可以查询确认机器人上的 Ubuntu 版本号。如果没有安装正确的 ROS 版本，容易出现各种各样的依赖错误，所以安装的时候务必谨慎。

2. 安装步骤

一台普通的 32 位或 64 位计算机、笔记本式计算机或台式计算机都可以安装 ROS。但为了保证 3D 模拟能够在计算机上正常运行，建议计算机的内存至少为 4 G。在正式安装前，需要先检查一下 Ubuntu 初始环境配置是否正确。

如图 2-3 所示，打开 Ubuntu 的设置，进入"关于页面"→"软件和更新"→"Ubuntu 软件"标签栏，勾选"Canonical 支持的自由和开源软件（main）""社区维护的自由和开源软件（universe）""设备的专有驱动（restricted）""有版权或法律问题的软件（multiverse）"这四个复选框。在"下载自："一栏中选择最佳服务器即可，这里选择的是清华大学的镜像源，即图中所示网址。

图 2-3　Ubuntu 环境配置

如果报错显示无法验证数字签名，可以使用以下命令添加公钥。

```
sudo apt-key adv --keyserver keyserver.ubuntu.com --recv-keys F42ED6FBAB17C654
```

上述配置完成后，就可以开始安装 ROS 了，打开终端，开始下面的步骤。

（1）添加 ROS 镜像源

这一步配置是将镜像源添加到 Ubuntu 系统的源列表中。ROS 的 APT 源有官方源、国内中国科技大学的 USTC 源或新加坡源等可供选择。为了确保能够快速安装，建议使用 USTC 源，选择 USTC 源的命令如下。

```
$ sudo sh -c './etc/lsb-release && echo "deb http://mirrors.ustc.edu.cn/ros/ubuntu/ $DISTRIB_CODENAME main" > /etc/apt/sources.list.d/ros-latest.list'
```

（2）添加密钥

密钥是 Ubuntu 系统的一种安全机制，也是 ROS 安装中不可或缺的一部分。每个发布的 Debian 软件包，都是通过密钥认证的，apt-key 命令用于管理系统中的软件包密钥，apt-key adv 命令用来设置密钥的高级配置。其命令如下。

```
$ sudo apt-key adv --keyserver 'hkp://keyserver.ubuntu.com:80' --recv-key C1CF6E31E6BADE8868B172B4F42ED6FBAB17C654
```

（3）更新系统

更新系统是为了确保 Debian 软件包和索引是最新的。

```
$ sudo apt-get update
```

（4）安装 ROS

ROS 中有非常丰富的函数库和工具，官网提供了四种默认的安装方式，包括桌面完整版安装、桌面版安装、基础版安装、单独软件包安装四种，推荐安装桌面完整版。

桌面完整版安装方式能够安装 ROS 及其附带的所有库，包含 ROS、rqt、RViz、通用机器人函数库、2D/3D 仿真器、导航及 2D/3D 感知功能。该安装方式的安装时间会长一些，大概占用 3~4G 的空间。桌面版安装方式只包含 ROS、rqt、RViz 及通用机器人函数库。基础版安装方式仅仅包含 ROS 核心软件包、构建工具及通信相关的程序库，没有图形用户界面（graphical user interface，GUI）工具。但是安装基础版的速度很快，也不占用太大空间。

安装 Noetic 桌面完整版的命令如下。

```
$ sudo apt- get install ros- noetic- desktop- full
```

安装 Noetic 桌面版的命令如下。

```
$ sudo apt- get install ros- noetic- desktop
```

安装 Noetic 基础版的命令如下。

```
$ sudo apt- get install ros- noetic- ros- base
```

输入上述命令后，安装过程可能会持续 10~20 min，请耐心等待，如果因为网络问题无法安装请尝试更换源，再按上述步骤安装。

单独软件包安装方式在运行 ROS 时缺少某些依赖的软件包时经常用到。例如，要安装某个指定的 ROS 软件包，使用该软件包的名称替换下面的 PACKAGE 即可。单独软件包安装命令如下。

```
$ sudo apt- get install ros- noetic-PACKAGE
```

如果系统提示找不到 slam-gmapping，可以通过下面的命令安装。

```
$ sudo apt- get install ros- noetic- slam- gmapping
```

如果要查找可用的软件包，可以使用下面的命令。

```
$ apt- cache search ros- noetic
```

3. ROS 环境配置

（1）初始化 rosdep

rosdep 可以在需要编译某些源码的时候为其安装一些系统依赖项，同时也是某些 ROS 核心功能组件必须用到的工具。在使用 ROS 之前必须初始化 rosdep。

```
$ sudo rosdep init && rosdep update
```

（2）配置 ROS 环境变量

因为命令 source /opt/ros/melodic/setup.bash 只在当前终端有作用，即具有单一时效性，要想每次新打开一个终端都不用重新配置环境，就需要用 echo 语句将命令添加到 bash 会话中。这样每打开一个新的终端时，ROS 的环境变量都能够自动配置好。

配置 ROS 环境变量的命令如下。

```
$ echo "source /opt/ros/noetic/setup.bash" >>~/.bashrc
```

(3) 安装 rosinstall

rosinstall 是 ROS 中一个独立分开的常用命令行工具，它可以通过一条命令就给某个 ROS 软件包下载很多源码树。例如，要在 Ubuntu 上安装这个工具，运行下列命令。

```
$ sudo apt install python3-rosinstall python3-rosinstall-generator python3-wstool build-essential
```

(4) 更新环境变量配置

```
$ source ~/.bashrc
```

至此，ROS 的安装、配置完成。

重复安装或错误安装 ROS 软件包时，可能会导致一些软件包无法正常安装的现象。出现上述问题，有可能是当前的版本不合适或不兼容，也可能是镜像源没有更新。也有可能是其他原因，例如，镜像源更新了但是忘记刷新环境，或者没有新打开一个终端等。具体的问题可以登录 ROS 官方网站查询解决方法。

4. ROS 的测试

首先启动 ROS，运行 roscore 命令。

```
$ roscore
```

如果在终端能正常显示 ROS 版本信息和主节点 master 的信息，并在最后输出 started core service，则表示安装成功，如图 2-4 所示。

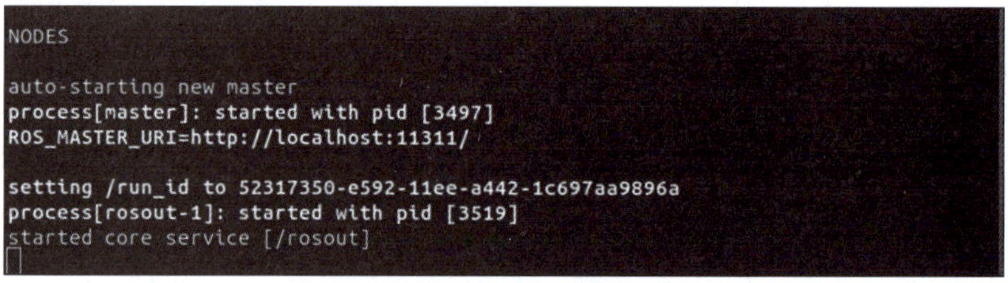

图 2-4 启动成功的终端显示

至此，ROS 的安装、配置与测试全部完成。

【任务实施】

自主完成下列任务。

1) 按照前面的操作指引，在合适的 Ubuntu 版本环境下选择对应的 ROS 版本，正确下载、安装并配置 ROS。

本任务的实施是基于 Ubuntu 18.04 版本，选择的 ROS 版本是 Melodic 版本。安装成功后，运行 roscore 命令。

```
$ roscore
```

如果在终端显示图 2-5 所示的信息，则表示安装成功。

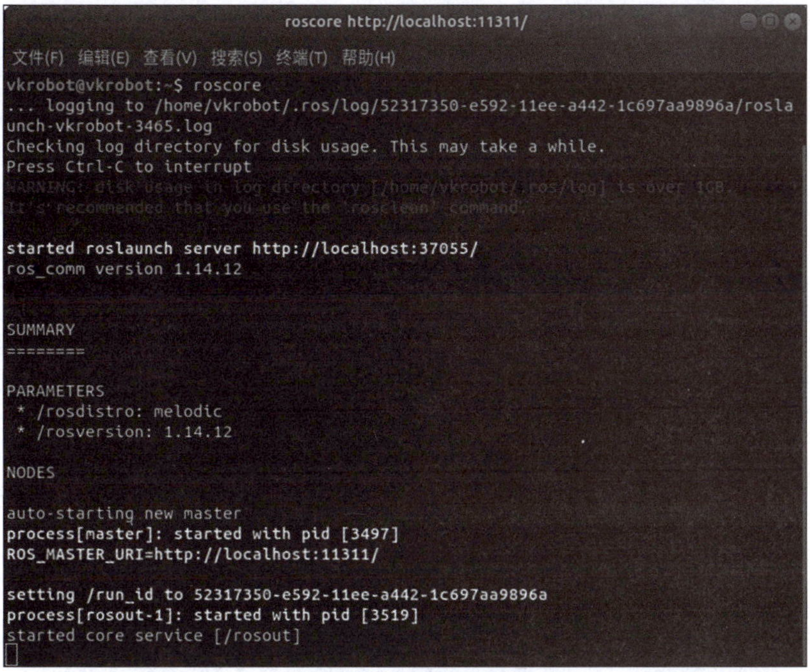

图 2-5　终端显示信息

2）在主节点 master 正常启动的环境下，按照下列步骤，正确启动并操控 ROS 小海龟，以检验是否成功安装了 ROS。说明：对于不同版本的 ROS，ROS 小海龟的外形是不一样的。

① 运行小海龟节点。

```
$ rosrun turtlesim turtlesim_node
```

重新打开一个终端窗口，输入上述命令后回车。小海龟启动节点的终端窗口显示如图 2-6 所示。同时，系统弹出一个蓝色背景的窗口，一只小海龟出现在窗口中，如图 2-7 所示。

图 2-6　小海龟启动节点的终端窗口

② 运行小海龟操控节点。

```
$ rosrun turtlesim turtle_teleop_key
```

再打开一个新的终端，输入上述命令后回车。操控节点终端窗口显示如图 2-8 所示。

图 2-7　ROS 小海龟

图 2-8　操控节点终端窗口

此时，将鼠标聚焦在最后打开的终端窗口上，然后通过键盘上的方向键操控小海龟运动。按向上箭头键，小海龟在窗口中前进；按向下箭头键，小海龟在窗口中后退；按向左箭头键，小海龟逆时针转圈；按向右箭头键，小海龟顺时针转圈。小海龟行走时，会在窗口中留下类似图 2-7 所示的白色运动轨迹。

如果能用键盘自由操控小海龟移动，则表明 ROS 已经安装成功，能正常运行。

【任务评价】

班级		姓名	日期	
自我评价	1. 是否熟悉 Linux 与 Ubuntu 操作系统			□是　□否
	2. 是否清楚 ROS 的概念			□是　□否
	3. 是否了解 ROS 的特点			□是　□否
	4. 是否能正确安装并配置 ROS			□是　□否
	5. 是否能正确操控 ROS 小海龟			□是　□否

续表

班级		姓名		日期	
自我总结					
小组评价	是否遵守课堂纪律				□优 □良 □中 □差
	是否遵守"服务机器人应用技术员"职业守则				□优 □良 □中 □差
	是否积极与小组成员团结协作完成项目任务				□优 □良 □中 □差
	是否积极参与课堂教学活动				□优 □良 □中 □差
异常情况记录					

【任务拓展】

为了更好地掌握服务机器人的专业知识，熟悉 ROS 技术的发展方向，以下拓展知识详细讲述了 ROS 1 和 ROS 2 的异同之处，为未来从事技术开发工作打下一定的专业基础。

整体而言，ROS 1 和 ROS 2 有着很多的不同，ROS 1 仍然很强大，有很多稳定的插件、丰富的文档和第三方插件。ROS 2 有着全新的架构，功能更加强大，但还在发展之中，缺少很多第三方插件。ROS 2 简化了一些概念和接口，让开发者可以更容易学习和使用 ROS 2。ROS 2 采用了一种模块化和插件化的设计，让开发者可以更容易地扩展和集成不同的功能和组件。ROS 2 提供了一套标准化、规范化的接口和协议，让开发者可以更容易地协作和共享机器人应用程序。

目前，一些企业已经开始从 ROS 1 向 ROS 2 过渡，例如，小米的机器狗铁蛋采用了 ROS 2 系统，华为的自动驾驶仿真项目也开始应用 ROS 2 系统。移动机器人和自动驾驶领域一直存在对 ROS 相关技术的需求，相关的优秀技术人才十分紧缺。

如图 2-9 所示，ROS 系统架构从三个层面描述了 ROS 1 和 ROS 2 的异同。

从系统层的角度来看，ROS 2 在系统的扩展性方面进行了重大的改进。ROS 1 仅支持 Linux 操作系统，而 ROS 2 不仅支持主流 PC 操作系统，如 Windows、macOS 和 Linux，还支持 RTOS 实时操作系统，提供了更广泛的系统支持。

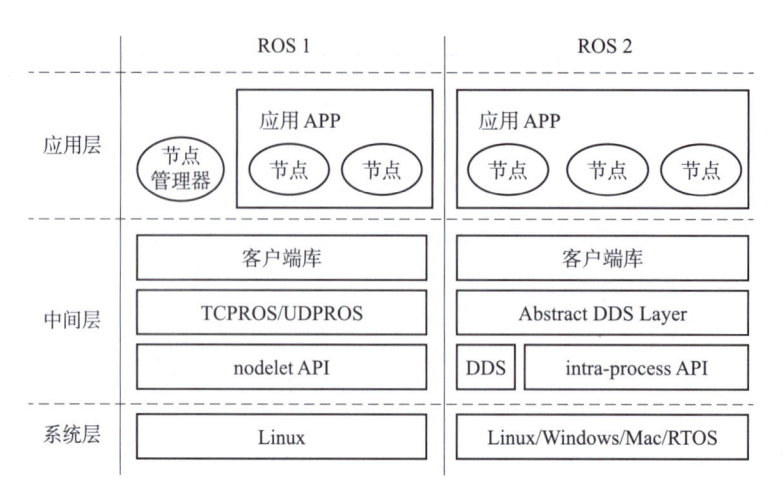

	ROS 1	ROS 2
应用层	应用 APP（节点管理器、节点、节点）	应用 APP（节点、节点、节点）
中间层	客户端库 TCPROS/UDPROS nodelet API	客户端库 Abstract DDS Layer DDS / intra-process API
系统层	Linux	Linux/Windows/Mac/RTOS

图 2-9　ROS 系统架构

从中间层的角度来看，ROS 1 通信系统基于 TCPROS 或 UDPROS，高度依赖节点管理器 master，如果 master 节点宕机，整个系统将面临崩溃。在 ROS 2 中，master 已经消失，取而代之的是基于 DDS 的通信系统。在分布式实时系统中，DDS 已成为数据发布、订阅的标准解决方案，为实现实时性、可靠性和连续性提供强大的支持。商业和工业机器人能够借助 ROS 2 的 DDS 通信系统实现更高效、可靠、安全的机器人应用。

在应用层，ROS 2 在继承 ROS 1 的优秀设计原理和概念的基础上，进行了一些使用方法上的改进。这些改进使 ROS 在应用层面具备了更强大的功能和更好的灵活性。

以下为 ROS 2 的一些特点。

1）广泛使用 C++ 11 和 Python 3.5 以上的版本。

2）引入了通过 Python 编写的 launch 启动文件的功能。

3）引入了对通信数据进行安全加密的功能。

4）提供了更灵活的服务质量（quality of service，QoS）配置选项，允许开发者根据实际需求调整通信的可靠性、延迟和带宽等参数。

5）引入了节点生命周期管理机制。

6）允许在同一个进程中运行多个节点。

7）提供了更强大的多机器人协同通信机制。

项目 2　创建自己的工作空间和功能包

【情境导入】

在建立一个 ROS 服务机器人项目之前，首先要认识 ROS 工程，了解它的组织架构，从根本上熟悉 ROS 项目的组织形式，了解各个文件的功能和作用，才能正确地进行服务机器人工程项目开发。

作为一名服务机器人应用技术员，请在认真学习 ROS 文件系统、ROS 工作空间、Catkin 编译系统、功能包（package）、元包（metapackage）等知识后，在自己的计算机上创建一个属于自己的工作空间和功能包。

【学习目标】

1. 知识目标

（1）熟悉 ROS 工作空间的结构。
（2）熟悉 Catkin 编译系统的编译原理。
（3）熟悉功能包的结构。
（4）熟悉元包的概念。

2. 技能目标

（1）能创建 ROS 工作空间。
（2）能正确进行 Catkin 编译。
（3）会创建功能包。

3. 素养目标

（1）养成精益求精的学习态度。
（2）通过成功完成任务，获得自我认同感。

【知识导入】

一、ROS 工作空间

1. 工作空间的概念

ROS 的工作空间（workspace）是创建、修改、编译 ROS 功能包的目录。ROS 工作空间就像是一个仓库，里面装载着 ROS 的各种项目工程，便于系统组织、管理和调用。在 Ubuntu 操作系统这种可视化图形界面里，ROS 工作空间是以文件夹的形式呈现的，程序员编写的 ROS 代码通常都放在工作空间中。

如图 2-10 所示，工作空间的结构十分清晰，主要包括 src、build 和 devel 三个文件夹。在复杂的工程项目中，工作空间还包含 install 等其他文件夹，但这三个文件夹是 Catkin 编译系统默认的，也是必需的。如果把几个功能包放到同一个文件夹下，就构成了元包，元包里面可以包含多个功能包。

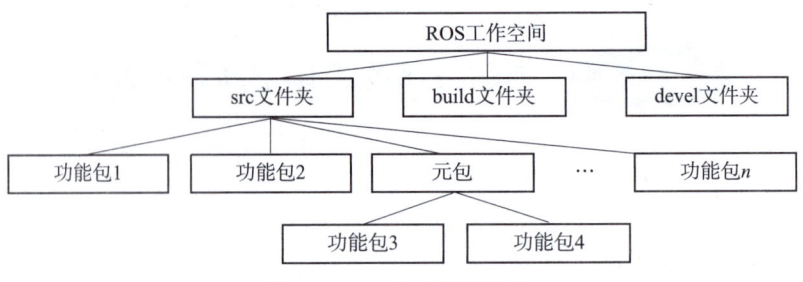

图 2-10 工作空间的结构

如图 2-11 所示，名为 vkaibot_ws 的工作空间包含了 build、devel、src 三个文件夹，这三个文件夹是 Catkin 编译系统默认的。

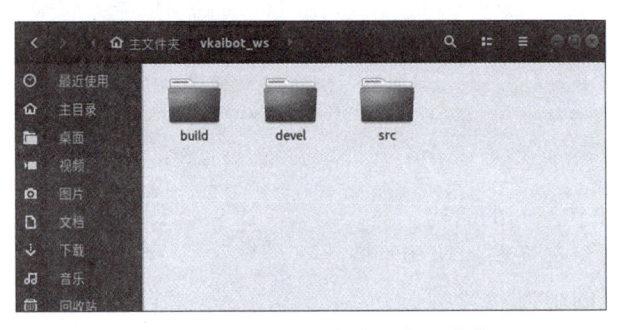

图 2-11 工作空间中的三个文件夹

如果在工作空间目录下使用 tree 命令，可以在终端显示工作空间的文件结构。其显示结果如下。

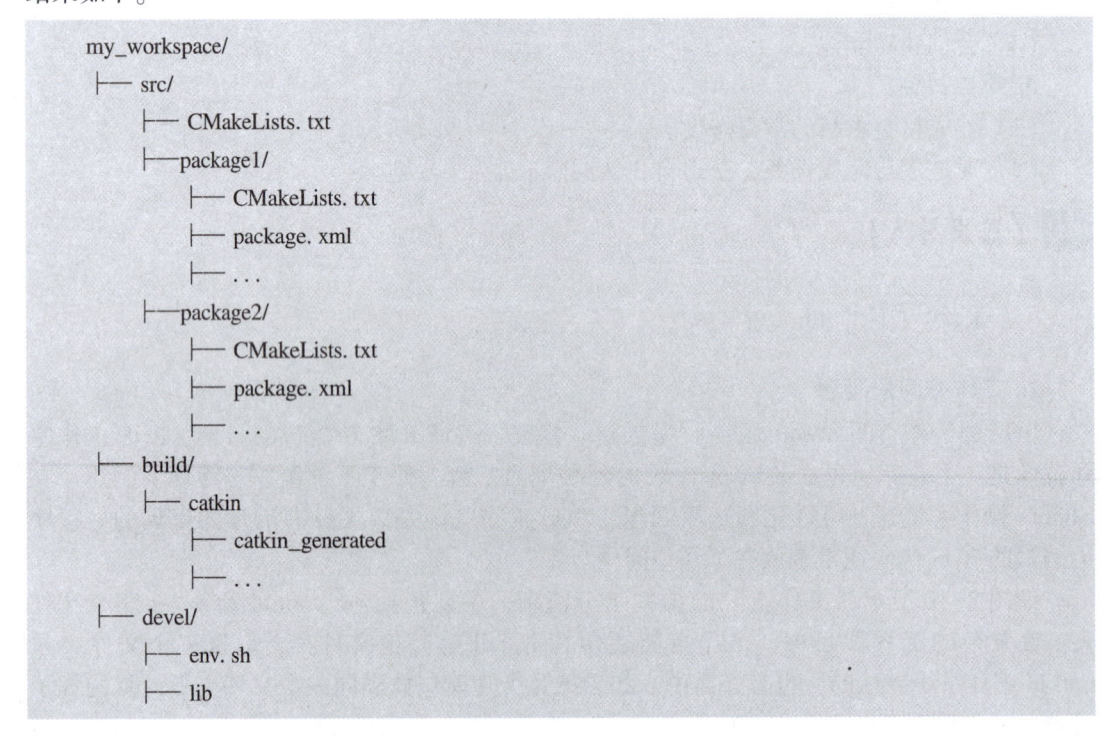

```
my_workspace/
├── src/
│   ├── CMakeLists.txt
│   ├── package1/
│   │   ├── CMakeLists.txt
│   │   ├── package.xml
│   │   ├── ...
│   ├── package2/
│   │   ├── CMakeLists.txt
│   │   ├── package.xml
│   │   ├── ...
├── build/
│   ├── catkin
│   │   ├── catkin_generated
│   │   ├── ...
├── devel/
│   ├── env.sh
│   ├── lib
```

```
├── setup.bash
├── ...
├── install/
```

通过 tree 命令可以看到 ROS 工作空间的结构，它包括 src、build、devel 三个路径，在有些编译选项下也可能包括其他路径，如 install 文件夹。src 文件夹是代码空间（source space），也是最常用、最重要的文件夹，它用来存储所有 ROS 功能包（package）的源文件。build 文件夹是编译空间（build space），是由 catkin_make 命令自动生成的，用来存储工作空间编译过程中产生的缓存信息和中间文件。devel 文件夹是开发空间（development space），也是由 catkin_make 命令自动生成的，用来放置编译生成的可执行文件，如头文件、动态链接库、静态链接库，以及可执行文件等。install 文件夹是安装空间（install space），它不是必需的文件夹，很多工作空间没有该文件夹。编译成功后，可以使用命令将可执行文件安装到该空间中，运行该空间中的环境变量脚本，即可在终端中运行这些可执行文件。工作空间并不是整个 ROS 开发所在的空间，不同的项目可以有各自的工作空间，只需要配置各自的环境变量即可。

build 和 devel 文件夹由编译系统自动生成并管理，日常的项目开发一般不会涉及它们，项目工程主要用的是 src 文件夹，编写的 ROS 程序、网上下载的 ROS 源代码包等都存放在 src 文件夹里面。在编译时，Catkin 编译系统会递归查找和编译 src 目录下的每一个源代码包。

2. 工作空间的创建

创建一个 ROS 工作空间一般有以下几个步骤。

（1）创建工作空间文件夹

首先要在计算机上用 mkdir 命令创建一个文件夹，该文件夹以工作空间的名称来命名，例如，用 catkin_ws 来命名该文件夹。这个文件夹是 catkin 工作空间结构的最高层级。然后在刚刚创建的文件夹里面再用 mkdir 命令创建一个名为 src 的文件夹。一般为了简化创建流程，可以用下面这条命令一次性创建工作空间文件夹及其子目录 src。

```
$ mkdir -p ~/catkin_ws/src        #创建工作空间文件夹及其子目录
```

命令中的 -p 是为了确保目录名称的存在，如果不存在，就新建一个文件夹。在 Linux 系统中，~ 代表用户的主文件夹。

（2）初始化

进入 src 文件夹，进行工作空间的初始化。初始化的实质是创建一个指向 toplevel.cmake 的符号链接，初始化的结果就是将刚刚创建的文件夹初始化为一个 ROS 工作空间。

```
$ cd ~/catkin_ws/src              #进入 src 文件夹
$ catkin_init_workspace           #把当前文件夹初始化为工作空间属性
```

（3）编译

回到工作空间目录下，用 catkin_make 命令进行编译。

```
$ cd ~/catkin_ws/                 #回到工作空间目录下
$ catkin_make                     #编译
```

注意：在编译工作空间之前，一定要回到工作空间目录下，因为 catkin_make 命令必须在工作空间这个路径上执行，否则会出现编译失败的情况。

(4) 添加环境变量

一旦构建了工作空间，为了访问工作空间中的包，应该使用以下命令将工作空间环境添加到系统用户环境变量 .bashrc 文件中。

```
$ source devel/setup.sh          #添加环境变量
```

在当前终端下输入该命令，可以告诉 ROS 系统相应的功能包在该工作空间中。但是该命令仅在当前终端生效，另外打开一个终端的时候就会失效。为了避免每次打开一个终端都要运行一遍这个命令，可以使用下列语句把该命令放在终端的配置文件中。

```
$ echo source ~/catkin_ws/devel/setup.bash >> ~/.bashrc
```

这样每次打开终端时，系统会自动刷新工作空间环境。配置文件在 home 的根目录下，是一个名为 .bashrc 的脚本文件。

最后，再用 source 命令进行刷新。

```
$ source ~/.bashrc
```

至此，工作空间创建完成。

二、Catkin 编译原理

源代码包只有在编译后才能在系统上运行。Linux 下常用的编译器有 GCC 和 g++，C 语言程序可以用 GCC 或 g++编译，而 C++程序只能使用 g++进行编译。随着源文件数量的增加，直接用 GCC/g++编译文件的方式效率非常低下，于是便出现了高级编译配置工具 CMake。CMake 是比 Make 工具更高层的工具，它简化了编译构建过程，能够管理大型项目，具有良好的扩展性。对于 ROS 这样大体量的平台，采用的就是 CMake。并且 ROS 对 CMake 进行了扩展，形成了 Catkin 编译系统。编译系统的演化过程如图 2-12 所示。

图 2-12 编译系统的演化过程

Catkin 是基于 CMake 的编译构建系统，是将 CMake 与 Make 命令做了封装从而完成整个编译过程的工具。其操作更加简化，工作效率更高，可移植性更好，而且支持交叉编译和更加合理的功能包分配。Catkin 操作简便，可以实现一次配置、多次使用，以及跨依赖项目编译。Catkin 编译系统具有以下特点。

Catkin 沿用了包管理的传统，如 find_package( ) 基础结构、pkg-config 文件，扩展了 CMake，例如，功能包编译后不需要安装就可使用，自动生成 find_package( ) 代码、pkg-config 文件，解决了多个功能包构建顺序问题。

Catkin 编译的工作流程分为以下 3 步。

1）首先，在工作空间的 src 路径下递归查找每一个 ROS 功能包。

2）然后，每个功能包中会有 package.xml 和 CMakeLists.txt 两个文件，Catkin 编译系统依据 CMakeLists.txt 文件中的编译规则，编译生成中间文件，放在工作空间的 build 文件夹。

3）最后，通过 Make 命令对刚刚生成的中间文件进行编译和链接，生成可执行文件，放在工作空间的 devel 文件夹。

要用 Catkin 编译一个工程或功能包，只需要在工作空间目录下使用 catkin_make 命令。一般在写完程序代码后，执行一次 catkin_make 命令进行编译，系统自动完成编译和链接，生成目标文件。catkin 编译所涉及的命令主要有以下三个。

```
$ cd ~/catkin_ws                        #回到工作空间,catkin_make 命令必须在工作空间下执行
$ catkin_make                           #开始编译
$ source ~/catkin_ws/devel/setup.bash   #刷新环境
```

注意：Catkin 编译之前需要回到工作空间目录，catkin_make 命令在其他路径下编译不会成功。编译完成后，如果有新的目标文件产生，一般紧跟着要刷新环境，使系统能够找到刚才编译生成的 ROS 可执行文件。如果没有刷新环境，可能导致可执行文件无法打开等错误。

catkin_make 命令的一些可选参数如下。

```
catkin_make [-h] [-C DIRECTORY] [--source SOURCE] [--build BUILD]
            [--use-ninja] [--use-nmake] [--use-gmake] [--force-cmake]
            [--no-color] [--pkg PKG [PKG ...]]
            [--only-pkg-with-deps   ONLY_PKG_WITH_DEPS [ONLY_PKG_WITH_DEPS ...]]
            [--cmake-args [CMAKE_ARGS [CMAKE_ARGS ...]]]
            [--make-args [MAKE_ARGS [MAKE_ARGS ...]]]
            [--override-build-tool-check]
```

各参数的含义和用法如表 2-4 所示。

表 2-4 catkin_make 命令参数的含义

序号	参数	含义
1	-h	help 帮助信息
2	-C DIRECTORY	工作空间的基本路径（默认为.）
3	--source SOURCE	源代码空间路径（默认为 workspace_base/src）
4	--build BUILD	编译空间路径（默认为 workspace_base/build）
5	--use-ninja	用 ninja 取代 make

续表

序号	参数	含义
6	--use-nmake	用 nmake 取代 make
7	--force-cmake	强制使用 cmake
8	--no-color	禁止彩色输出(只对 catkin_make 和 CMake 生效)
9	--pkg PKG [PKG ...]	只对特定的功能包调用 make
10	--only-pkg-with-deps	通过设置 CATKIN_WHITELIST_PACKAGES 变量,将指定的包和它的依赖包列入白名单
11	--cmake-args	传给 cmake 的任意参数
12	--make-args	传给 make 的参数
13	--override-build-tool-check	覆盖在同一工作空间使用不同构建工具产生的错误

三、ROS 功能包

ROS 对功能包的定义更加具体,它不仅是 Linux 上的软件包,更是 Catkin 编译的基本单元,在调用 catkin_make 进行编译时,编译对象就是一个个 ROS 的功能包,任何 ROS 程序只有组织成功能包才能编译。因此,功能包也是 ROS 源代码存放的地方,任何 ROS 的代码无论是 C++还是 Python 都要放到功能包中,才能正常地编译和运行。

一个功能包可以编译出多个目标文件(ROS 可执行程序、动态静态库、头文件等)。

1. 功能包的结构

一个 ROS 功能包包含多个文件和文件夹。常见的文件和文件夹如下。

```
├── CMakeLists.txt        #package 的编译规则(必须)
├── package.xml           #package 的描述信息(必须)
├── src/                  #源代码文件
├── include/              #C++头文件
├── scripts/              #可执行脚本
├── msg/                  #自定义消息
├── srv/                  #自定义服务
├── models/               #3D 模型文件
├── urdf/                 #urdf 文件
├── launch/               #launch 文件
```

其中,定义功能包的是 CMakeLists.txt 和 package.xml 两个文件。任何一个 Catkin 的功能包都必须包含这两个文件。Catkin 编译系统在编译前,首先就要解析这两个文件。

CMakeLists.txt 文件原本是 Cmake 编译系统的规则文件,而 Catkin 编译系统基本沿用了 CMake 的编译风格,只是针对 ROS 工程添加了一些宏定义。文件定义了功能包的包名、依赖、源文件、目标文件等编译规则。

package.xml 文件是功能包的必备文件之一,它描述功能包的包名、版本号、作者、依赖等信息。

src/：存放 ROS 的源代码，包括 C++的源码（.cpp）及 Python 的源码（.py）。
include/：存放 C++源码对应的头文件。
scripts/：存放可执行脚本，如 shell 脚本（.sh）、Python 脚本（.py）。
msg/：存放自定义格式的消息（.msg）。
srv/：存放自定义格式的服务（.srv）。
models/：存放机器人或仿真场景的 3D 模型（.sda、.stl、.dae 等）。
urdf/：存放机器人的模型描述（.urdf 或 .xacro）。
launch/：存放 launch 文件（.launch 或 .xml）。
通常 ROS 文件和文件夹的命名都是按照以上的形式，这是约定俗成的命名习惯。

2. 功能包的创建

在 catkin_ws/src 下创建一个功能包，可以用 catkin_create_pkg 命令。

```
catkin_create_pkg package depends
```

其中，package 是包名，depends 是依赖的包名，可以依赖多个功能包。
例如，新建一个包，名为 test_pkg，依赖项为 roscpp、rospy、std_msgs（常用依赖）。

```
$ catkin_create_pkg test_pkg roscpp rospy std_msgs
```

这样就会在当前路径下新建 test_pkg 功能包，包括如下文件和文件夹。

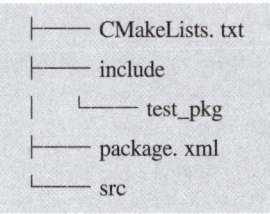

```
├── CMakeLists.txt
├── include
│   └── test_pkg
├── package.xml
└── src
```

catkin_create_pkg 完成了功能包的初始化，填充好了 CMakeLists.txt 和 package.xml，并且将依赖项填进了这两个文件中。

3. 功能包相关命令

（1）rospack

rospack 是对 package 进行管理的工具，该命令的用法如表 2-5 所示。

表 2-5　rospack 命令

命令	作用
rospack help	显示 rospack 的用法
rospack list	列出本机所有的 package
rospack depends ［package］	显示 package 的依赖包
rospack find ［package］	定位某个 package
rospack profile	刷新所有 package 的位置记录

以上命令如果缺少 package，则默认为当前目录（如果当前目录包含 package.xml）。

(2) roscd

roscd 命令类似于 Linux 系统的 cd 命令，改进之处在于 roscd 命令可以直接切换到 ROS package 所在路径。命令的用法如表 2-6 所示。

表 2-6　roscd 命令

命令	作用
roscd［package］	切换到 ROS package 所在路径

(3) rosls

rosls 也可以视为 Linux 命令 ls 的改进版，可以直接列出 ROS package 的内容。命令的用法如表 2-7 所示。

表 2-7　rosls 命令

命令	作用
rosls［package］	列出 package 下的文件

(4) rosdep

rosdep 是用于管理 ROS package 依赖项的命令行工具。命令的用法如表 2-8 所示。

表 2-8　rosdep 命令

命令	作用
rosdep check［package］	检查 package 的依赖是否满足
rosdep install［package］	安装 package 的依赖
rosdep db	生成和显示依赖数据库
rosdep init	初始化 /etc/ros/rosdep 中的源
rosdep keys	检查 package 的依赖是否满足
rosdep update	更新本地的 rosdep 数据库

一个常用的命令是 rosdep install--from-paths src--ignore-src--rosdistro=kinetic-y，用于安装工作空间中 src 路径下所有 package 的依赖项（由 package.xml 文件指定）。

4. CmakeList.txt 和 package.xml 文件

(1) CMakeLists.txt

CMakeLists.txt 是编译系统的规则文件，它直接规定了功能包要依赖哪些功能包、要编译生成哪些目标文件、如何编译等流程。CMakeLists.txt 非常重要，它指定了由源码到目标文件的规则，Catkin 编译系统在工作时首先会找到每个功能包下的 CMakeLists.txt，然后按照规则来编译构建。

Catkin 编译系统基本沿用了 CMake 的编译风格，只是针对 ROS 工程添加了一些宏定义。所以，Catkin 中 CMakeLists.txt 的基本语法与 CMake 的一致，其总体结构如下。

```
cmake_minimum_required()        #CMake 的版本号
project()                       #项目名称
find_package()                  #找到编译需要的其他 CMake/Catkin package
catkin_python_setup()           #新加宏,打开 Catkin 的 Python Module 的支持
add_message_files()             #新加宏,添加自定义 message/service/action 文件
add_service_files()
add_action_files()
generate_message()              #新加宏,生成不同语言版本的 msg/srv/action 接口
catkin_package()                #新加宏,Catkin 提供的 CMake 宏
add_library()                   #生成库
add_executable()                #生成可执行二进制文件
add_dependencies()              #定义目标文件依赖于其他目标文件
target_link_libraries()         #链接
catkin_add_gtest()              #Catkin 新加宏,生成测试
install()                       #安装至本机
```

(2) package.xml

package.xml 也是一个 Catkin 的 package 必备文件，它是功能包的描述文件，用于描述功能包的基本信息，在较早的 ROS 版本中，这个文件称为 manifest.xml。package.xml 包含了包名、版本号、内容描述、维护者、软件许可证、编译构建工具、编译依赖项、运行依赖项等信息。

实际上 rospack find、rosdep 等命令之所以能快速定位和分析出 package 的依赖项信息，就是直接读取了每一个 package 中的 package.xml 文件。它为用户提供了快速了解功能包的渠道。

package.xml 遵循 xml 标签文本的写法，由于版本更迭原因，现在有 format1 与 format2 两种格式并存，不过两者区别不大。format1 格式的 package.xml 文件通常包含以下标签。

```
<package>              根标记文件
<name>                 包名
<version>              版本号
<description>          内容描述
<maintainer>           维护者
<license>              软件许可证
<buildtool_depend>     编译构建工具,通常为 Catkin
<build_depend>         编译依赖项
<run_depend>           运行依赖项
```

说明：其中第 1~6 个标签为必备标签，第 1 个是根标签，嵌套了其余的所有标签，第 2~6 个标签为包的各种属性，第 7~9 个标签为编译相关信息。

format2 格式的 package.xml 文件通常包含以下标签。

标签	说明
<package>	根标记文件
<name>	包名
<version>	版本号
<description>	内容描述
<maintainer>	维护者
<license>	软件许可证
<buildtool_depend>	编译构建工具,通常为 Catkin
<depend>	指定依赖项为编译、导出、运行需要的依赖
<build_depend>	编译依赖项
<build_export_depend>	导出依赖项
<exec_depend>	运行依赖项
<test_depend>	测试用例依赖项
<doc_depend>	文档依赖项

format2 格式的 package.xml 文件增加了几个标签,相当于将 format1 格式中的 build 和 run 依赖项描述进行了细分。目前 ROS 同时支持两种格式的 package.xml,所以选择哪种格式都可以。

四、ROS 元包

metapackage 又称"元包"或"包集",其本身没有什么内容,只包含 package 必备的 CMakeLists.txt 和 package.xml 两个文件,但元包依赖于其他包(一般在 package.xml 中指定)。元包将多个功能接近、甚至相互依赖的功能包放到一个集合中。这样做的好处是在安装的时候就不需要一个一个地安装,而只安装一个 metapackage 就可以了。早期的元包又称 Stack,但 Stack 这个名称已逐渐被 metapackage 替代。尽管换了个名字,但元包的作用没变,元包一般在开发大工程的时候用到。

如表 2-9 所示,ROS 中常见的元包有以下几种。

表 2-9　ROS 中常见的元包

名称	描述	链接
navigation	导航相关的元包	https://github.com/ros-planning/navigation
moveit	运动规划相关的元包(主要是机械臂)	https://github.com/ros-planning/moveit
image_pipeline	图像获取、处理相关的元包	https://github.com/ros-perception/image_common
vision_opencv	ROS 与 OpenCV 交互的元包	https://github.com/ros-perception/vision_opencv
turtlebot	Turtlebot 机器人相关的元包	https://github.com/turtlebot/turtlebot

表 2-9 列举了一些常见的元包，如 navigation、turtlebot，它们都用于某一方面的功能，以 navigation 元包为例，它包括了表 2-10 中的功能包。

表 2-10　navigation 元包中的功能包

名称	功能
amcl	定位
fake_localization	定位
map_server	提供地图
move_base	路径规划节点
nav_core	路径规划的接口类
base_local_planner	局部规划
dwa_local_planner	局部规划

这个 navigation 元包就是一个简单的功能，里面只有几个文件，但由于它依赖于其他所有的功能包，因此，这些功能包都属于 navigation 元包。

元包的写法如下。

下面以一个最简单的元包为例介绍元包的写法。该元包有且仅有 CMakeLists.txt 和 package.xml 两个文件。

CMakeLists.txt 的写法如下。

```
cmake_minimum_required(VERSION 2.8.3)
project(ros_academy_for_beginners)
find_package(catkin REQUIRED)
catkin_metapackage()                    #声明本软件包是一个 metapackage
```

package.xml 写法如下。

```
<package>
    <name>ros_academy_for_beginners</name>
    <version>17.12.4</version>
    <description>
    -----------------------------------------------------
    A ROS tutorial for beginner level learners. This metapackage includes some
    demos of topic, service, parameter server, tf, urdf, navigation, SLAM...
    It tries to explain the basic concepts and usages of ROS.
    -----------------------------------------------------
    </description>
    <maintainer email="×××">×××</maintainer>
    <author>×××</author>
    <license>BSD</license>
    <url>×××</url>
    <buildtool_depend>catkin</buildtool_depend>
```

```xml
        <run_depend>navigation_sim_demo</run_depend> <!--run_depend 标签将其他功能包都设为依赖项-->
        <run_depend>param_demo</run_depend>
        <run_depend>robot_sim_demo</run_depend>
        <run_depend>service_demo</run_depend>
        <run_depend>slam_sim_demo</run_depend>
        <run_depend>tf_demo</run_depend>
        <run_depend>topic_demo</run_depend>
        <export> <!--export 和 metapackage 标签声明，这是一种固定写法-->
        <metapackage/>
        </export>
    </package>
```

元包中的 CMakeLists.txt 和 package.xml 两个文件与普通功能包中的文件不同之处如下。

CMakeLists.txt：加入了 catkin_metapackage() 宏，指定本功能包为一个 metapackage。

package.xml：标签将所有功能包列为依赖项，标签中添加<metapackage/>标签声明。

【任务实施】

自主完成下面2个任务。

1. 创建一个名为 vkaibot_ws 的工作空间

（1）创建 vkaibot_ws 文件夹

```
$ mkdir -p ~/vkaibot_ws/src
```

（2）初始化

进入 src 文件夹，进行工作空间的初始化。

```
$ cd ~/vkaibot_ws/src
$ catkin_init_workspace
```

（3）创建 vkbot_tutorial 功能包

```
$ cd ~/vkaibot_ws/src
$ catkin_create_pkg vkbot_tutorial std_msgs rospy roscpp
```

功能包的名字为 vkbot_tutorial，依赖项包括 std_msgs、rospy 和 roscpp。

（4）编译

```
$ cd ~/vkaibot_ws
$ catkin_make
```

编译成功后的终端显示信息如图 2-13 所示。

（5）添加环境变量并刷新

```
$ echo "source ~/vkaibot_ws/devel/setup.bash" >> ~/.bashrc
$ source ~/.bashrc
```

图 2-13　终端显示信息

（6）验证

通过执行以下命令进行验证。

$ rospack find vkbot_tutorial

如果终端正确打印出来 vkbot_tutorial 功能包所在的路径，则说明工作空间创建成功。

2. 在任务 1 中创建的工作空间的 src 目录下，新建一个名为 my_pkg 的功能包，该功能包依赖 roscpp、rospy、std_msgs

$ cd ~/vkaibot_ws/src
$ catkin_create_pkg my_pkg std_msgs rospy roscpp

输入上述命令后，终端显示信息如图 2-14 所示。编译系统自动生成了 my_pkg 功能包及包内的文件和文件夹。同时，可以看到一个名为 my_pkg 的功能包出现在工作空间的 src 目录下，如图 2-15 所示。双击打开 my_pkg 功能包，可以看到图 2-16 所示的窗口。my_pkg 功能包里面有 include 和 src 文件夹，还有 CMakeLists.txt 和 package.xml 这两个必需的文件。这两个必需的文件也是功能包和普通文件夹的本质区别所在。

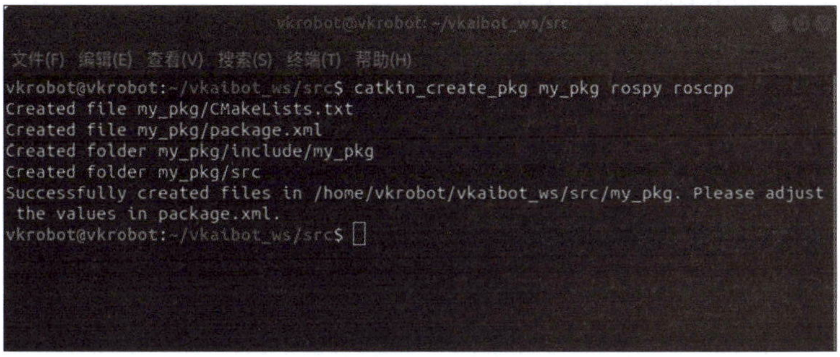

图 2-14　终端显示

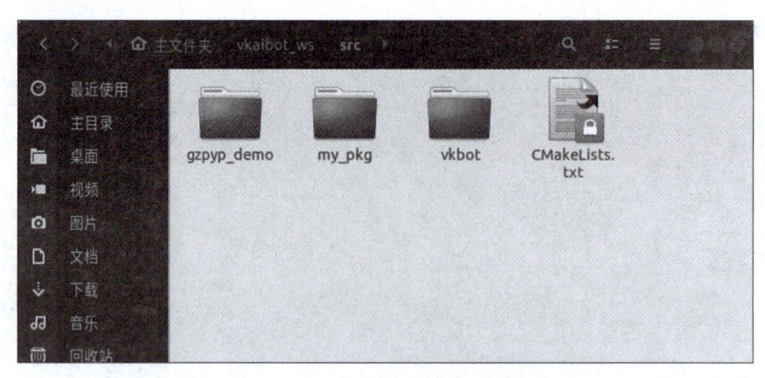

图 2-15　工作空间的 src 目录

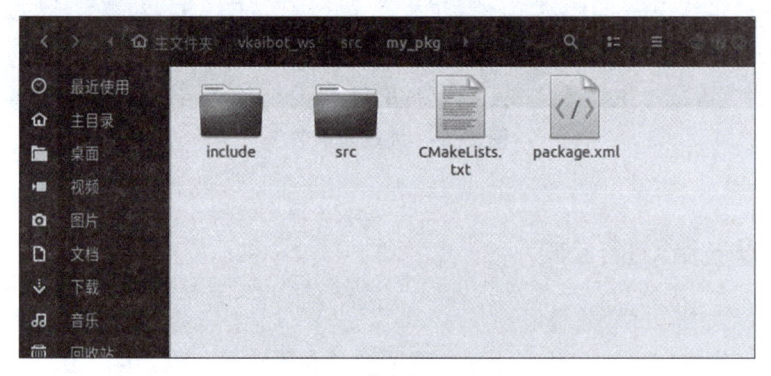

图 2-16　功能包 my_pkg

【任务评价】

班级		姓名		日期	
自我评价	1. 是否熟悉 ROS 工作空间的概念				□是　□否
	2. 是否清楚 Catkin 编译原理				□是　□否
	3. 是否了解 ROS 功能包与元包的概念和区别				□是　□否
	4. 是否能正确创建工作空间				□是　□否
	5. 是否能正确创建 ROS 功能包				□是　□否
	6. 是否熟悉常见的 ROS 文件类型				□是　□否
自我总结					

续表

班级		姓名		日期		
小组评价	是否遵守课堂纪律					□优 □良 □中 □差
	是否遵守"服务机器人应用技术员"职业守则					□优 □良 □中 □差
	是否积极与小组成员团结协作完成项目任务					□优 □良 □中 □差
	是否积极参与课堂教学活动					□优 □良 □中 □差
异常情况记录						

【任务拓展】

为了更好地掌握专业知识，尽快熟悉 ROS 中常见的文件类型，为后面的项目学习做好准备，请仔细阅读以下拓展知识。

在 ROS 的功能包中，还有许多常见的文件类型。

（1）launch 文件

launch 文件一般以.launch 或.xml 结尾，它对 ROS 需要的运行程序进行了打包，通过命令来启动。launch 文件一般用于一次性启动多个节点。一般 launch 文件中会指定要启动哪些 package 下的哪些可执行程序，以什么参数启动，以及一些管理控制的命令。launch 文件通常放在功能包的 launch/ 路径中。

（2）msg/srv/action 文件

在进行 ROS 服务机器人项目开发时，可以自定义消息文件、服务文件和动作文件，这些文件适用于不同的通信方式，它们定义了相关参量的数据结构，这类文件分别以.msg、.srv、.action 作为后缀名，通常放在功能包的 msg/、srv/、action/ 路径下。

（3）urdf/xacro 文件

urdf/xacro 文件是机器人模型的描述文件，以.urdf 或.xacro 结尾。它定义了机器人的连杆和关节的信息，以及它们之间的位置、角度等信息，通过 urdf 文件可以将机器人的物理连接信息表示出来，并在仿真中显示。

（4）YAML 文件

YAML 文件一般存储了 ROS 需要加载的参数信息，以及一些属性的配置。通常在 launch 文件或程序中读取.yaml 文件，把参数加载到参数服务器上。通常会把 YAML 文件存放在 param/ 路径下。

（5）dae/stl 文件

dae 或 stl 文件是 3D 模型文件，机器人的 urdf 或仿真环境通常会引用这类文件，它们描述了机器人的三维模型。相比 urdf 文件简单定义的形状，dae/stl 文件可以定义复杂的模型，可以直接从 solidworks 或其他建模软件导出机器人装配模型，从而显示出更加精确的外形。

（6）RViz 文件

RViz 文件本质上是固定格式的文本文件，其中存储了 RViz 窗口的配置（显示哪些控件、视角、参数）。通常 RViz 文件不需要手动修改，而是直接在 RViz 工具里保存，下次运行时直接读取。

项目 3　编写参数读写节点

【情境导入】

在开发 ROS 服务机器人项目时，经常需要对参数服务器的数据进行各种操作。因此，掌握参数服务器的读写、删除、验证等操作方法十分重要。

作为一名服务机器人应用技术员，请认真学习节点与节点管理器、launch 文件，以及客户端库（client library）和参数服务器等专业知识，然后编写一个 ROS 节点，对参数服务器中的数据进行读写、删除等操作。

【学习目标】

1. 知识目标

（1）熟悉 ROS 中节点和节点管理器的概念。
（2）熟悉 launch 文件的语法。
（3）熟悉客户端库。
（4）熟悉参数服务器的三种维护方式。

2. 技能目标

（1）能编写节点代码。
（2）能正确编写、修改 launch 文件。
（3）会读取参数服务器中的参数。

3. 素养目标

（1）养成精益求精的学习态度。
（2）通过成功编写第一个节点文件，提升自我认同感。

【知识导入】

一、节点与节点管理器

1. 节点

在 ROS 中，最小的进程单元就是节点，节点就是一个进程，只不过在 ROS 中它被赋予了专用的名字。一个 ROS 功能包里可以有多个可执行文件，一个可执行文件在运行后就成了一个进程，即节点。从程序角度，节点就是一个可执行义件（通常为 C++ 编译生成的可执行文件、Python 脚本等）运行后加载到了内存中；从功能角度，通常一个节点负责机器人的某一个单独的功能。由于机器人的功能模块非常复杂，往往不会把所有功能都集中到一个节点上，而会采用分布式的方式。例如，用一个节点来控制底盘轮子的运动，用一个节点驱动摄像头获取图像，用一个节点驱动激光雷达，用一个节点根据传感器信息进行路径规划……这样做可以降低程序发生崩溃的概率，如果把所有功能都写到一个程序中，模块间的通信、异常处理可能会非常复杂。

ROS 中不同功能模块之间的通信，一般就是节点间的通信。例如，可以把控制小海龟运动的键盘控制替换为其他控制方式，而小海龟运动程序、机器人仿真程序不用变化。这就是一种模块化分工的思想。

2. 节点管理器

由于机器人的元器件非常多，功能庞大，因此，在实际运行时往往会运行众多的节点，实现感知世界、控制运动、决策和计算等多项功能。节点管理器就是用来合理调配、管理这些节点的。节点管理器在整个网络通信架构里相当于管理中心，每个节点必须首先在节点管理器中进行注册，之后节点管理器才会将该节点纳入整个 ROS 程序中。节点之间的通信也是先由节点管理器进行"牵线"，才能实现点对点的通信。当 ROS 程序启动时，第一步首先启动节点管理器，由节点管理器依次启动各个节点。

3. 启动节点管理器与节点

如果要启动 ROS，应首先在终端输入以下命令。

```
$ roscore
```

此时，与节点管理器同时启动的还有 rosout 和 parameter server。其中，rosout 是负责日志（log）输出的一个节点，其作用是告知用户当前系统的状态，包括输出系统的错误（error）、警告（warning）等级别的日志，并记录于日志文件中。parameter server 是参数服务器，它并不是一个节点，而是存储参数配置的一个服务器。每次运行 ROS 的节点前，都需要把节点管理器启动起来，这样才能让节点启动和注册。

节点管理器启动之后，就开始按照系统的安排协调，启动具体的各个节点。一个功能包中存放着可执行文件，可执行文件是静态的，当系统运行这些可执行文件，将这些文件加载到内存中，它就成了动态的节点。ROS 1 启动节点的命令如下。

```
$ rosrun pkg_name node_name
```

例如，启动名为 test 的功能包内的节点 test1_node，可以使用下面的命令。

```
$ rosrun test test1_node
```

rosnode 命令的详细作用如表 2-11 所示。

表 2-11　rosnode 命令

命令	作用
rosnode list	列出当前运行的节点信息
rosnode info node_name	显示出节点的详细信息
rosnode kill node_name	结束某个节点
rosnode ping	测试连接节点
rosnode machine	列出在特定机器或列表机器上运行的节点
rosnode cleanup	清除不可到达节点的注册信息

表 2-11 命令中常用的为前三个命令，在开发调试时经常会需要查看当前节点及节点的信息。如果有需要，可以通过 rosnode help 来查看 rosnode 命令的用法。

如果要启动的节点比较多，可以选择用 launch 文件来启动。节点管理器和节点之间的关系如图 2-17 所示。

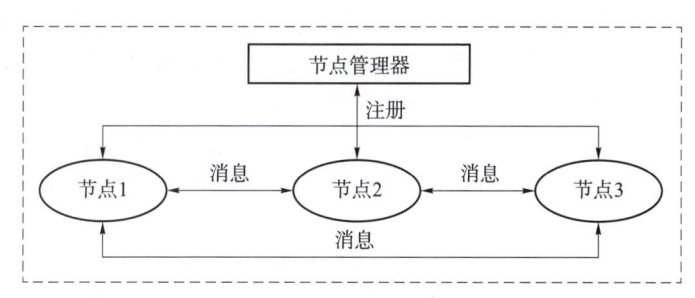

图 2-17　节点管理器与节点关系

二、Launch 文件的语法

机器人是一个系统工程，通常一个服务机器人运行时需要开启很多个节点，使用 rosrun 命令依次启动每个节点会比较烦琐。ROS 提供了能一次性启动节点管理器和多个节点的命令。该命令如下。

```
$ roslaunch pkg_name file_name.launch
```

roslaunch 命令首先会自动检测系统的 roscore 有没有运行，即确认节点管理器是否处于运行状态，如果节点管理器没有启动，那么 roslaunch 就会首先启动节点管理器，然后再按照 launch 文件内的规则依次启动各个节点。roslaunch 就像是一个启动工具，能够一次性把多个节点按照预先的配置启动起来，减少在终端中一条条输入命令的麻烦。

1. launch 文件格式与规范

launch 文件同样也遵循着 XML 格式规范，是一种标签文本，它包括以下 11 类标签。

标签	说明
<launch>	根标签
<node>	需要启动的节点及其参数
<include>	包含其他 launch 文件
<machine>	指定运行的机器
<env>	设置环境变量
<param>	定义参数到参数服务器
<rosparam>	启动 YAML 文件加载参数到参数服务器
<arg>	定义变量
<remap>	设定参数映射
<group>	设定命名空间
<! text>	注释标签

（1）根标签<launch>：每个 launch 文件都必须包含一对根标签<launch>...</launch>，所有元素都应该包含在这两个标签之内。

（2）节点标签<node>：该标签用来设置启动的节点、名称、加载参数等功能，是 launch 文件中很重要标签。节点标签可以通过子标签配置相关参数。节点标签末尾的斜杠"/"用来表示该标签结束，也可以用显式结束标签</node>来表示该节点标签的结束。标签中的 name 属性给节点指派了名称，它将覆盖任何通过调用 ros::init 赋予的节点名称。

（3）包含文件标签<include>：如果想在启动文件中包含其他启动文件的内容（包括

所有的节点和参数），可以使用包含（include）元素<include file＝"$(find package-name)/launch-file-name">，由于直接输入路径信息很烦琐且容易出错，大多数包含元素都使用查找（find）命令搜索功能包的位置而不是直接输入路径。

（4）标签<machine>：声明了可以在其上运行 ROS 节点的计算机。如果要在本地启动所有节点，则不需要此标记。它主要用于声明远程计算机的 SSH 和 ROS 环境变量设置，但也可以使用它来声明有关本地计算机的信息。

（5）标签<env>：用于设置环境变量，其属性包括环境变量的名称和环境变量的值。

（6）标签<param>：定义了要在参数服务器上设置的参数。如果将标记放在标记内，则该参数被视为私有参数。

（7）标签<rosparam>：该标签允许使用 YAML 文件从参数服务器加载和转储参数。它也可以用来删除参数。如果将标记放在标记内，则该参数被视为私有名称。

（8）启动参数标签<arg>：设置参数命令，但该参数不储存在参数服务器中，不能提供给节点使用，只能在 launch 文件中使用，用来在运行中或直接在文件中修改 launch 文件中 arg 定义的变量。

（9）重映射标签<remap>：节点重映射，用于改变节点订阅或发布的话题。在使用别人的功能包时，自己发送的话题和接收的话题可能名称不同，但是内容和格式相同，这时候就可以在 launch 中进行重映射。

（10）标签<group>：可以对节点进行分组，还可以使用标签在整个组中应用 remap 设置。标签具有的 ns 属性可以将节点组推送到一个单独的命名空间中。

（11）注释标签<! text>：中间 text 部分为注释的内容，注意格式左边开头有感叹号。

2. 节点标签参数分析

在 launch 文件中，节点标签的参数比较多，完整的节点标签如下所示，具体的参数含义如表 2-12 所示。

```
<node pkg="package_name" type="node_type" name="node_name" args="arg1 arg2…" output="log" ns="namespace" respawn="true" respawn_delay="5" cwd="ROS_HOME" required="true" launch-prefix="prefix" />
```

表 2-12　launch 文件中节点标签的参数含义

序号	参数	可选性	指定内容
1	pkg	必选	该节点所在的功能包名称
2	type	必选	节点的类型，节点对应的可执行文件名，通常是可执行文件的名称
3	name	可选	运行时显示的节点名称，即用命令 rosnode list 所看到的节点列表里的名称。这里定义的名字会覆盖可执行程序中 init( )赋予的节点名，当两者不一样时以 name 指定的名字为准。虽然这个参数是可选的，但推荐使用
4	args	可选	用于传递给节点的命令行参数
5	output	可选	节点输出的目的地。默认值是 screen，用于将话题信息打印到屏幕。如果设置为 log，则将输出记录到日志文件

续表

序号	参数	可选性	指定内容
6	ns	可选	为节点设置命名空间。命名空间可以用来组织和区分不同的节点
7	respawn	可选	设置为 true 时，如果节点意外停止，ROS 将自动重启该节点。默认值为 false。
8	respawn_delay	可选	设置节点重启之间的延迟（单位：s），默认值为 0。
9	cwd	可选	设置节点的工作目录，默认值为 ROS_HOME。
10	required	可选	设置为 true 时，如果该节点意外停止，整个 launch 文件的其他节点也将终止，其默认值为 false。
11	launch-prefix	可选	为节点设置一个命令前缀，如 gdb 或 valgrind 等。这对于调试和性能分析非常有用。

虽然节点标签的参数比较多，但是在具体的实例中，一般不会用到所有参数。以下这个简单的 launch 文件启动了名为 talker 和 listener 的两个节点，它们分别是功能包 rospy_tutorials 和 my_package 中的节点，其类型分别是 talker 和 listener。两个节点都分别只有 3 个参数。

```
<launch>
    <node name="talker" pkg="rospy_tutorials" type="talker" output="screen" />
    <node name="listener" pkg="my_package" type="listener" output="screen" />
</launch>
```

以下的这个 launch 文件名为 lidar_test.launch，是用于激光雷达测试的。该 launch 文件依次启动了 robot_state_publisher、RViz 和 rplidarNode 三个节点，这三个节点分别在 robot_state_publisher、RViz 和 rplidar_ros 这三个功能包里面。

```
<launch>
    <arg name="model" default=" $ (find wpb_home_bringup)/urdf/wpb_home.urdf"/>
    <arg name="gui" default="true" />
    <arg name="RVizconfig" default=" $ (find wpb_home_bringup)/rviz/sensor.rviz" />
    <param name="robot_description" command=" $ (find xacro)/xacro.py  $ (arg model)" />
    <param name="use_gui" value=" $ (arg gui)"/>

    <node name="robot_state_publisher" pkg="robot_state_publisher" type="state_publisher" />
    <node name="RViz" pkg="RViz" type="RViz" args="- d  $ (arg RVizconfig)" required="true" />

    <!--- Run Rplidar -->
    <node name="rplidarNode" pkg="rplidar_ros"   type="rplidarNode" output="screen">
        <param name="serial_port"         type="string"  value="/dev/rplidar"/>
        <param name="serial_baudrate"     type="int"     value="115200"/>
        <param name="frame_id"            type="string"  value="laser"/>
        <param name="inverted"            type="bool"    value="false"/>
```

```
        <param name=" angle_ compensate"      type=" bool"    value=" true" />
    </node>
</launch>
```

三、客户端库

ROS 为机器人开发者提供了不同语言的编程接口，例如，C++接口称为 roscpp，Python 接口称为 rospy，Java 接口称为 rosjava。尽管是不同的编程语言，但这些接口都可以用来创建话题、服务、参数服务器等，实现 ROS 的通信功能。客户端库是各种语言的接口统称。

客户端库类似于开发中的助手类（helper class），它把一些常用的基本功能做了封装。目前 ROS 支持的客户端库主要包括表 2-13 中的几类。

表 2-13 ROS 支持的客户端库

客户端库	简介
roscpp	ROS 的 C++库是目前最广泛应用的 ROS 客户端库，执行效率高
rospy	ROS 的 Python 库，开发效率高，通常用在对运行时间没有太高要求的场合，如配置、初始化等操作
roslisp	ROS 的 LISP 库
roscs	Mono/.NET. 库，包括 C#、Iron Python、Iron Ruby 语言等
rosgo	ROS Go 语言库
rosjava	ROS Java 语言库

目前最常用的是 roscpp 和 rospy 两个库，而其余的语言版本基本还是测试版。从开发客户端库的角度看，一个客户端库至少需要包括节点注册、名称管理、消息收发等功能。这样才能向开发者提供对 ROS 通信架构进行配置的方法。整个 ROS 包含的功能包如图 2-18 所示。

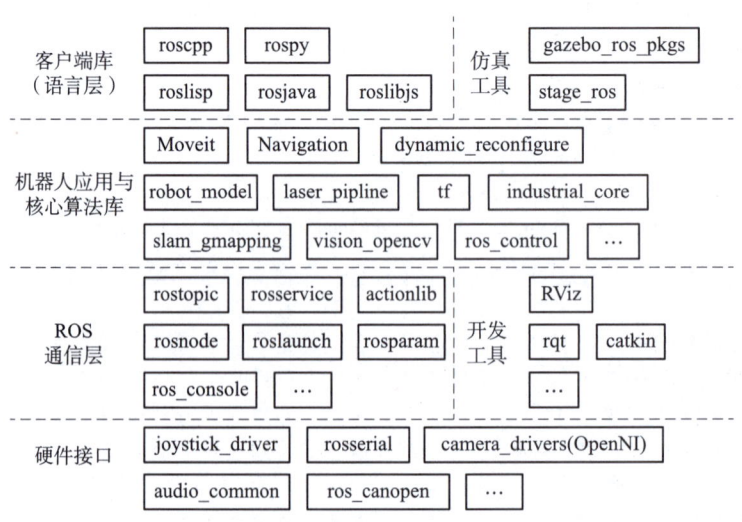

图 2-18 ROS 中包含功能包

1. roscpp

roscpp 位于 ROS 的安装目录下，它实际上是利用 C++文件编写的 ROS 通信文件，用于实现 ROS 通信。在 ROS 中，C++的代码是通过 Catkin 这个编译系统进行编译的。可以把 roscpp 看作是一个 C++的库。

创建一个项目工程时，首先要在文件中包含 roscpp 等 ROS 的库，这样就可以在工程中调用 ROS 提供的函数了。如果要调用 ROS 的 C++接口，首先需要运行#include <ros/ros.h>。如表 2-14 所示，roscpp 的主要函数包括以下 7 类。

表 2-14　roscpp 的主要函数

序号	函数名称	功　能
1	ros::init( )	解析传入的 ROS 参数，用于初始化节点，是创建节点第一步需要用到的函数
2	ros::NodeHandle	创建节点的句柄和话题、服务、参数服务器等交互的公共接口
3	ros::master	包含从节点管理器查询信息的函数
4	ros::this_node	包含查询这个进程（node）的函数
5	ros::service	包含查询服务的函数
6	ros::param	包含查询参数服务器的函数，而不需要用到 NodeHandle
7	ros::names	包含处理 ROS 图资源名称的函数

roscpp 的功能可以分为以下几类，如表 2-15 所示。

表 2-15　roscpp 的功能

序号	功能分类	含　义
1	Initialization and Shutdown	初始化与关闭
2	Topic	话题
3	Service	服务
4	Parameter Server	参数服务器
5	Timer	定时器
6	NodeHandle	节点句柄
7	Callbacks and Spinning	回调和自旋（轮询）
8	Logging	日志
9	Names and Node Information	名称管理
10	Time	时钟
11	Exception	异常

（1）初始化节点

对于一个 C++ 写的 ROS 程序，它之所以区别于普通 C++ 程序，是因为程序中做了两层工作。一是调用了 ros::init() 函数，从而初始化节点的名称和其他信息，一般 ROS 程序一开始都会以这种方式开头。二是创建 ros::NodeHandle 对象，也就是节点的句柄，它可以用来创建 Publisher、Subscriber 及做其他事情。

句柄（handle）可以理解为一个"把手"，握住门把手，就可以很容易把整扇门拉开，而不必关心门的具体样子。NodeHandle 就是对节点资源的描述，有了它就可以非常方便地操作这个节点了，如为程序提供服务、监听某个话题上的消息、访问和修改参数等。

（2）关闭节点

通常要关闭一个节点可以直接在终端上按 Ctrl+C 快捷键，系统会自动触发 SIGINT 句柄来关闭这个进程。也可以通过调用 ros::shutdown() 来手动关闭节点。

2. rospy

rospy 是 Python 语言的接口。rospy 中函数的定义、函数的用法都和 roscpp 不同。

rospy 是 Python 版本的 ROS 客户端库，提供了 Python 编程需要的接口，rospy 是一个 Python 的模块（module）。这个模块位于 /opt/ros/kinetic/lib/python2.7/dist-packages/rospy 之中。

rospy 包含的功能与 roscpp 相似，都有关于话题、服务、参数服务器、时钟的操作。但同时，rospy 和 roscpp 也有以下区别。

1）rospy 没有 NodeHandle，创建发布者、订阅者节点等操作都被直接封装成了 rospy 中的函数或类，调用起来更加简单直观。

2）rospy 一些接口的命名和 roscpp 不一致，这些地方需要开发者注意，避免调用错误。

相比 C++ 的开发，用 Python 来写 ROS 程序，开发效率大幅提高，例如，显示、类型转换等细节不再需要开发者注意，这样可以节省时间。ROS 中大多数的基本命令，如 rostopic、roslaunch，都是用 Python 开发的。但 Python 的执行效率较低，同样一个功能用 Python 运行的耗时会高于 C++。因此开发 SLAM、路径规划、机器视觉等方面的算法时，往往优先选择 C++。

在 ROS 中，Python 的应用程序编程接口（application programming interface，API）主要有表 2-16~表 2-20 几类。

表 2-16　节点相关函数

序号	函数	功能
1	rospy.init_node（name，argv = None，anonymous = False）	注册和初始化节点
2	rospy.get_master()	获取节点管理器的句柄
3	rospy.is_shutdown()	节点是否关闭
4	rospy.on_shutdown(fn)	在节点关闭时调用 fn 函数
5	get_node_uri()	返回节点的 URI
6	get_name()	返回本节点的全名
7	get_namespace()	返回本节点的名字空间

表 2-17 话题相关函数

序号	函数	功能
1	get_published_topics( )	返回正在被发布的所有话题名称和类型
2	wait_for_message（topic，topic_type，time_out=None）	等待某个话题的消息
3	spin( )	触发话题或服务的回调/处理函数，关闭节点前会一直阻塞
4	init(self，name，data_class，queue_size=None)	构造函数
5	publish(self，msg)	发布消息
6	unregister(self)	停止发布
7	init_(self，name，data_class，call_back=None，queue_size=None)	构造函数
8	unregister(self，msg)	停止订阅

表 2-18 服务相关函数

序号	函数	功能
1	wait_for_service(service，timeout=None)	阻塞直到服务可用
2	init(self，name，service_class，handler)	构造函数，handler 为处理函数，service_class 为 srv 类型
3	shutdown(self)	关闭服务的服务器（server）
4	init(self，name，service_class)	构造函数，创建客户端（client）
5	call(self，args，*kwds)	发起请求
6	call(self，args，*kwds)	发起请求
7	close(self)	关闭服务的客户端（client）

表 2-19 参数服务器相关函数

序号	函数	功能
1	get_param(param_name，default=_unspecified)	获取参数的值
2	get_param_names( )	获取参数的名称
3	set_param(param_name，param_value)	设置参数的值
4	delete_param(param_name)	删除参数
5	has_param(param_name)	参数是否存在于参数服务器上
6	search_param( )	搜索参数

表 2-20 时钟相关函数

序号	函数	功能
1	get_rostime( )	获取当前时刻的时间对象
2	get_time( )	返回当前时间，单位为秒（s）
3	sleep(duration)	执行挂起
4	init(self, secs = 0, nsecs = 0)	构造函数
5	now( )	静态方法返回当前时刻的时间对象

四、参数服务器

参数服务器与其他通信方式不同，是一种特殊的"通信方式"。特殊点在于参数服务器是节点存储/获取参数的地方，用于配置参数、全局共享参数。参数服务器使用互联网传输，在节点管理器中运行，实现整个 ROS 的全局通信。参数服务器作为 ROS 中另外一种数据传输方式，有别于话题和服务，它更加静态。参数服务器维护着一个参数数据字典，字典里存储着各种参数和配置。每个参数都有唯一的 key 值，且每一个 key 对应着一个 value。

参数服务器的维护方式非常简单灵活，有以下 3 种方式。

1）命令行维护。

2）launch 文件内读写。

3）节点源码。

（1）命令行维护

在终端通过 rosparam 命令来操作参数服务器，rosparam 命令允许在 ROS 参数服务器上存储和获取数据。参数服务器可以存储整数、浮点数、布尔值、字典和列表值。rosparam 命令的用法如表 2-21 所示。

表 2-21 rosparam 命令的用法

序号	命令	功能
1	rosparam set	设置参数
2	rosparam get	获取参数
3	rosparam load	加载参数文件
4	rosparam dump	导出参数到文件
5	rosparam delete	删除参数
6	rosparam list	列出所有参数

使用 load 和 dump 命令导入导出参数文件需要遵守 YAML 格式，YAML 的格式采用键值对的形式，具体格式为名称+：+值，即 key：value。

这种常用的解释方式就是把 YAML 文件的内容理解为字典。

（2）launch 文件内读写

launch 文件中有很多标签，与参数服务器相关的标签只有两个，一个是<param>，另一个是 <rosparam>。这两个标签功能比较相近，但<param>一次只设置一个参数，<rosparam>通过加载参数文件实现一次设置多个参数。

（3）节点源码

利用 roscpp 提供了两套 API，节点源码中动态获取参数服务器中的内容。一套是在 ros::param namespace 下，另一套是在 ros::NodeHandle 下，这两套 API 的操作完全一样，可以根据自己的习惯选用。

【任务实施】

按照下列步骤，自主完成参数读写节点的编写与运行任务。本任务采用 Python 语言编写节点文件。

1. 编写参数读写节点

在工作空间的 src 路径下，创建一个新的 ROS 包 param_demo。

```
$ cd ~/vkaibot_ws/src
$ catkin_create_pkg param_demo roscpp rospy std_msgs
```

进入 param_demo 功能包中，创建一个 scripts 文件夹，用于存放脚本。

```
$ cd ~/vkaibot_ws/src/param_demo
$ mkdir scripts
```

在 scripts 文件夹中创建一个自定义的节点 param_demo.py。

```
$ touch param_demo.py
```

节点文件具体代码和相关注释如下。完整代码请扫二维码查看。

```
1.  #! /usr/bin/env python
2.  #coding: utf-8
3.  import rospy
4.
5.  def param_demo():
6.      rospy.init_node("param_demo")
7.      rate = rospy.Rate(5)
8.      while(not rospy.is_shutdown()):
9.          #获取参数
10.         parameter1 = rospy.get_param("/param1")
11.         parameter2 = rospy.get_param("/param2", default=2)
12.         rospy.loginfo('Get param1 = %d', parameter1)
13.         rospy.loginfo('Get param2 = %d', parameter2)
14.
15.         #删除参数
16.         rospy.delete_param('/param2')
17.         #设置参数
18.         rospy.set_param('/param2', 5)
19.         #验证参数
20.         ifparam3 = rospy.has_param('/param3')
21.         if(ifparam3):
22.             rospy.loginfo('/param3 exists')
23.         else:
```

param_demo.py

```
24.         rospy. loginfo ( ' /param3 does not exist' )
25.
26.         parameter3 = rospy. get_param ( "/param3" )
27.         rospy. loginfo(' Get param3 = % d' , parameter3)
28.
29.         rate. sleep()
30.
31. if __name__=="__main__":
32.     param_demo()
```

为自定义节点添加可执行权限。

```
$ chmod +x param_demo. py
```

至此，节点文件编写完成。

2. 编写 launch 文件

在 param_demo 功能包下新建一个 launch 文件夹，用于存放 launch 文件。

```
$ cd ~/vkaibot_ws/src/param_demo
$ mkdir launch
```

在 launch 文件夹下，创建一个名为 param_py 的 launch 文件。

```
$ cd ~/vkaibot_ws/src/param_demo
$ touch param_py. launch
```

该 launch 文件具体代码和相关注释如下。完整代码请扫二维码查看。

```
1. <launch>
2.     <!-- param 参数配置-->
3.     <param name="param1" value="1" />
4.     <param name="param2" value="2" />
5.
6.     <!-- rosparam 参数配置-->
7.     <rosparam>
8.         param3: 3
9.         param4: 4
10.        param5: 5
11.    </rosparam>
12.    <!-- 以上写法将参数转成 YAML 文件加载,注意 param 前面必须为空格,不能用 Tab-->
13.    <node pkg="param_demo" type="param_demo. py" name="param_demo" output="screen" />
14. </launch>
```

param 的 launch 文件

3. 运行

本项目编写的 Python 文件只对参数服务器进行了参数读取等操作，可以直接运行。

```
$ roslaunch param_demo param_py. launch
```

正常运行后，终端显示结果如图 2-19 所示。其中，因为参数 param2 的默认值为 2，后来设置为 5，所以终端输出参数 param2 的值第一次是 2，第二次及以后都是 5。

本项目的完整功能包请扫二维码查看。

图 2-19 终端显示结果

param 功能包

【任务评价】

班级		姓名		日期		
自我评价	1. 是否熟悉 ROS 中节点和节点管理器的概念				□是	□否
	2. 是否熟悉 launch 文件的规范格式				□是	□否
	3. 是否熟悉客户端库				□是	□否
	4. 是否能正确编写 launch 文件				□是	□否
	5. 是否能正确读写参数服务器中的参数				□是	□否
	6. 是否能正确删除、验证参数服务器中的参数				□是	□否
自我总结						
小组评价	是否遵守课堂纪律				□优 □中	□良 □差
	是否遵守"服务机器人应用技术员"职业守则				□优 □中	□良 □差
	是否积极与小组成员团结协作完成项目任务				□优 □中	□良 □差
	是否积极参与课堂教学活动				□优 □中	□良 □差
异常情况记录						

【任务拓展】

为了更好地掌握专业知识，掌握用 C++ 语言编写参数读写节点的方法和流程，请按照以下步骤完成拓展任务。

1. 编写参数读写节点

在工作空间的 src 路径下，创建一个新的 ROS 包 param_demo。

```
$ cd ~/vkaibot_ws/src
$ catkin_create_pkg param1_demo roscpp rospy std_msgs
```

进入 param_demo 功能包的 src 目录下，创建一个名为 param_demo.cpp 的节点文件。注意，这里的 src 目录是功能包的 src 文件夹，不是工作空间的 src 文件夹。

```
$ cd ~/vkaibot_ws/src/param_demo/src
$ touch param_demo.cpp
```

节点文件的具体代码和相关注释如下。完整代码请扫二维码查看。

param 的 cpp 文件

```cpp
1. #include<ros/ros.h>
2.   int main(int argc, char ** argv){
3.       ros::init(argc, argv, "param_demo");
4.       ros::NodeHandle nh;
5.       int parameter1, parameter2, parameter3, parameter4, parameter5;
6.
7.       //get 参数的三种方法
8.       //① ros::param::get()获取参数"param1"的 value,写到 parameter1 上
9.       bool ifget1 = ros::param::get("param1", parameter1);
10.
11.      //② ros::NodeHandle::getParam()获取参数,与①作用相同
12.      bool ifget2 = nh.getParam("param2",parameter2);
13.
14.      //③ ros::NodeHandle::param()类似于上述方法①和②
15.      //但如果读取不到指定的 param,它可以给 param 指定一个默认值(如 33)
16.        nh.param("param3", parameter3, 33);
17.
18.      if(ifget1)
19.          ROS_INFO("Get param1 = % d", parameter1);
20.      else
21.          ROS_WARN("Didn' t retrieve param1");
22.      if(ifget2)
23.          ROS_INFO("Get param2 = % d", parameter2);
24.      else
25.          ROS_WARN("Didn' t retrieve param2");
26.      if(nh.hasParam("param3"))
27.          ROS_INFO("Get param3 = % d", parameter3);
```

```
28.        else
29.            ROS_WARN("Didn't retrieve param3");
30.
31.    //设置参数的两种方法
32.    //① ros::param::set()设置参数
33.    parameter4 = 4;
34.    ros::param::set("param4", parameter4);
35.    //② ros::NodeHandle::setParam()设置参数
36.    parameter5 = 5;
37.    nh.setParam("param5",parameter5);
38.
39.    ROS_INFO("Param4 is set to be %d", parameter4);
40.    ROS_INFO("Param5 is set to be %d", parameter5);
41.    //check 参数的两种方法
46.    //① ros::NodeHandle::hasParam()
47.    bool ifparam5 = nh.hasParam("param5");
48.    //② ros::param::has()
49.    bool ifparam6 = ros::param::has("param6");
50.
51.    if(ifparam5)
52.        ROS_INFO("Param5 exists");
53.    else
54.        ROS_INFO("Param5 doesn't exist");
55.    if(ifparam6)
56.        ROS_INFO("Param6 exists");
57.    else
58.        ROS_INFO("Param6 doesn't exist");
59.
60.    //delete 参数的两种方法
61.    //① ros::NodeHandle::deleteParam()
62.    bool ifdeleted5 = nh.deleteParam("param5");
63.    //② ros::param::del()
64.    bool ifdeleted6 = ros::param::del("param6");
65.
66.    if(ifdeleted5)
67.        ROS_INFO("Param5 deleted");
68.    else
69.        ROS_INFO("Param5 not deleted");
70.    if(ifdeleted6)
71.        ROS_INFO("Param6 deleted");
72.    else
73.        ROS_INFO("Param6 not deleted");
74.
```

```
74.    ros::Rate rate(0. 3);
75.    while(ros::ok()){
76.        int parameter = 0;
77.
78.    if(ros::param::get("param1", parameter))
79.        ROS_INFO("parameter param1 = % d", parameter);
80.    if(ros::param::get("param2", parameter))
81.        ROS_INFO("parameter param2 = % d", parameter);
82.    if(ros::param::get("param3", parameter))
83.        ROS_INFO("parameter param3 = % d", parameter);
84.    if(ros::param::get("param4", parameter))
85.        ROS_INFO("parameter param4 = % d", parameter);
86.    if(ros::param::get("param5", parameter))
87.        ROS_INFO("parameter param5 = % d", parameter);
88.    if(ros::param::get("param6", parameter))
89.        ROS_INFO("parameter param6 = % d", parameter);
90.    rate. sleep();
91.    }
92. }
```

2. 编写 launch 文件

在 param_demo 功能包下新建一个 launch 文件夹，用于存放 launch 文件。

```
$ cd ~/vkaibot_ws/src/param_demo
$ mkdirlaunch
```

在 launch 文件夹下，创建一个名为 param_cpp 的 launch 文件。

```
$ cd ~/vkaibot_ws/src/param_demo/launch
$ touch param_cpp. launch
```

该 launch 文件具体代码和相关注释如下。完整代码请扫二维码查看。

```
1.  <launch>
2.      <!-- param 参数配置-->
3.      <param name="param1" value="1" />
4.      <param name="param2" value="2" />
5.
6.      <!-- rosparam 参数配置-->
7.      <rosparam>
8.          param3: 3
9.          param4: 4
10.         param5: 5
11.     </rosparam>
12.
13.     <node pkg="param_demo" type="param_demo" name="param_demo" output="screen" />
14. </launch>
```

launch 文件

3. 编译

编辑 param_demo 包下的 CMakeLists.txt，找到以下配置项，删去注释并修改。

```
include_directories(include ${catkin_INCLUDE_DIRS})
add_executable(param_demo src/param_demo.cpp)
target_link_libraries(param_demo ${catkin_LIBRARIES})
```

回到 vkaibot_ws 工作目录，执行以下语句，进行编译。

```
$ cd ~/vkaibot_ws
$ catkin_make
```

4. 运行

若编译成功，则在终端执行以下命令。

```
$ roslaunch param_demo param_cpp.launch
```

正常运行后，终端将输出 6 条关于 6 个参数的信息，本拓展任务的完整功能包请扫二维码查看。

param 拓展功能包

项目 4　创建问候话题通信模型

【情境导入】

ROS 的通信机制是 ROS 的灵魂，也是整个 ROS 正常运行的关键所在。在 ROS 的 4 种通信方式中，话题是最常用的一种。话题通信是一种单向异步通信方式，在很多场合这种通信方式是比较简易并且高效的。对于实时性、周期性的消息，一般都使用话题通信方式来传输。

作为一名服务机器人应用技术员，请认真学习话题的通信机制，以及消息文件的结构与写法等专业知识，然后独立创建一个基于"发布-接收"的话题通信模型。该通信模型的话题发布者（publisher）会发布"hello world"的一句问候，订阅者（subscriber）在订阅话题并收到问候语后，会输出一句"I heard：hello world"，表示它收到了问候。

【学习目标】

1. 知识目标

（1）熟悉话题通信机制。
（2）熟悉消息文件。
（3）熟悉话题通信方式的适用场景。

2. 技能目标

（1）会创建发布者节点。
（2）会创建订阅者节点。
（3）会正确创建消息发布-接收模型。

3. 素养目标

（1）养成精益求精的学习态度。
（2）强化创新意识。

【知识导入】

一、ROS 的通信机制

ROS 通信机制包括各种数据的处理、进程的运行、消息的传递等。点对点的分布式通信机制是 ROS 的核心，ROS 使用了基于 TCP/IP 的通信方式，实现模块间点对点的松耦合连接，可以执行若干种类型的通信。ROS 提供了以下 4 种通信方式：

①话题（topic）；
②服务（service）；
③动作库（actionlib）；
④参数服务器（parameter server）。

以上 4 种通信方式，各有特点，适合不同的应用场景，其特性如表 2-22 所示。严格来讲，参数服务器与其他通信方式不同，它是一种特殊的"通信方式"。

表 2-22 通信方式的特性

序号	通信方式	特性与机制
1	话题 topic	单向异步，发布-订阅机制
2	服务 service	双向同步，请求-应答机制
3	动作库 actionlib	双向同步，请求-应答机制
4	参数服务器 parameter server	参数数据字典

二、话题通信机制

1. 话题

话题又称主题，是一种点对点的单向异步通信方式，这里的"点"指的是节点，也就是说节点之间可以通过话题通信方式来传递信息。话题通信方式中的节点分为两类，一类是发布者节点，另一类是订阅者节点。节点间分工明确，发布者节点只负责发送消息，订阅者节点只负责接收并处理消息。对于绝大多数的机器人应用场景，如传感器数据收发、速度控制命令收发，话题通信方式是最适合的通信方式。

如图 2-20 所示，在利用话题通信方式进行通信之前要进行初始化。通信过程如下。

1）注册。所有的发布者节点和订阅者节点都要到节点管理器进行注册。
2）发布。发布者节点发布话题。
3）订阅。订阅者节点在节点管理器的指挥下订阅该话题，从而建立起 sub-pub 之间的通信。
4）消息传递。消息从发布者传递到订阅者，完成单向通信。

图 2-20 话题通信流程图

订阅者节点接收到消息之后会进行处理，一般这个过程称为回调（callback）。所谓回调就是提前在代码中定义好一个处理函数，当有消息来的时候就会触发这个处理函数，函数会对消息进行处理。

ROS 是一种分布式的架构，一个话题可以被多个节点同时发布，也可以同时被多个节点订阅。话题通信属于一种异步通信方式。

2. 话题通信实例分析

图 2-21 所示为摄像头画面的发布、处理、显示的通信流程。在机器人上的摄像头节点 node1 启动之后，便作为一个发布者开始发布话题。摄像头节点发布了一个名为 rgb 的话题（图中用方框表示），该话题是关于采集到的彩色图像的 rgb 颜色信息的。图像处理节点 node2 订阅了 rgb 这个话题，经过节点管理器的介绍，图像处理节点就能建立和摄像头节点的连接。

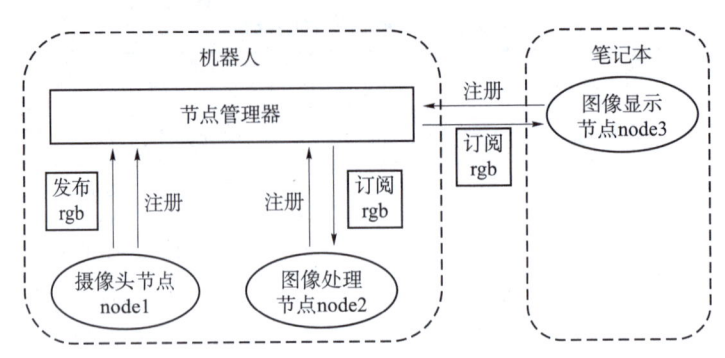

图 2-21 话题通信实例流程

摄像头节点每发布一次消息之后，就会继续执行下一个动作，至于消息是什么状态、如何处理，摄像头节点不需要了解。而对于图像处理节点，它只管接收和处理话题上的消息，至于消息是谁发来的，图像处理节点不会关心。所以本例中的摄像头节点和图像处理节点各司其职，不存在协同工作，这样的通信方式就是异步的。

为了查看摄像头节点的画面，用户可以再加入一个图像显示节点，用自己的笔记本式计算机连接到机器人上的节点管理器，然后在自己的计算机上启动图像显示节点。这充分体现了分布式系统通信的扩展性好、软件复用率高的优点。

3. 常用命令

表 2-23 详细列出了话题常用命令及其作用。

表 2-23 rostopic 命令

命令	作用
rostopic list	列出当前所有的话题
rostopic info topic_name	显示某个话题的属性信息
rostopic echo topic_name	显示某个话题的内容
rostopic pub topic_name	向某个话题发布内容
rostopic bw topic_name	查看某个话题的带宽
rostopic hz topic_name	查看某个话题的频率
rostopic find topic_type	查找某个类型的话题
rostopic type topic_name	查看某个话题的类型（msg）

三、消息文件

1. 消息文件的概念

一个节点通过向特定话题发布消息，另一个节点订阅该话题，从而实现数据的发送与接收。消息按照定义解释就是话题内容的数据类型，又称话题的格式标准。这和平常用到的消息直观概念有所不同，这里的消息不仅指一条发布或订阅的消息，也指话题的格式标准。

ROS 中的消息文件一般以 .msg 作为后缀名，它与 C 语言中的结构体非常类似，内部包含不同的属性。如果将消息看作是一个"类"，那么每次发布的内容就可以理解为"对象"。通常，消息既指的是类，也指它的对象，而消息文件则相当于类的定义。

2. 结构与类型

消息具有一定的类型和数据结构，包括 ROS 提供的标准类型和用户自定义的类型。消息的类型在 ROS 中命名非常简单，例如，最简单的字符串消息（std_msgs/String），指的是名为 std_msgs 的功能包中的 String 消息类型，它的属性为 string data。

消息类型必须具有两个重要组成部分：字段和常量。字段定义了要在消息中传输的数据的类型，如 int32、float32、string 或其他常见的自定义数据类型。常量用于定义字段的名称或值，例如，ROS 标准库中 std_msgs/Header.msg 消息的格式如下。

```
int32 seq                #数据 ID
time stamp               #数据时间戳
string frame_id          #数据的参考坐标系
```

对于"hello world!"这个字符串，用 C++ 语言编写代码时建议如下书写。

```
#include"std_msgs/String.h"
std_msgs::String str;
str.data ="hello world!";
```

用 Python 语言编写代码时建议如下书写。

```
from std_msgs.msg import String
str = String()
str.data ="hello world!"
```

ROS 中的消息有很多种标准数据类型，在项目开发中经常用到。常见 ROS 消息的标准数据类型如表 2-24 所示。

表 2-24　ROS 消息的标准数据类型

基本类型	串行化	C++	Python
bool	unsigned 8-bit int	uint8_t	bool
int8	signed 8-bit int	int8_t	int
uint8	unsigned 8-bit int	uint8_t	int
int16	signed 16-bit int	int16_t	int
uint16	unsigned 16-bit int	uint16_t	int
int32	signed 32-bit int	int32_t	int
uint32	unsigned 32-bit int	uint32_t	int
int64	signed 64-bit int	int64_t	long
uint64	unsigned 64-bit int	uint64_t	long
float32	32-bit IEEE float	float	float
float64	64-bit IEEE float	double	float
string	ASCII string（4-bit）	std::string	string
time	secs/nsecs signed 32-bit ints	ros::Time	rospy.Time
duration	secs/nsecs signed 32-bit ints	ros::Duration	rospy.Duration

常见的消息类型除了 std_msgs、sensor_msgs、nav_msgs、geometry_msgs 等，还包括以下这些类型的消息文件。

（1）Vector3.msg

```
#文件位置:geometry_msgs/Vector3.msg
float64 x
float64 y
float64 z
```

（2）Accel.msg

```
#定义加速度项,包括线性加速度和角加速度
#文件位置:geometry_msgs/Accel.msg
Vector3 linear
Vector3 angular
```

（3）Header.msg

```
#定义数据的参考时间和参考坐标
#文件位置:std_msgs/Header.msg
uint32 seq #数据 ID
time stamp #数据时间戳
string frame_id #数据的参考坐标系
```

（4）Echos.msg

```
#定义超声传感器
#文件位置:自定义 msg 文件
Header header
uint16 front_left
uint16 front_center
uint16 front_right
uint16 rear_left
uint16 rear_center
uint16 rear_right
```

（5）Quaternion.msg

```
#消息代表空间中旋转的四元数
#文件位置:geometry_msgs/Quaternion.msg
float64 x
float64 y
float64 z
float64 w
```

（6）Imu.msg

```
#消息包含了从惯性元件中得到的数据,加速度单位为 m/s², 角速度单位为 rad/s,如果所有的测量协方差已知,则需要全部填充进来;如果只知道方差,则只填充协方差矩阵的对角数据。
#位置:sensor_msgs/Imu.msg
```

```
Header header
Quaternion orientation
float64[9] orientation_covariance
Vector3 angular_velocity
float64[9] angular_velocity_covariance
Vector3 linear_acceleration
float64[] linear_acceleration_covariance
```

（7）LaserScan.msg

```
#平面内的激光测距扫描数据,注意此消息类型仅仅适配激光测距设备
#如果有其他类型的测距设备(如声呐),需要另外创建不同类型的消息
#位置:sensor_msgs/LaserScan.msg
Header header                    #时间戳为收到第一束激光的时间
float32 angle_min                #扫描开始时的角度(单位为 rad)
float32 angle_max                #扫描结束时的角度(单位为 rad)
float32 angle_increment          #两次测量之间的角度增量(单位为 rad)
float32 time_increment           #两次测量之间的时间增量(单位为 s)
float32 scan_time                #两次扫描之间的时间间隔(单位为 s)
float32 range_min                #距离最小值(单位为 m)
float32 range_max                #距离最大值(单位为 m)

float32[] ranges                 #测距数据(单位为 m,如果数据不在最小数据和最大数据之间,则抛弃)
float32[] intensities            #强度,具体单位由测量设备确定,若无强度测量,为空即可
```

（8）Point.msg

```
#空间中的点的位置
#文件位置:geometry_msgs/Point.msg
float64 x
float64 y
float64 z
```

（9）Pose.msg

```
#空间中的点的位置
#消息定义自由空间中的位姿信息,包括位置和指向信息
#文件位置:geometry_msgs/Pose.msg
Point position
Quaternion orientation
```

3. 操作命令

rosmsg 命令比较少，只有表 2-25 中的两个。

表 2-25 rosmsg 命令

命令	作用
rosmsg list	列出系统上所有的 msg
rosmsg show msg_name	显示某个 msg 的内容

【任务实施】

按照下列步骤，采用 Python 编程语言，自主完成问候话题通信模型的创建任务。问候话题通信模型包含消息的发布和接收两部分，即消息的发布器和消息的订阅器。

1. 创建消息的发布器

进入工作空间的 src 文件夹下，创建 topic_demo 功能包。

```
$ cd ~/vkaibot_ws/src
$ catkin_create_pkg topic_demo roscpp rospy std_msgs
```

进入 topic_demo 功能包中，创建一个 scripts 文件夹，用于存放脚本。

```
$ cd ~/vkaibot_ws/src/topic_demo
$ mkdir scripts
```

在 scripts 文件夹中创建一个自定义的节点 talker.py。

```
$ touch talker.py
```

节点文件的具体代码和相关注释如下。完整代码请扫二维码查看。

```
1.  #! /usr/bin/env python
2.  #声明
3.  import rospy
4.  from std_msgs.msg import String
5.  #导入 std_msgs.msg 是为了能够复用其中的 String 消息类型
6.  def talker():
7.      pub = rospy.Publisher('chatter', String, queue_size=10)
8.      #声明当前节点会向话题 chatter 发布队列长度为 10、类型为 String 的消息
9.      rospy.init_node('talker', anonymous=True)
10.     #初始化节点,告知 rospy 当前节点的名字为 talker
11.     #第二个参数的设置是为了让节点通过在名字末尾添加随机数值来确保名字的唯一性
12.     rate = rospy.Rate(10)
13.     #创建了 Rate 对象,利用此类中的 sleep()方法保证消息发布的频率
14.     while not rospy.is_shutdown():
15.         hello_str = "hello world %s"% rospy.get_time()
16.         rospy.loginfo(hello_str)
17.         pub.publish(hello_str)
18.         rate.sleep()
19.     #如果程序正常运行,则将带有时间戳的字符串消息通过 pub 对象发布到话题上
20.
21. if __name__ == '__main__':
22.     try:
23.         talker()
24.     except rospy.ROSInterruptException:
25.         pass
```

talker.py

为自定义节点添加可执行权限。

```
$ chmod +x talker.py
```

至此，消息发布器创建完成。

2. 创建消息的订阅器

在 scripts 文件夹中创建一个自定义的节点 listener.py。

```
$ touch listener.py
```

节点文件的具体代码和相关注释如下。完整代码请扫二维码查看。

```
1.  #! /usr/bin/env python
2.  import rospy
3.  from std_msgs.msg import String
4.
5.  def callback(data):
6.      rospy.loginfo(":I heard：%s", data.data)
7.
8.  def listener():
9.      rospy.init_node('listener', anonymous=True)
10.     rospy.Subscriber("chatter", String, callback)
11.     rospy.spin()
12.     #callback 是消息的回调函数
13.     #ros.spin()让程序一直执行下去,直到程序中断
14.
15. if __name__ == '__main__':
16.     listener()
```

listener.py

3. 编译

编辑 topic_demo 功能包下的 CMakeLists.txt 文件，找到以下语句，删去注释并修改。确保 Python 文件能正确加载和执行。

```
catkin_install_python(PROGRAMS scripts/talker.py scripts/listener.py
    DESTINATION ${CATKIN_PACKAGE_BIN_DESTINATION})
```

回到 vkaibot_ws 工作目录，执行以下命令，进行编译。

```
$ cd ~/vkaibot_ws
$ catkin_make
```

4. 运行

编译成功后就可以运行节点了。首先启动 ROS。

```
$ roscore
```

开启一个新的终端，运行发布者节点。

```
$ rosrun topic_demo talker.py
```

如果运行正常，talker 终端会持续输出图 2-22 所示的内容。

图 2-22　talker 终端输出

再开启一个新的终端，运行订阅者节点。

```
$ rosrun topic_demo listener.py
```

如果运行正常，listener 会在终端输出图 2-23 所示的内容。

图 2-23　listener 终端输出

如果终端能正确显示发布的消息和订阅的消息，则表明问候话题的通信模型创建成功。

本项目的完整功能包请扫二维码查看。

topic 功能包

【任务评价】

班级		姓名		日期		
自我评价	1. 是否熟悉话题通信方式的概念				□是	□否
	2. 是否熟悉话题通信原理				□是	□否
	3. 是否熟悉消息的格式规范				□是	□否
	4. 是否能正确创建消息发布器				□是	□否
	5. 是否能正确创建消息订阅器				□是	□否
	6. 是否能正确创建话题的发布-订阅通信模型				□是	□否

续表

班级		姓名		日期		
自我总结						
小组评价	是否遵守课堂纪律					□优 □良 □中 □差
	是否遵守"服务机器人应用技术员"职业守则					□优 □良 □中 □差
	是否积极与小组成员团结协作完成项目任务					□优 □良 □中 □差
	是否积极参与课堂教学活动					□优 □良 □中 □差
异常情况记录						

【任务拓展】

为了更好地掌握专业知识，掌握用 C++ 语言创建话题发布-接收通信模型的方法和流程，请按照以下步骤完成拓展任务。

1. 创建消息的发布器

进入工作空间的 src 文件夹下，创建 topic_demo 功能包。

```
$ cd ~/vkaibot_ws/src
$ catkin_create_pkgtopic_demo roscpp rospy std_msgs
//进入 topic_demo 功能包的 src 文件夹,创建一个自定义的节点 talker.cpp。
$ cd ~/vkaibot_ws/src/topic_demo/src
$ touch talker.cpp
```

节点文件的具体代码和相关注释如下。完整代码请扫二维码查看。

1. #include <ros/ros.h>
2. #include<std_msgs/String.h>
3. #include<sstream>
4. int main(int argc, char ** argv)
5. {

talker.cpp

```
6.      ros::init(argc, argv, "talker");    //初始化ROS节点,第三个参数指定了当前节点的名称
7.      ros::NodeHandle nh;                   //创建当前节点的句柄
8.      //利用句柄nh生成了一个广播对象pub,利用pub将消息发布到话题chatter上
        ros::Publisher pub = nh.advertise<std_msgs::String>("chatter", 1);
10.     ros::Rate loop_rate(1.0);
11.     int count = 0;
12.     while(ros::ok())
13.     {
14.         std_msgs::String msg;
15.         std::stringstream ss;
16.         ss << " hello world " << count;
17.         msg.data = ss.str();
18.         ROS_INFO("Talker: %s", msg.data.c_str());
19.         pub.publish(msg);        //将msg变量内的消息发布到话题上,供其他节点订阅
20.         loop_rate.sleep();       //确保消息的发布是按照预定的频率1Hz进行
21.         count++;
22.     }
23.     return 0;
24. }
```

2. 创建消息的订阅器

进入 topic_demo 功能包的 src 文件夹,创建一个自定义的节点 listener.cpp。

```
$ cd ~/vkaibot_ws/src/topic_demo/src
$ touch listener.cpp
```

节点文件的具体代码和相关注释如下。完整代码请扫二维码查看。

```
1. #include "ros/ros.h"
2. #include "std_msgs/String.h"
3. //当新消息被发布到chatter话题时,下面的回调函数会被执行
4. void chatterCallback(const std_msgs::String::ConstPtr& msg)
5. {
6.     ROS_INFO("I heard: [%s]", msg->data.c_str());
7. }
8.
9. int main(int argc, char ** argv)
10. {
11.     ros::init(argc, argv, "listener");
12.     ros::NodeHandle n;
13.     ros::Subscriber sub = n.subscribe("chatter", 1000, chatterCallback);
14.     //利用句柄n生成对象sub,用于订阅话题chatter,第三个参数为指向的回调函数
15.     ros::spin();
16.     return 0;
17. }
```

listener.cpp

3. 编译

编辑 topic_demo 功能包下的 CMakeLists.txt 文件，找到以下语句删去注释并修改。

```
include_directories(include ${catkin_INCLUDE_DIRS})
add_executable(talker src/talker.cpp)
target_link_libraries(talker ${catkin_LIBRARIES})
add_executable(listener src/listener.cpp)
target_link_libraries(listener ${catkin_LIBRARIES})
```

回到 vkaibot_ws 工作目录，执行以下语句进行编译。

```
$ cd ~/vkaibot_ws
$ catkin_make
```

4. 运行

编译成功后就可以运行节点了。首先启动 ROS。

```
$ roscore
```

开启一个新的终端，运行发布者节点。

```
$ rosrun topic_demo talker.cpp
```

再开启一个新的终端，运行订阅者节点。

```
$ rosrun topic_demo listener.py
```

如果运行正常，会在终端输出发布的消息和订阅的消息。

项目 5　创建运算服务通信模型

【情境导入】

在 ROS 的 4 种通信方式中，服务也是常用的一种通信方式。服务通信是一种双向同步通信方式，适用于不需要连续、不需要周期性发布消息的场合。服务通信模型包含客户端（client）和服务端（server）两部分，客户端请求服务，服务端应答服务。对于单次的任务，或者偶尔实现的功能，一般都使用服务通信方式来进行通信。

作为一名服务机器人应用技术员，请认真学习服务的通信机制，以及服务文件的结构与写法等专业知识，然后独立创建一个基于"请求–应答"的服务通信模型。此次运算服务是客户端输入两个整数，服务端接收后，将两个数相加求和并将结果反馈给客户端。

【学习目标】

1. 知识目标

（1）熟悉服务通信机制。
（2）熟悉服务文件。
（3）熟悉服务通信方式的适用场景。

2. 技能目标

（1）会创建客户端节点。
（2）会创建服务端节点。
（3）会正确创建请求–应答的服务通信模型。

3. 素养目标

（1）养成精益求精的学习态度。
（2）通过成功完成项目任务，提升学生自信心。

【知识导入】

一、服务通信机制

1. 服务

项目 4 学习的话题通信方式是 ROS 的一种单向异步通信方式。但是在有些应用场景中，单向异步的通信满足不了通信要求，例如，当一些节点只是临时的而不需要周期性地发布某些数据时，如果用话题通信方式就会消耗大量不必要的系统资源，造成系统的低效率和高功耗。

为了解决上述问题，ROS 提供了一种服务通信方式，它与话题通信方式不同。服务通信是双向的，它不仅可以发送消息，同时还会有反馈。因此，服务包括两部分，一部分是请求方，又称客户端；另一部分是应答方/服务提供方，又称服务端。请求方发送一个请求（request），要等待应答方处理，反馈回一个应答（reply），这样通过类似"请求–应答"机制完成了服务通信。

服务通信方式的原理如图 2-24 所示。节点 B 是应答方，它提供了一个服务，该服务称为"/service"。与话题类似，一般用 string 类型来指定服务的名称。节点 A 向节点 B 发起了请求，经过节点 B 处理后，节点 A 得到了来自节点 B 的反馈，也就是节点 B 应答了节点 A。这样就建立了"请求-应答"通信机制。

图 2-24 服务通信原理

服务是同步通信方式，当节点 A 发布请求后会在原地等待应答，直到节点 B 处理完请求并且完成了应答，节点 A 才会继续执行。节点 A 在等待过程中，一直处于阻塞状态。这样的通信模型没有频繁的消息传递、没有冲突、没有系统资源的高占用率，只有应答方接受请求才会执行服务，简单而且高效。

话题与服务是 ROS 中最常用的两种通信方式，它们的异同如表 2-26 所示。

表 2-26 话题与服务异同

名称	话题	服务
通信方式	异步通信	同步通信
实现原理	TCP/IP	TCP/IP
通信模型	发布-订阅	请求-应答
映射关系	发布-订阅（多对多）	请求-应答（多对一）
特点	订阅者收到数据会回调	远程过程调用服务端的服务
应用场景	连续、高频的数据发布	偶尔使用的功能或一项任务
实例	激光雷达、里程计发布数据	开关传感器、拍照、逆解计算

注意：这里的远程过程调用（remote procedure call，RPC），可以理解为在一个进程里调用另一个进程的函数。RPC 在分布式系统和应用程序设计中有着广泛应用，分布式操作系统必须为分布于异构结点机上的进程提供通信机制，RPC 实现了消息传送模式的分布式进程间通信，客户机可以通过远程数据库服务功能访问数据库服务器。

2. 服务操作命令

在实际应用中，服务通信方式的命令是 rosservice，具体的命令参数如表 2-27 所示。

表 2-27 rosservice 命令

命令	作用
rosservice list	显示服务列表
rosservice info	打印服务信息
rosservice type	打印服务类型
rosservice uri	打印服务 ROSRPC uri

续表

命令	作用
rosservice find	按服务类型查找服务
rosservice call	使用所提供的 args 调用服务
rosservice args	打印服务参数

二、服务文件

采用话题方式进行通信时，消息文件定义了话题的格式标准。同样，服务中的服务文件是用来描述服务的数据类型的，服务通信的数据格式都定义在服务文件中，服务文件一般以 .srv 作为后缀名。服务文件声明了一个服务，包括请求和应答两部分，两者中间使用三条短横线将请求和应答分割开来。

下面显示的是一个自定义的服务文件，该服务接收两个 32 位整数型变量 a 和 c，返回一个 32 位整数型的和 sum。

```
int32 a
int32 c
---
int32 sum
```

其中，a 和 c 是客户端的请求参数，sum 是服务端的计算结果。客户端将参数变量 a 和 c 传给服务端，服务端计算它们的和并存储到和 sum 中，再返回给客户端。

在实际应用中，服务通信方式的命令是 rossrv，具体的命令参数如表 2-28 所示。

表 2-28 rossrv 命令参数

命令参数	作用
rossrv show	显示服务描述
rossrv list	列出所有服务
rossrv md5	显示服务 md5
rossrv package	列出包中的服务
rossrv packages	列出包含服务的包

【任务实施】

按照下列步骤，采用 Python 编程语言，自主完成运算服务通信模型的创建任务。此次运算服务是客户端输入两个整数，服务端接收后，将两个数相加求和并将结果反馈给客户端。通信模型包含客户端节点和服务端节点两部分。

1. 创建自定义的服务文件

进入工作空间的 src 文件夹下，创建 service_demo 功能包。

```
$ cd ~/vkaibot_ws/src
$ catkin_create_pkg service_demo roscpp rospy std_msgs message_generation
```

进入 service_demo 功能包中,创建一个 srv 文件夹,用于存放服务文件。

```
$ cd ~/vkaibot_ws/src/service_demo
$ mkdir srv
```

在 srv 文件夹中创建一个自定义的服务文件 AddTwoInt.srv。

```
$ cd ~/vkaibot_ws/src/service_demo/srv
$ touch AddTwoInt.srv
```

上述服务文件的具体代码如下。该文件指明了本次服务是接收两个 64 位整数型变量 a 和 b,返回一个 64 位整数型的和 sum。

```
int64 a
int64 b
---
int64 sum
```

退回到 service_demo 路径下,打开 CMakeLists.txt 文件,找到以下语句,删去注释并修改,将自定义的服务文件添加进来。

```
add_service_files(
  FILES
  AddTwoInt.srv
)
```

打开 service_demo 路径下的 package.xml 文件,添加以下内容。

```
<build_depend>message_generation</build_depend>
<exec_depend>message_runtime</exec_depend>
```

回到 vkaibot_ws 工作目录,执行以下语句,进行编译。

```
$ cd ~/vkaibot_ws
$ catkin_make
```

编译成功后,输入 rossrv show 命令,显示自定义的服务文件内容,终端会输出图 2-25 所示的内容。

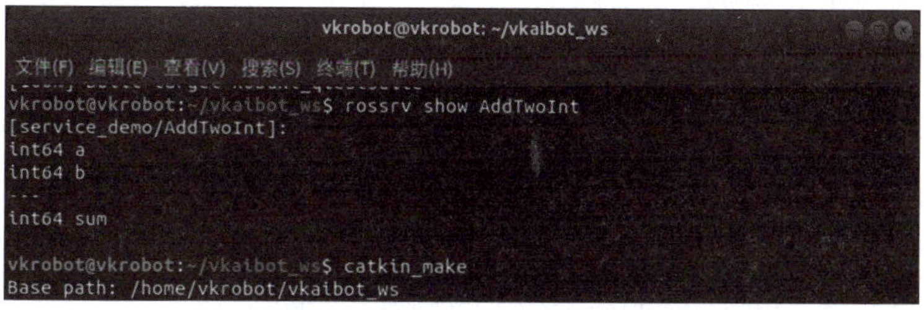

图 2-25 终端显示服务文件内容

打开 service_demo 包中的 CMakeLists.txt 文件，找到以下内容并删除注释。然后回到工作空间 vkaibot_ws 路径下，重新用 catkin_make 命令进行编译。

```
generate_messages(
  DEPENDENCIES
  std_msgs
)
```

2. 创建服务端节点

进入 service_demo 功能包中，创建一个 scripts 文件夹，用于存放脚本。

```
$ cd ~/vkaibot_ws/src/service_demo
$ mkdir scripts
```

在 scripts 文件夹中创建一个服务端节点 add_server.py。

```
$ touch add_server.py
```

节点文件的具体代码和相关注释如下。完整代码请扫二维码查看。

```
1.  #! /usr/bin/env python
2.  from __future__ import print_function
3.  from service_demo.srv import AddTwoInt,AddTwoIntResponse
4.  import rospy
5.
6.  def handle_add_two_int(req):
7.      print("returning [% s + % s = % s]"% (req.a,req.b,(req.a + req.b)))
8.      return AddTwoIntResponse(req.a + req.b)
9.
10. def add_two_int_server():
11.     rospy.init_node(' add_server' )
12.     s = rospy.Service(' add_two_int' ,AddTwoInt,handle_add_two_int)
13.     #在这条语句中声明服务，名为 add_two_int，服务类型为 AddTwoInt
14.     #服务的回调函数为 handle_add_two_int
15.     #回调函数的参数为 AddTwoIntRequest，返回 AddTwoIntRespose
16.     print("Ready to add")
17.     rospy.spin()
18.
19. if __name__ == "__main__":
20.     add_two_int_server()
```

add_server.py

为自定义的服务端节点添加可执行权限。

```
$ chmod +x add_server.py
```

至此，服务端节点创建完成。

3. 创建客户端节点

在 scripts 文件夹中创建一个自定义的节点 add_client.py。

```
$ touch add_client.py
```

节点文件的具体代码和相关注释如下。完整代码请扫二维码查看。

```python
1.  #! /usr/bin/env python
2.  from __future__ import print_function
3.
4.  import sys
5.  import rospy
6.  from service_demo.srv import *
7.
8.  def add_client(x,y):
9.      rospy.wait_for_service('add_two_int')
10.     #这个函数会暂停运行直到服务 add_two_int 可以运行
11.     try:
12.         add_two_int = rospy.ServiceProxy('add_two_int',AddTwoInt)
13.         #在这里声明了服务的类型是 AddTwoInt，它生成了 AddTwoIntRequest 对象
14.         #调用后返回的是 AddTwoIntResponse 对象
15.
16.         resp1 = add_two_int(x,y)
17.         return resp1.sum
18.     except rospy.ServiceException as e:
19.         print("Service call failed: %s"% e)
20.
21. def usage():
22.     return "%s [x y]"% sys.argv[0]
23.
24. if __name__ == "__main__":
25.     if len(sys.argv) == 3:
26.         x = int(sys.argv[1])
27.         y = int(sys.argv[2])
28.     else:
29.         print(usage())
30.         sys.exit(1)
31.     print("Requesting %s+%s"%(x, y))
32.     print("%s + %s = %s"%(x, y, add_client(x, y)))
```

add_client.py

为自定义节点添加可执行权限。

```
$ chmod +x add_client.py
```

至此，客户端节点创建完成。

4. 编译系统

编辑 service_demo 下的 CMakeLists.txt 文件，找到以下语句，删去注释并修改，以确保 Python 文件正确加载和执行。

```
catkin_install_python(PROGRAMS scripts/add_client.py scripts/add_server.py
  DESTINATION ${CATKIN_PACKAGE_BIN_DESTINATION}
)
```

回到 vkaibot_ws 工作目录，执行以下语句，进行编译。

```
$ cd ~/vkaibot_ws
$ catkin_make
```

5. 运行

编译成功后就可以运行节点了。首先启动 ROS。

```
$ roscore
```

开启一个新的终端，运行服务端节点。

```
$ rosrun service_demo add_server.py
```

如果节点运行正常，会在服务端终端输出图 2-26 所示的内容。此时，服务端已经准备好提供服务了。

图 2-26 服务端终端输出

再开启一个新的终端，运行客户端节点。

```
$ rosrun service_demo add_client.py
```

如果运行正常，客户端终端会输出带方括号[x y]的一行语句，提醒在运行客户端节点时要在命令后面加上需要相加的两个加数。然后，重新输入运行节点命令，并在命令最后输入加数 1 和 5。回车后客户端终端输出结果如图 2-27 所示。

图 2-27 回车后客户端终端输出

同时，在运行服务端节点的终端会同步输出图 2-28 所示的结果。这就表示服务端接收了客户端的请求，并在接收数据后将运算结果反馈给客户端。至此，创建的"请求–应答"通信模型成功进行了一次服务通信。

图 2-28　服务端输出结果

在工作空间目录下运行 rosservice list 命令，可以在终端看到当前所有支持的服务，结果如图 2-29 所示。

图 2-29　终端列出所有的服务

本项目的完整功能包请扫二维码查看。

service 功能包

【任务评价】

班级		姓名		日期		
自我评价	1. 是否熟悉服务通信方式的概念					□是　□否
	2. 是否熟悉服务通信原理					□是　□否
	3. 是否熟悉服务文件的格式规范和写法					□是　□否
	4. 是否能正确创建服务端节点					□是　□否
	5. 是否能正确创建客户端节点					□是　□否
	6. 是否能正确创建服务通信模型					□是　□否
自我总结						

续表

班级		姓名		日期		
小组评价	是否遵守课堂纪律					□优 □良 □中 □差
	是否遵守"服务机器人应用技术员"职业守则					□优 □良 □中 □差
	是否积极与小组成员团结协作完成项目任务					□优 □良 □中 □差
	是否积极参与课堂教学活动					□优 □良 □中 □差
异常情况记录						

【任务拓展】

为了更好地掌握专业技能，掌握用 C++ 语言创建服务通信模型的方法和流程，请按照以下步骤完成拓展任务。

1. 创建自定义的服务文件

进入工作空间的 src 文件夹下，创建 service_demo 功能包。

```
$ cd ~/vkaibot_ws/src
$ catkin_create_pkg service_demo roscpp rospy std_msgs message_generation
```

进入 service_demo 功能包中，创建一个 srv 文件夹，用于存放服务文件。

```
$ cd ~/vkaibot_ws/src/service_demo
$ mkdir srv
```

进入 srv 文件夹，创建一个自定义的服务文件 AddTwoInt.srv。

```
$ touch AddTwoInt.srv
```

服务文件的具体代码如下。

```
int64 a
int64 b
---
int64 sum
```

退回到 service_demo 路径下，打开 CMakeLists.txt 文件，找到以下语句，删去注释并修改，将自定义的服务文件添加进来。

```
add_service_files(
  FILES
  AddTwoInt.srv
```

)
generate_messages(
 DEPENDENCIES
 std_msgs
)

打开 service_demo 路径下的 package.xml 文件，添加以下内容。

<build_depend>message_generation</build_depend>
<exec_depend>message_runtime</exec_depend>

回到 vkaibot_ws 工作目录，执行以下语句进行编译。

$ cd ~/vkaibot_ws
$ catkin_make

2. 创建服务端节点

进入 service_demo 功能包的 src 文件夹，创建一个服务端节点 add_server.cpp。

$ cd ~/vkaibot_ws/src/service_demo/src
$ touch add_server.cpp

节点文件的具体代码和相关注释如下。完整代码请扫二维码查看。

```
1.  #include "ros/ros.h"
2.  #include "service_demo/AddTwoInt.h"
3.
4.  bool add(service_demo::AddTwoInt::Request &req, service_demo::AddTwoInt::Response&res)
5.  //此函数提供两数相加服务,接收根据服务文件定义的请求和响应数据,返回一个 bool 数
6.  {
7.     res.sum = req.a + req.b;
8.     ROS_INFO("request: x=%ld, y=%ld", (long int)req.a, (long int)req.b);
9.     ROS_INFO("sending back response: [%ld]", (long int)res.sum);
10.    return true;
11. }
12.
13. int main(int argc, char ** argv)
14. {
15.    ros::init(argc, argv, "add_two_int_server");
16.    ros::NodeHandle n;
17.
18.    ros::ServiceServer service = n.advertiseService("add_two_int", add);
19.    ROS_INFO("Ready to add two int.");
20.    ros::spin();
21.
22.    return 0;
23. }
```

add_server.cpp

3. 创建客户端节点

进入 service_demo 功能包的 src 文件夹,创建一个服务端节点 add_client.cpp。

```
$ cd ~/vkaibot_ws/src/service_demo/src
$ touch add_client.cpp
```

节点文件的具体代码和相关注释如下。完整代码请扫二维码查看。

```
1.  #include "ros/ros.h"
2.  #include "service_demo/AddTwoInt.h"
3.  #include <cstdlib>
4.
5.  int main(int argc, char ** argv)
6.  {
7.    ros::init(argc, argv, "add_two_int_client");
8.    if (argc ! = 3)
9.    {
10.     ROS_INFO("usage: add_two_int_client X Y");
11.     return 1;
12.   }
13.
14.   ros::NodeHandle n;
15.   ros::ServiceClient client = n.serviceClient<service_demo::AddTwoInt>("add_two_int");
16.   service_demo::AddTwoInt srv;     //声明一个自动生成的服务,将命令行参数赋值给它的请求
17.   srv.request.a = atoll(argv[1]);
18.   srv.request.b = atoll(argv[2]);
19.   if (client.call(srv))
20.   {
21.     ROS_INFO("Sum: %ld", (long int)srv.response.sum);
22.   }
23.   else
24.   {
25.     ROS_ERROR("Failed to call service add_two_ints");
26.     return 1;
27.   }
28.
29.   return 0;
30. }
```

add_client.cpp

4. 编译系统

编辑 service_demo 下的 CMakeLists.txt 文件,找到以下语句,删去注释并修改。

```
add_executable(add_server src/add_server.cpp)
target_link_libraries(add_server ${catkin_LIBRARIES})
add_dependencies(add_server ${PROJECT_NAME}_gencpp)
add_executable(add_client src/add_client.cpp)
```

```
target_link_libraries(add_client ${catkin_LIBRARIES})
add_dependencies(add_client ${PROJECT_NAME}_gencpp)
```

回到 vkaibot_ws 工作目录，执行以下语句，进行编译。

```
$ cd ~/vkaibot_ws
$ catkin_make
```

5. 运行

编译成功后就可以运行节点了。首先启动 ROS。

```
$ roscore
```

开启一个新的终端，运行服务端节点。

```
$ rosrun service_demo add_server.cpp
```

再开启一个新的终端，运行客户端节点。

```
$ rosrun service_demo add_client.cpp
```

如果节点运行正常，观察此次运算服务的结果。

项目 6　创建清洗动作通信模型

【情境导入】

在 ROS 的 4 种通信方式中，动作库也是比较常用的一种通信方式。动作库通信也是一种"请求-应答"机制的双向同步通信方式，这种通信方式弥补了服务通信的不足，具有很高的通信效率。动作库通信也包含客户端和服务端两部分，适合需要长时间执行的任务。

作为一名服务机器人应用技术员，请认真学习动作库的通信原理，以及动作文件的结构与写法等专业知识，然后独立创建一个基于"请求-应答"的动作通信模型。此次清洗动作描述了一个洗盘子的任务。客户端发送清洗的动作请求后，服务端接收到请求后开始清洗，同时反馈洗盘子的实时进度，清洗动作完成后，服务端反馈清洗完毕的结果给客户端。

【学习目标】

1. 知识目标

（1）熟悉动作库通信机制。

（2）熟悉动作文件。

2. 技能目标

（1）会创建动作库通信的客户端节点。

（2）会创建动作库通信的服务端节点。

（3）会正确创建动作库通信模型。

3. 素养目标

（1）养成精益求精的学习态度。

（2）塑造学生的自信人格。

【知识导入】

1. 动作库通信机制

在 ROS 中，有一个很重要的库——动作库。类似于服务通信机制，动作库通信机制也是一种"请求-应答"机制的双向通信方式。在有些应用场合，当机器人执行一个需要长时间才能完成的任务时，如果采用服务通信方式进行通信，客户端可能会很长时间收不到反馈，通信将会受阻。动作库通信方式带有连续反馈，可以不断反馈任务进度，弥补了服务通信的不足，比较适合长时间的通信。在使用动作库进行通信时，客户端可以随时查看过程进度，也可以终止请求，这样的通信机制拥有很高的通信效率。

动作库也采用客户端/服务端的工作模式，通信双方在动作库定义的动作协议（action protocol）下进行通信，利用消息进行数据的交流通信。客户端和服务端为用户提供了一个简单的 API 来实现通信。在客户端，用户可以利用这个 API 来发送目标；在服务端，可以利用这个 API 通过函数回调和函数调用来执行目标，其通信机制如图 2-30 所示。

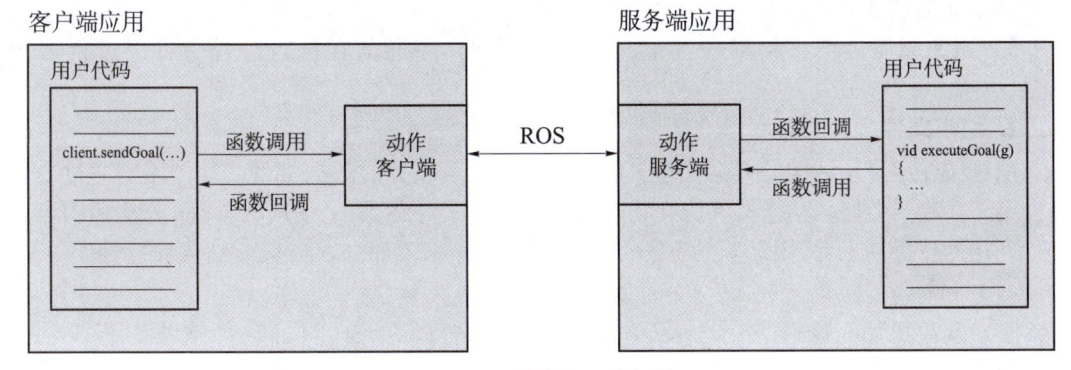

图 2-30 动作库通信机制

动作协议是基于 ROS 的话题机制实现的。如图 2-31 所示，客户端向服务器发送目标命令，以及在必要的时候发送取消任务命令。服务端则可以给客户端发送实时的状态信息、结果信息、反馈信息等。图 2-31 所示的 5 类话题具体如下。

1）目标（goal）：发布任务目标。
2）取消（cancel）：请求取消任务。
3）状态（status）：通知客户端当前的状态。
4）反馈（feedback）：周期性反馈任务运行的监控数据。
5）结果（result）：向客户端发送任务执行的最终结果，只发布一次。

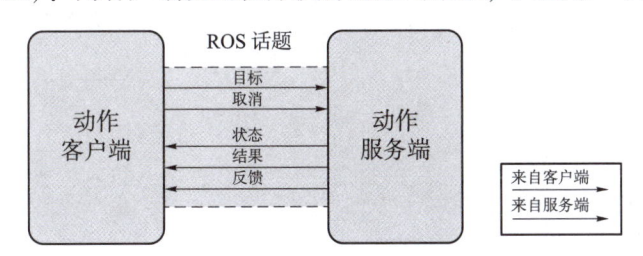

图 2-31 动作接口原理

服务与动作库是 ROS 中常用的两种通信方式。服务通信方式好比客户（client）到服装店买衣服，客户当场选好衣服（request），老板（server）收银后，客户购得衣服（reply）。动作库通信方式则是客户（client）以网购的方式购买衣服，客户在网上下单（goal），也可以取消订单（cancel），下单成功后，网络商家（server）发送订单确认通知、物流信息等（feedback），客户可以实时查询订单的状态（status），最后衣服送达（result）。

服务通信与动作库通信的相同点有以下 3 点。
1）两种通信方式都是双向同步通信方式。
2）两种通信方式都采用请求-应答机制，有客户端和服务端。
3）两种通信方式都只发送一次请求，并且都会收到最终结果。

服务通信与动作库通信的不同点有以下 3 点。
1）服务通信的服务端任务启动后在执行过程中不可取消，而动作库通信的客户端可以在动作执行过程中发送命令取消服务端任务。

2）服务通信只有两类话题的请求和应答，动作库通信则包含目标、状态、取消、反馈和结果 5 类话题。

3）服务通信过程只给出一次最终结果，而动作库通信在执行过程中可以进行多次反馈。

2. 动作文件

消息文件定义了话题的数据类型，服务文件定义了服务的数据类型，动作库则通过动作文件定义其数据类型。动作文件放在功能包的 action 文件夹下，一般以 .action 作为后缀名。

利用动作库进行请求响应，动作文件的内容包含 3 个部分：目标、结果和反馈。

（1）目标

客户端让机器人执行一个动作，应该发送明确的目标信息，包括一些参数的设定，方向、角度、速度等，从而使机器人能够完成动作任务。

（2）结果

当动作任务完成时，动作服务器把本次动作的结果数据发送给客户端，使客户端得到本次动作的全部信息，结果数据可以包含机器人的运动时长、最终姿势等。

（3）反馈

在动作进行的过程中，应该有实时的状态信息反馈给服务器的实施者，告诉实施者动作完成的状态，可以使实施者作出准确的判断去修正命令。

动作文件的格式如下。

```
#定义目标数据类型
Datatype goal
---
#定义结果数据类型
Datatype result
---
#定义过程中的反馈消息类型
Datatype feedback
```

3. 动作文件创建实例

建筑工地上的机器人要执行一个搬运动作，客户端会向服务端发送搬运目标命令，服务端收到目标命令后开始执行动作。在搬运过程中，服务端会不断发送反馈信息，让客户端知道当前动作的执行进度。动作任务执行完成后，服务端会发送结果信息，这样就完成了一次搬运动作通信。

首先创建动作文件，命名为 handle.action，其内容如下。

```
#定义目标信息
uint32 handle_id
---
#定义结果信息
uint32 handle_completed
---
#定义过程中的反馈信息
float32 percent_complete
```

创建动作文件后，还需要将这个文件进行编译，在功能包的 CMakeLists.txt 文件中添加如下编译规则。

```
find_package(catkin REQUIRED genmsg actionlib_msgs actionlib)
add_action_files(DIRECTORY action FILES handle.action)
generate_messages(DEPENDENCIES actionlib_msgs)
```

修改 package.xml，添加所需要的依赖项如下。

```
<build_depend>actionlib </build_depend>
<build_depend>actionlib_msgs</build_depend>
<run_depend>actionlib</run_depend>
<run_depend>actionlib_msgs</run_depend>
```

最后回到工作空间 catkin_ws 进行编译。至此，动作文件创建成功。

【任务实施】

按照下列步骤，自主完成 DoDishes 动作库通信模型的创建任务。此次动作描述了一个洗盘子的任务。客户端发送清洗的动作请求后，服务端收到请求后开始清洗，同时反馈洗盘子的实时进度，清洗完成后，反馈清洗完毕的结果给客户端。通信模型包含客户端节点和服务端节点两个部分。

1. 创建自定义的动作文件

进入工作空间的 src 文件夹下，创建 actionlib_demo 功能包。

```
$ cd ~/vkaibot_ws/src
$ catkin_create_pkg action_demo roscpp rospy std_msgs message_generation actionlib actionlib_msgs
```

进入 actionlib_demo 功能包，创建一个 action 文件夹，用于存放动作文件。

```
$ cd ~/vkaibot_ws/src/actionlib_demo
$ mkdir action
```

在 action 文件夹中创建一个自定义的 action 文件，命名为 DoDishes.action。

```
$ touch DoDishes.action
```

上述 DoDishes 动作文件的具体代码如下。该文件定义了本次动作的目标数据类型为无符号的 32 位整型数，结果数据类型为 32 位整型数，过程中的反馈消息类型为 32 位浮点数。

```
uint32 dishwasher_id
---
int32 total_dishes_cleaned
---
float32 percent_complete
```

返回 actionlib_demo 功能包路径下，打开 CMakeLists.txt 文件，找到以下语句，删去注释并修改，将自定义的动作文件添加进来。

```
find_package(catkin REQUIRED COMPONENTS actionlib_msgs)
add_action_files(
  DIRECTORY action
  FILES DoDishes.action
)
generate_messages(
  DEPENDENCIES
actionlib_msgs
std_msgs
)
catkin_package(
  CATKIN_DEPENDS actionlib_msgs
)
```

打开 actionlib_demo 功能包的 package.xml 文件，添加以下语句。

```
<exec_depend>message_generation</exec_depend>
```

然后回到 vkaibot_ws 工作目录，执行以下语句，进行编译。

```
$ cd ~/vkaibot_ws
$ catkin_make
```

编译成功后，ROS 会自动根据动作文件内容生成消息文件。生成的消息文件可以在 vkaibot_ws/devel/share/actionlib_demo/msg/ 路径下查看，如图 2-32 所示。依据消息文件生成的头文件，可以在 vkaibot_ws/devel/include/actionlib_demo/ 路径下查看，如图 2-33 所示。

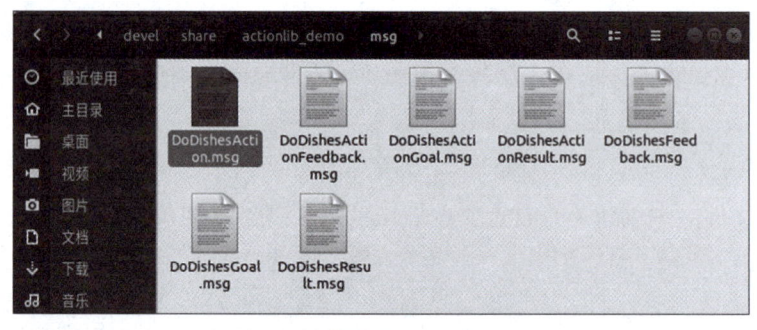

图 2-32 自动生成的消息文件

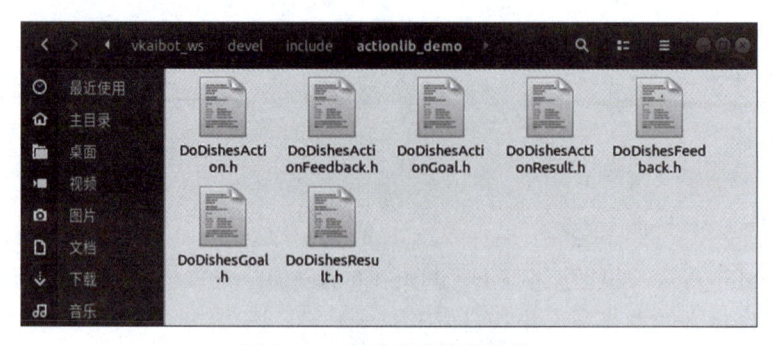

图 2-33 自动生成的头文件

2. 创建服务端节点

进入 actionlib_demo 功能包的 src 目录下,创建一个名为 DoDishes_server.cpp 的服务端节点文件。注意,这里的 src 目录是功能包的 src 文件夹,不是工作空间的 src 文件夹。

```
$ cd ~/vkaibot_ws/src/actionlib_demo/src
$ touch DoDishes_server. cpp
```

服务端节点文件的具体代码和相关注释如下。完整代码请扫二维码查看。

```
1.  #include <ros/ros. h>
2.  #include <actionlib/server/simple_action_server. h>
3.  #include "actionlib_demo/DoDishesAction. h"
4.
5.  typedef actionlib::SimpleActionServer<actionlib_demo::DoDishesAction> Server;
6.
7.  //收到动作的目标信息后调用的回调函数
8.  void execute(const actionlib_demo::DoDishesGoalConstPtr& goal, Server* as)
9.  {
10.     ros::Rate r(1);
11.     actionlib_demo::DoDishesFeedback feedback;
12.
13.     ROS_INFO("Dishwasher % d is working. ", goal- >dishwasher_id);
14.
15.     //假设的进度,并且按照 1 Hz 的频率反馈洗盘子的进度
16.     for(int i=1; i<=10; i++)
17.     {
18.         feedback. percent_complete = i * 10;
19.         as- >publishFeedback(feedback);
20.         r. sleep();
21.     }
22.
23.     //当动作完成后,向客户端返回结果
24.     ROS_INFO("Dishwasher % d finish working. ", goal- >dishwasher_id);
25.     as- >setSucceeded();
26. }
27.
28. int main(int argc, char**  argv)
29. {
30.     ros::init(argc, argv, "do_dishes_server");
31.     ros::NodeHandle n;
32.
33.     //定义一个服务器。do_dishes 是服务器的名字。第三个参数是收到目标信息时的返回函数
34.     Server server(n, "do_dishes", boost::bind(&execute, _1, &server), false);
35.
36.     //服务器开始运行
37.     server. start();
```

DoDishes_server.cpp

38.
39.　　ros::spin();
40.　　return 0;
41. }

保存文件，动作通信的服务端节点创建完成。

3. 创建客户端节点

在 actionlib_demo 功能包的 src 目录下，创建一个名为 DoDishes_client.cpp 的客户端节点文件。

```
$ cd ~/vkaibot_ws/src/actionlib_demo/src
$ touch DoDishes_client.cpp
```

客户端节点文件的具体代码和相关注释如下。完整代码请扫二维码查看。

1. #include <actionlib/client/simple_action_client.h>
2. #include "actionlib_demo/DoDishesAction.h"
3.
4. typedef actionlib::SimpleActionClient<actionlib_demo::DoDishesAction> Client;
5.
6. //当动作执行完成后会调用此回调函数一次
7. void doneCb(const actionlib::SimpleClientGoalState& state,
8. 　　const actionlib_demo::DoDishesResultConstPtr& result)
9. {
10. 　　ROS_INFO("Now! All dishes are clean!");
11. 　　ros::shutdown();
12. }
13.
14. //当动作激活后会调用此回调函数一次
15. void activeCb()
16. {
17. 　　ROS_INFO("Goal just went active");
18. }
19.
20. //收到反馈后调用的回调函数
21. void feedbackCb(const actionlib_demo::DoDishesFeedbackConstPtr& feedback)
22. {
23. 　　ROS_INFO(" percent_complete : % f ", feedback->percent_complete);
24. }
25.
26. int main(int argc, char**　argv)
27. {
28. 　　ros::init(argc, argv, "do_dishes_client");
29.
30. 　　//定义一个客户端，接入 do_dishes 的服务端。true 表示无需使用 ros::spin()，默认 true

DoDishes_client.cpp

```
31.    Client client ( " do_ dishes", true ) ;
       //等待服务端
34.    ROS_ INFO ( " Waiting for action server to start. " ) ;
35.    client. waitForServer ( ) ;
36.    ROS_ INFO ( " Action server started, sending goal. " ) ;
37.
38.    //创建一个动作的目标
39.    actionlib_ demo:: DoDishesGoal goal;
40.    goal. dishwasher_ id = 1;
41.
42.    //发送动作的目标给服务端,并且设置回调函数
43.    client. sendGoal ( goal, &doneCb, &activeCb, &feedbackCb ) ;
44.
45.    ros:: spin ( ) ;
46.    return 0;
47.    }
```

保存文件，动作通信的客户端节点创建完成。

4. 编译

编辑 actionlib_demo 包下的 CMakeLists.txt，找到以下配置项，删去注释并修改。

```
include_directories(include ${catkin_INCLUDE_DIRS} )

add_executable(DoDishes_server src/ DoDishes_server. cpp)
add_executable(DoDishes_client src/ DoDishes_client. cpp)

add_dependencies(DoDishes_server ${PROJECT_NAME}_gencpp)
add_dependencies(DoDishes_client ${PROJECT_NAME}_gencpp)

target_link_libraries( DoDishes_server
 ${catkin_LIBRARIES}
)
target_link_libraries( DoDishes_client
 ${catkin_LIBRARIES}
)
```

回到 vkaibot_ws 工作目录，执行以下语句，进行编译。

```
$ cd ~/vkaibot_ws
$ catkin_make
```

5. 运行

编译成功后，使用如下命令运行客户端节点。

```
$ rosrun actionlib_demo DoDishes_client
```

由于服务端没有启动，客户端会保持等待，其终端输出结果如图 2-34 所示。

图 2-34　客户端终端输出结果

然后使用如下命令启动服务端节点。

$ rosrun actionlib_demo DoDishes_server

节点正常运行后，服务端会立刻收到客户端的请求，并且开始执行动作任务、发送反馈信息，在客户端可以看到反馈的清洗进度信息，进度信息以 1 Hz 的频率发布。客户端终端输出结果如图 2-35 所示。

图 2-35　客户端终端输出结果

同时，在服务端节点的终端会输出图 2-36 所示的状态信息。在动作执行过程中，服务端节点的终端输出的信息是"Dishwasher 1 is working"。在动作执行完成后，服务端节点的终端输出的信息是"Dishwasher 1 finish working"。这就表示服务端接收了客户端的请求，并反馈了状态信息和最终结果。至此，创建的"请求-应答"动作库通信模型成功进行了一次动作通信。

本项目的完整功能包请扫二维码查看。

图 2-36　服务端终端输出的最终结果

actionlib 功能包

【任务评价】

班级		姓名		日期		
自我评价	1. 是否熟悉动作库通信方式的概念				□是	□否
	2. 是否熟悉动作通信原理				□是	□否
	3. 是否熟悉动作文件的格式规范				□是	□否
	4. 是否能正确编写动作文件				□是	□否
	5. 是否能正确创建客户端和服务端节点				□是	□否
	6. 是否能正确创建动作库通信模型				□是	□否
自我总结						
小组评价	是否遵守课堂纪律				□优 □良 □中 □差	
	是否遵守"服务机器人应用技术员"职业守则				□优 □良 □中 □差	
	是否积极与小组成员团结协作完成项目任务				□优 □良 □中 □差	
	是否积极参与课堂教学活动				□优 □良 □中 □差	
异常情况记录						

【任务拓展】

为了更好地掌握专业技能,掌握用 Python 语言创建动作库通信模型的方法和流程,请按照以下步骤创建一项阶乘运算的动作库通信模型。

1. 创建自定义的动作文件

进入工作空间的 src 文件夹下,创建 actionlib_demo 功能包。

```
$ cd ~/vkaibot_ws/src
$ catkin_create_pkg action_demo roscpp rospy std_msgs message_generation actionlib actionlib_msgs
```

进入 actionlib_demo 功能包,创建一个 action 文件夹用于存放动作文件。

```
$ cd ~/vkaibot_ws/src/actionlib_demo
$ mkdir action
```

在 action 文件夹中创建一个自定义的动作文件，命名为 Factorial. action。

```
$ touch Factorial. action
```

Factorial 动作文件的具体代码和相关注释如下。

```
#目标值 goal
int64 calculate_goal
---
#最终结果 result
int64 final_sum
---
#连续反馈 feedback
float64 percent_complete
```

退回 actionlib_demo 功能包路径下，打开 CMakeLists. txt 文件，找到以下语句，删去注释并修改。

```
find_package(catkin REQUIRED COMPONENTS
  std_msgs
  message_generation
  message_runtime
  actionlib_msgs
)

add_action_files(
  DIRECTORY action
  FILES Factorial. action
)

generate_messages(
  DEPENDENCIES
  actionlib_msgs
  std_msgs
)

catkin_package(
  CATKIN_DEPENDS
  actionlib_msgs
  std_mags
)
```

打开 actionlib_demo 功能包的 package. xml 文件，添加以下内容。

```
<exec_depend>message_generation</exec_depend>
<exec_depend>message_runtime</exec_depend>
```

然后回到 vkaibot_ws 工作目录，执行以下语句，进行编译。

$ cd ~/vkaibot_ws
$ catkin_make

2. 创建服务端节点

进入 service_demo 功能包中，创建一个 scripts 文件夹，用于存放脚本。

$ cd ~/vkaibot_ws/src/service_demo
$ mkdir scripts

在 scripts 文件夹中创建一个服务端节点 action_server.py

$ touch action_server.py

服务端节点文件的具体代码和相关注释如下。代码详见二维码数字资源。

```
1. #! /usr/bin/env python
1. #coding=utf-8
3.
4. import rospy
5. import actionlib
6.
7. class ActionServer():
8.     def __init__(self,node_name):
9.         rospy.init_node(node_name)
10.        rospy.loginfo("[%s]节点已生成" % node_name)
11.
12.        self.server = actionlib.SimpleActionServer('factorial',FactorialAction,self.cb,False)
13.        self.server.start()
14.        rospy.loginfo("服务器已启动")
15.
16.    def cb(self,goal):
17.        rospy.loginfo("服务器处理请求……")
18.        #解析目标值
19.        num = goal.calculate_goal
20.        #计算阶乘,连续反馈
21.        rate = rospy.Rate(10)
22.        sum = 1
23.
24.        for i in range(1,num + 1):
25.            if num == 0:
26.                break
27.            sum = sum * i
28.            feedBack = float(i) / float(num)
```

action_server.py

```
29.        rospy.loginfo("当前进度:%.2f" % feedBack)
30.        feedBack_obj = FactorialFeedback()
31.        feedBack_obj.percent_complete = feedBack
32.        self.server.publish_feedback(feedBack_obj)
33.        rate.sleep()
34.
35.        #响应最终结果
36.        result = FactorialResult()
37.        result.final_sum = sum
38.        self.server.set_succeeded(result)
39.        rospy.loginfo("响应结果:%d" % sum)
40.
41. def main():
42.     ActionServer("action_server")
43.     rospy.spin()
44.
45. if __name__ == '__main__':
46.     main()
```

为自定义的服务端节点添加可执行权限。

```
$ chmod +x action_server.py
```

至此，服务端节点创建完成。

3. 创建客户端节点

在 actionlib_demo 功能包的 scripts 目录下，创建一个名为 action_client.py 的客户端节点文件。

```
$ touch action_client.cpp
```

客户端节点文件的具体代码和相关注释如下。代码详见二维码数字资源。

```
1. #!/usr/bin/env python
2. #coding:utf-8
3. import roslib
4. import sys
5.
6. class ActionClient():
7.     def __init__(self,node_name):
8.         rospy.init_node(node_name)
9.         self.client = actionlib.SimpleActionClient("factorial",FactorialAction)
10.        rospy.loginfo("等待服务器响应......")
11.        self.client.wait_for_server()
12.
```

action_client.py

```
13.    def send_goal(self,goal):
14.        goal_obj = FactorialGoal()
15.        goal_obj.calculate_goal = goal
16.        self.client.send_goal(goal_obj,self.done_cb,self.active_cb,self.feedback_cb)
17.
18.    def done_cb(self,state,result):
19.        if state == actionlib.GoalStatus.SUCCEEDED:
20.            rospy.loginfo("响应结果：%d" % result.final_sum)
21.
23.    def active_cb(self):
24.        rospy.loginfo("服务被激活......")
25.
25.    def feedback_cb(self,fb):
26.        rospy.loginfo("当前进度：%.2f" % fb.percent_complete)
28.
29. def main():
30.     client = ActionClient("action_client")
31.     if len(sys.argv) == 2:
32.         goal = int(sys.argv[1])
33.     else:
34.         rospy.logwarn("请输入一个不小于0的整数！")
35.         return
36.     goal = client.send_goal(goal)
37.     rospy.spin()
38.
39. if __name__ == '__main__':
40.     main()
```

为自定义的节点添加可执行权限。

```
$ chmod +x action_client.py
```

至此，客户端节点创建完成。

4. 编译系统

编辑 action_demo 下的 CMakeLists.txt 文件，找到以下语句，删去注释并修改。

```
catkin_install_python(PROGRAMS scripts/action_client.py scripts/action_server.py
  DESTINATION ${CATKIN_PACKAGE_BIN_DESTINATION}
)
```

回到 vkaibot_ws 工作目录，执行以下语句，进行编译。

```
$ cd ~/vkaibot_ws
$ catkin_make
```

5. 运行

编译成功后就可以运行节点了。首先启动 ROS。

```
$ roscore
```

开启一个新的终端,运行服务端节点。

```
$ rosrun action_demo action_server.py
```

再开启一个新的终端,运行客户端节点。

```
$ rosrun action_demo action_client.py
```

输入一个大于 0 的整数后观察阶乘结果。

模块 3　服务机器人的典型项目任务

案例引入 <<<

服务机器人已经在人类生活中广泛应用，它可以代替人类或帮助人类完成很多重要的工作和典型的任务。

在舞台上，舞蹈机器人可以翩翩起舞为人类表演节目；在展览馆，会展机器人可以为人类绘声绘色地介绍展品；在大堂，迎宾机器人可以同人类语音交流沟通；在智能楼宇的入口，门禁机器人可以识别人脸，起到安保作用；在日常家居中，扫地机器人在清扫之前都会自建地图；在仓库内，安防机器人可以实现自动多点巡航；在快递公司，物流机器人可以实现货品的自动分拣；在果园里，采摘机器人可以实现成熟果实的识别与采摘。本模块将带领大家全方位地深入服务机器人典型工作项目的开发。

项目 1　舞蹈机器人转圈行走

【情境导入】

某市正在紧锣密鼓地筹备盛大的元旦晚会，为了给市民带来一场别开生面的视觉盛宴，举办方决定让舞蹈机器人穿上华美的服装上台表演舞蹈。这一决定立刻激发了广大市民的期待与好奇。为此，举办方召集了一支技术精英团队来完成舞蹈机器人的开发任务。李工程师是技术团队中的一员，专门负责舞蹈机器人舞步动作的项目开发。

让我们跟随李工程师，编程控制舞蹈机器人前进、后退及转圈的舞步动作。

【学习目标】

1. 知识目标

（1）熟悉服务机器人的坐标系与位姿。
（2）掌握两轮机器人的运动控制原理。
（3）理解坐标变换的概念。

2. 技能目标

（1）能正确控制服务机器人运动。
（2）能正确编程控制舞蹈机器人不同的舞步动作。

3. 素养目标

（1）培养科技强国的使命感。

（2）进一步培养自信心，激发学习潜能。

【知识导入】

1. 坐标系与位姿描述

（1）服务机器人的坐标系

描述物体的运动需要选取一个参照物，要正确控制机器人运动必须知道机器人的坐标系。在ROS服务机器人项目开发中，坐标系的定义遵循右手定则，机器人的前方为x轴的正方向，机器人的水平左方向为y轴正方向，机器人的上方为z轴正方向。坐标系方向如图3-1所示。

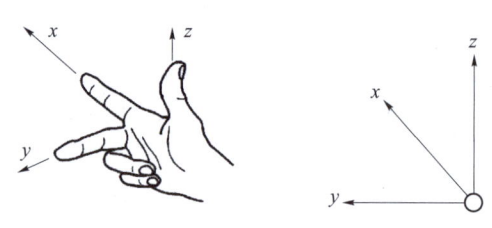

图3-1 服务机器人的坐标系

服务机器人的运动控制是ROS开发的常用功能，速度控制节点在话题中发布速度消息，串口节点订阅接收速度消息后发送到机器人的运动控制器，就可以实现机器人的运动控制。ROS已经定义了对应的速度消息结构geometry_msgs：Twist。该速度消息结构包含两种变量：矢量速度linear和旋转速度angular，具体如下。

vector3 linear   vector3 angular
float64 x float64 x
float64 y float64 y
float64 z float64 z

矢量速度linear中的(x,y,z)值分别表示服务机器人的x轴、y轴、z轴方向的移动线速度，单位为m/s。线速度为正表示向前、向左或向上移动，线速度为负表示向后、向右或向下移动。

旋转速度angular中的(x,y,z)值分别表示服务机器人绕x轴、y轴、z轴旋转的角速度，单位为rad/s。

（2）服务机器人的位姿

一个物体在坐标系中的位置和姿态称为它的位姿。刚体位姿是指刚体坐标系原点在参考坐标系下的位置（位置），以及刚体坐标系各轴的指向（姿态）。位姿的表示方法有多种，如矩阵表示法、角表示法、轴-角表示法、单位四元数表示法等。刚体位姿对于描述机器人的行为非常重要。

机器人常用位姿来描述其在空间坐标系中的位置与姿态。任何一个机器人在空间坐标系 $Oxyz$ 中都可以用位置和姿态来准确表示其唯一的位姿。

位置：x坐标、y坐标、z坐标。

姿态：rx（刚体与 Ox 轴的夹角）、ry（刚体与 Oy 轴的夹角）、rz（刚体与 Oz 轴的夹角）。

假设基坐标系为 $Oxyz$，刚体坐标系为 $O'x'y'z'$。对于机器人这个刚体而言，空间中的任何一个点都必须用上述 6 个参数 (x,y,z,rx,ry,rz) 明确指定。如果两个机器人的位置 (x,y,z) 相同，姿态 (rx,ry,rz) 不同，则表示两个机器人可以以不同的姿态到达坐标系中的同一个位置点。

2. 运动控制原理

服务机器人上的上位机主要负责上层应用功能，如 SLAM 建图、定位导航、语音识别等功能；运动控制器则负责驱动电机运动，采集并处理传感器数据等。上位机与运动控制器之间采用串口通信。

上位机上运行 ROS 时，ROS 中各功能模块节点之间通过话题进行通信。服务机器人的运动控制需要创建一个速度控制节点，向速度话题发送速度消息包。ROS 已经定义了对应的速度消息结构 geometry_msgs:Twist，速度话题的名称通常为/cmd_vel。因此，只需要向/cmd_vel 话题发布类型为 geometry_msgs:Twist 的消息包，即可实现对机器人的运动控制。

但是运动控制器并不支持 ROS，因此需要在上位机上运行一个节点，该节点负责订阅工控机的速度话题，然后将速度消息转化为串口通信交换数据，发送到机器人的底层运动控制器，从而驱动电机运动，实现机器人的行走。该节点为"串口通信节点"，是机器人的基础核心节点，在启动其他功能之前，一般要首先启动该节点。

如图 3-2 所示，速度控制节点向速度话题发布 gemotery_msgs:Twist 类型的消息后，串口通信节点订阅接收该消息，将机器人的目标速度通过串口发送到运动控制器。运动控制器再根据机器人的运动学模型将收到的消息转化为左右轮子的线速度。最后由运动控制器驱动左右轮按照设定的速度旋转，从而实现机器人运动。

图 3-2 机器人运动控制节点关系

运动控制器收到服务机器人的目标运动速度后，其实是服务机器人底盘中心的目标速度。如何将机器人中心的目标速度转换为各轮子的旋转速度，需要根据机器人的实际运动学模型来分解，下面以两轮机器人为例讲解两轮差分驱动原理。

如图 3-3 所示，两轮差速机器人的底盘左右两侧各有一个动力轮，通过给左右两轮设定不同的速度实现机器人前进、后退和转向控制。两轮机器人的底盘前后方各配有一个辅助支撑的万向轮，万向轮是从动轮。

假设机器人的目标线速度为 vel(m/s)，左轮速度为 Left_vel(m/s)，右轮速度为 Right_vel(m/s)，则机器人底盘中心的目标线速度等于左右轮速度之和的一半。假定机器人的目标角速度为 ω(rad/s)，转弯半径为 R(m)，两动力轮之间距离为 D(m)，两轮到车中心的距离为 d(m)，则有

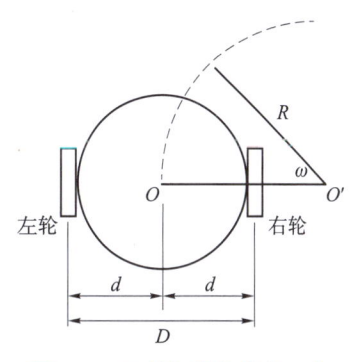

图 3-3 两轮机器人底盘示意

$$R = \frac{vel}{\omega}$$

$$Right\_vel = vel - \omega \cdot d$$

$$Left\_vel = vel + \omega \cdot d$$

根据该公式，可以得出机器人目标线速度、目标角速度和左右轮速度之间的关系。在控制舞蹈机器人移动时，可以根据该公式进行转圈半径和运动速度的计算。

3. 坐标变换

坐标变换（transform，TF）是 ROS 中一个基本的又非常重要的概念，它用于实现不同坐标系之间的点或向量的转换。坐标变换包括了位置和姿态两个方面的变换。

人类想要用手抓取一个物品，只需要"伸手—抓住—收手"这一系列的动作就能实现。但是机器人动作起来并没有这么容易，机器人能得到的只是各种传感器发送回来的数据，然后它再处理各种传感器数据进行相应的操作，例如，手臂弯曲 45°，再向前移动 20 cm 等这样的精确的动作。在这个过程中，当机器人头部的传感器获取一组物体的坐标方位数据时，对于机器人手臂来说，这些坐标只是相对于机器人头部的传感器，并不直接适用于机器人手臂，那么物体相对于头部和手臂之间的坐标变换，就是 TF。

TF 是一个允许用户随时间跟踪多个坐标框架的包。TF 维持时间缓冲的树结构中坐标帧之间的关系，并允许用户在任何期望的时间点、在任何两个坐标帧之间，变换点、向量等。TF 可以在分布式系统中运行，这意味着有关机器人坐标系的所有信息都可供系统中任何计算机上的所有 ROS 组件使用，不需要转换信息的中央服务器。通俗地讲，TF 用于描述机器人相对于地图原点的位置、描述机器人上各个零件之间的相对位置关系。

在 ROS 中，可以将 TF 当作一种标准规范，这套标准定义了坐标转换的数据格式和数据结构。TF 本质是树状的数据结构，因此通常称为"TF 树"。也可以将 TF 看成一个话题 topic：/tf，话题中的消息保存的就是"TF 树"的数据结构格式，它维护了整个机器人甚至是地图的坐标变换关系。还可以将 TF 看成一个可以让用户随时记录多个坐标系的功能包，这个包中包含了很多的工具，如可视化、查看关节间的 TF、debug TF 等工具。TF 还含有一部分的接口，即模块二中介绍过的 roscpp 和 rospy 里面关于 TF 的 API。总而言之，可以把 TF 看成坐标变换的标准规范、话题、功能包工具、接口等。

在 ROS 中坐标变换最初对应的是 TF，但 TF2 更为简洁高效。从 hydro 版本开始，TF2 取代了 TF。TF2 对应的常用功能包如下。

tf2_geometry_msgs：可以将 ROS 消息转换成 TF2 消息。

tf2：封装了坐标变换的常用消息。

tf2_ros：为 TF2 提供 roscpp 和 rospy 绑定，封装了坐标变换常用的 API。

大多数命令行工具在 ROS 1 和 ROS 2 之间是相似的，工具的名称和一些选项不同，但在使用的时候没有太大的区别。

如果想查看 ROS 中的 TF，可以使用以下 3 种命令。

（1） view_frames

```
$ rosrun tf view_frames
```

在终端输入上述命令后，ROS 会在 /home/ 目录下生成一个坐标系树的图片文件，效果如图 3-4 所示。

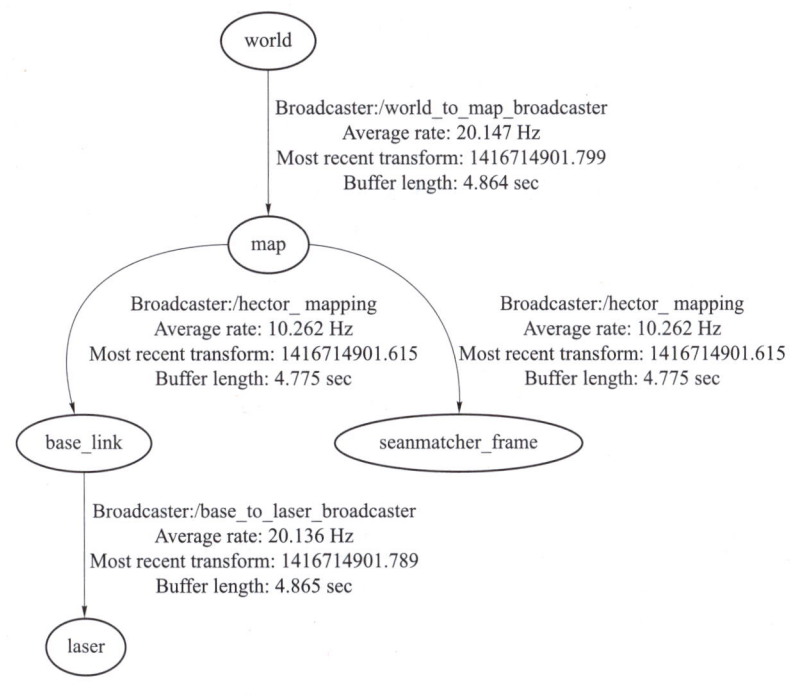

```
                          world
                            |
            Broadcaster:/world_to_map_broadcaster
                   Average rate: 20.147 Hz
              Most recent transform: 1416714901.799
                   Buffer length: 4.864 sec
                            |
                           map
                          /    \
    Broadcaster:/hector_mapping      Broadcaster:/hector_mapping
      Average rate: 10.262 Hz          Average rate: 10.262 Hz
 Most recent transform:1416714901.615  Most recent transform:1416714901.615
      Buffer length: 4.775 sec         Buffer length: 4.775 sec
            /                                    \
       base_link                          seanmatcher_frame
            |
    Broadcaster:/base_to_laser_broadcaster
         Average rate: 20.136 Hz
     Most recent transform: 1416714901.789
         Buffer length: 4.865 sec
            |
          laser
```

图 3-4　坐标系树

图 3-4 中的每一个圆圈代表一个坐标系（frame），对应着机器人上的一个部件（link）。任意两个坐标系之间必须是连通的，如果出现某一环节的断裂，就会引发系统报错，完整的坐标系树不能有任何断层的地方。为了保证坐标系正确连通，每两个坐标系之间都有一个 Broadcaster，这就是用来发布消息的发布者节点。如果缺少节点来发布消息，维护坐标系的连通，这两个坐标系之间的连接就会中断。如果两个坐标系之间发生了相对运动，Broadcaster 就会发布相关消息。

（2）rqt_tf_tree

$ rosrun rqt_tf_tree rqt_tf_tree

在终端输入上述命令后，会生成一个动态窗口，可以实时查看坐标系树。

（3）tf_echo

$ rosrun tf tf_echo <source_frame> <target_frame>

tf_echo 命令用于打印原坐标系和目标坐标系之间传送的信息。

【任务实施】

按照以下步骤，让服务机器人实现下列舞步：先朝前行走 1 m，再后退 1 m，然后以 0.3 m 的半径逆时针转 1 圈，再以 0.3 m 的半径顺时针转 1 圈。

1. 在工作空间的 src 目录下新建一个名为 dance 的功能包

$ catkin_create_pkg dance std_msgs rospy

2. 在 dance 功能包路径下创建一个文件夹

```
$ mkdir scripts
```

创建的 scripts 文件夹用于存放 Python 代码文件。

3. 进入功能包所在的 scripts 文件夹

```
$ roscd dance/scripts
```

4. 在当前路径下，编写一个自定义的节点 demo01.py

demo01 文件

关键代码和相关注释如下。完整代码请扫二维码查看。

```
1.    class DanceRobot():                                              #创建 DanceRobot 类
2.        def __init__(self):                                          #类的初始化函数
3.            rospy.init_node('dance_robot')                           #初始化 ROS 节点,参数为节点名称
4.            self.vel_pub = rospy.Publisher('/cmd_vel_mux/input/teleop', Twist, queue_size=1)
5.            #创建 ROS 发布者节点,参数为(话题名称,消息类型,队列长度)
6.            self.rate = rospy.Rate(50)                               #设置消息发布频率,单位:Hz
7.
8.        def moving(self, moving_time, linear_v = 0.5, angular_v = 0.5):    #底盘移动函数
9.            cmd = Twist()
10.           cmd.linear.x = linear_v
11.           cmd.angular.z = angular_v
12.           start_time = rospy.get_time()                            #获取当前 ROS 时间,标记为开始移动的时间
13.           while not rospy.is_shutdown():                           #循环发布速度消息
14.               self.vel_pub.publish(cmd)                            #发布者节点发布 cmd 消息
15.               rospy.loginfo("Moving......")
16.               self.rate.sleep()                                    #控制消息发布频率
17.               end_time = rospy.get_time()                          #获取当前 ROS 时间,标记为结束移动的时间
18.               if (end_time - start_time) > moving_time:            #判断
19.                   break
20.           self.stop()                                              #调用控制底盘停止运动的函数
21.
22.       def stop(self):                                              #控制底盘停止运动函数
23.           cmd = Twist()                                            #实例化运动控制消息包
24.           cmd.linear.x = 0.0                                       #给 x 方向的线速度赋值
25.           cmd.angular.z = 0.0                                      #给 z 方向的角速度赋值
26.           self.vel_pub.publish(cmd)                                #ROS 发布者节点发布消息
27.           rospy.loginfo("Stoping......")                           #输出日志信息
28.
29.       def dancing(self):                                           #实际控制底盘移动路径的函数
30.           self.moving(moving_time=2.0, linear_v=0.5, angular_v=0.0)    #前进
31.           self.moving(moving_time=1.0, linear_v=0.0, angular_v=0.0)    #停止
32.           self.moving(moving_time=2.0, linear_v=-0.5, angular_v=0.0)   #后退
33.           self.moving(moving_time=1.0, linear_v=0.0, angular_v=0.0)    #停止
34.           self.moving(moving_time=6.3, linear_v=0.3, angular_v=1.0)    #逆时针转 1 圈
```

```
35.         self. moving(moving_time=6.3, linear_v=0.3, angular_v=-1.0)    #顺时针转1圈
36.
37.    if __name__ == '__main__':
38.         dance_robot = DanceRobot()                    #实例化 DanceRobot 类
39.         try:
40.             dance_robot. dancing()                    #调用类中的 dancing 方法,机器人开始移动
41.         except rospy. ROSInterruptException:
42.             pass
```

代码解析如下。

1) DanceRobot()是自定义的一个类。这个类包含若干个自定义的函数,分别实现了机器人不同的功能。

其中,__init__()是初始化函数,moving()是底盘移动函数,stop()是底盘停止运动函数,dancing()是底盘移动路径的函数。dancing()函数用于设定舞蹈机器人的舞步动作。

2) 在 dancing(self)函数中,下述语句控制了舞蹈机器人以 0.3 m 的半径逆时针转 1 圈。

```
self. moving(moving_time=6.3, linear_v=0.3, angular_v=1.0)
```

其中,参数 moving_time 表示电机转动的时间,参数 linear_v 表示线性速度,参数 angular_v 表示角速度。

根据公式 $r=\dfrac{v}{\omega}$,机器人转圈半径 $r=\dfrac{linear\_v}{angular\_v}=\dfrac{0.3}{1.0}$ m=0.3 m。

机器人转 1 圈的时间 $T=\dfrac{2\pi r}{v}=\dfrac{2\pi}{\omega}=\dfrac{2\pi}{1.0}$ s=6.28 s≈6.3 s。

修改代码中的参数大小,可以得到不同的转圈半径和转圈时间,不推荐将角速度设置得太大,因为这样机器人会转得非常快。同时也需要注意,因为不同地面的摩擦系数不同,所以舞蹈机器人在具体的环境条件下需要现场调试,以保证较精确的转圈半径和转圈时间。

5. 为自定义节点添加可执行权限

```
$ chmod +x demo01. py
```

6. 启动底盘控制节点

```
$ roslaunch vkbot_bringup minimal. launch
```

7. 运行自定义节点

```
$ rosrun dance demo01. py
```

当节点正常启动后,机器人就会按照程序设定的运动速度和方向开始走出不一样的舞步了。机器人会先前进 1 m,然后后退 1 m,接着以 0.3 m 的半径逆时针转 1 圈,最后以 0.3 m 的半径顺时针转 1 圈。

具体运行效果请扫二维码查看。

舞蹈机器人视频

【任务评价】

班级		姓名		日期	
自我评价	1. 是否熟悉机器人的坐标系与位姿描述				□是 □否
	2. 是否理解两轮服务机器人的运动控制原理				□是 □否
	3. 是否理解坐标变换的含义				□是 □否
	4. 是否能用 rqt 命令查看机器人的坐标系树				□是 □否
	5. 是否能编程控制舞蹈机器人自由运动				□是 □否
自我总结					
小组评价	是否遵守课堂纪律				□优 □良 □中 □差
	是否遵守"服务机器人应用技术员"职业守则				□优 □良 □中 □差
	是否积极与小组成员团结协作完成项目任务				□优 □良 □中 □差
	是否积极参与课堂教学活动				□优 □良 □中 □差
异常情况记录					

【任务拓展】

请参考上述舞蹈机器人转圈行走的任务，通过修改节点代码，让机器人走出不同的舞步：先逆时针转 2 圈，转圈半径为 0.5 m，然后朝前行走 1 m，后退 1 m，再顺时针转 2 圈，半径为 0.5 m。

关键代码参考如下，完整代码请扫二维码查看。

机器人舞步拓展文件

```
def dancing(self):
    self.moving(moving_time=12.6, linear_v=0.5, angular_v=1.0)
    self.moving(moving_time=1.0, linear_v=0.0, angular_v=0.0)
    self.moving(moving_time=2.0, linear_v=0.5, angular_v=0.0)
    self.moving(moving_time=1.0, linear_v=0.0, angular_v=0.0)
    self.moving(moving_time=2.0, linear_v=-0.5, angular_v=0.0)
    self.moving(moving_time=1.0, linear_v=0.0, angular_v=0.0)
    self.moving(moving_time=12.6, linear_v=0.5, angular_v=-1.0)
```

上述代码中的参数 moving_time 是需要调试的值，因为机器人的轮子在不同摩擦系数的地面运动时，受到的阻力不同，所以机器人刚好转 2 圈的时间和理论计算值有一定偏差。这里的 12.6 是在实训室地面调试后刚好能转 2 圈的时间。

项目 2　会展机器人展品介绍

【情境导入】

在各类展览馆，经常可以看到会展机器人为游客介绍展览馆内的展品，会展机器人的应用越来越广泛。

某市的展览馆近日热闹非凡，展会上展出的各式各样的家用电器琳琅满目。其中，国产家电品牌展览区更是吸引了众多顾客的目光。为了进一步提升顾客的参观体验，展览会决定启用会展机器人为顾客播报家电产品信息。为此，一支技术团队承担了会展机器人项目的开发任务。王工程师是技术团队中的一员，负责国产家电产品的信息播报项目开发。

让我们跟随王工程师，利用 ROS 服务通信机制，实现会展机器人为顾客播报五种家用电器展品信息。

【学习目标】

1. 知识目标

（1）熟悉语音合成技术的概念。
（2）熟悉语音合成的原理。
（3）熟悉机器人离线语音合成的流程。

2. 技能目标

（1）能利用科大讯飞语音合成节点生成文本/音频文件。
（2）能利用服务通信机制实现机器人的语音播报。

3. 素养目标

（1）培养科技强国的使命感。
（2）培养品牌意识，建立国货自信。

【知识导入】

1. 语音处理技术

语言是人类进行信息交换的一种非常便捷的方式，而人与机器要能够通过语音进行交流，就需要使用语音交互。语音交互（voice user interface，VUI）是通过语音的方式进行人机交互，强逻辑而无视觉（或弱视觉）。VUI 通过语音传递所有足够的信息，承载认知、逻辑、情绪等一切元素，这是智能语音交互的核心所在。

近些年来，随着计算机技术、通信技术不断发展，语音处理技术的重要性日益凸显。语音处理（speech signal processing）是研究语音发声过程、语音信号的统计特性、语音的自动识别、机器合成及语音感知等各种处理技术的总称。由于现代的语音处理技术都以数字计算为基础，并借助微处理器、信号处理器或通用计算机加以实现，因此又称数字语音信号处理。

语音处理包括两部分，一部分是语音合成，又称文语转换（text to speech，TTS）；另一部分是语音识别，又称自动语音识别（automatic speech recognition，ASR）。语音合成技术和语音识别技术是实现人机语音通信，建立一个有听讲能力的口语系统所必需的两项关键技术。它们使机器人具有类似于人一样的"听说"能力，是当今时代信息产业的重要竞争市场。

相比语音识别技术，语音合成技术更加成熟，并且已经走向产业化。我国的汉语语音合成技术研究起步相对晚一点，但从20世纪80年代初开始就基本上与国际上的研究同步发展。

语音合成技术的发展已有200多年的历史，其发展历程大致分为以下六个阶段。

（1）起源阶段

语音合成技术的起源可以追溯到两三百年前，早在18世纪，人们就开始研究"会说话的机器"。当时的科学家们用风箱模拟人的肺，用簧片模拟声带，用由皮革制成的共振腔模拟声道来搭建发声系统。通过改变共振腔的形状，可以合成出一些不同的元音和单音。这是人类历史上最早的语音合成技术。

（2）电子合成器阶段

在20世纪初，出现了用电子式语音合成器来模拟人发声的技术。最具代表性的就是贝尔实验室的荷马·达德利（Homer Dudley）于1939年推出的名为VODER的电子发声器。

（3）共振峰合成器阶段

随着集成电路技术的发展，在20世纪80年代出现了比较复杂的组合型的电子发生器，比较有代表性的是D.克拉特（D. Klatt）于1980年设计的可以模拟不同嗓音的串/并联混合共振峰合成器。

（4）单元选择、拼接和合成阶段

20世纪90年代，随着基音同步叠加（pitch synchronous overlap add，PSOLA）方法的提出和计算机技术的发展，单元挑选和波形拼接技术逐渐成熟，较好地解决了语音段之间的拼接问题，有力地推动了语音合成技术的发展。20世纪90年代末，刘庆峰博士提出的听觉感知量化思想，第一次使汉语语音合成技术实用化。

（5）基于隐马尔可夫模型的参数综合阶段

20世纪末，出现了另一种基于隐马尔可夫模型（hidden Markov model，HMM）的参数合成技术。HMM是一种统计模型，用于描述含有隐含未知参数的马尔可夫过程。

（6）基于深度学习的语音合成阶段

20世纪末，出现了可训练的语音合成方法（trainable TTS）。该方法基于统计建模和机器学习的方法，根据一定的语音数据进行训练并快速构建合成系统。这种方法可以自动快速地构建语音合成系统，而且系统尺寸很小，非常适合在嵌入式设备上的应用，满足多样化语音合成需求。

随着AI技术的不断发展，基于深度学习的语音合成技术逐渐被人们知晓。DNN/CNN/RNN等各种神经网络构型都可以用来训练语音合成系统，深度学习算法可以更好地模拟人声的变化规律。

2. 语音合成原理

语音合成是通过机械的、电子的方法产生人造语音的技术。语音合成技术能将任意文字信息实时转化为标准流畅的语音朗读出来，相当于为机器人装上了嘴巴。语音合成技术涉及声学、语言学、数字信号处理、计算机科学等多个学科技术，是信息处理领域的一项前沿技术，解决的主要问题就是如何将文字信息转化为人类可听的声音信息，即让机器像人一样开口说话。这里所说的"让机器像人一样开口说话"与传统的声音回放设备（系统）有着本质的区别。传统的声音回放设备（系统），如录音机，是通过预先录制声音然后回放来实现"说话"的。这种方式在内容、存储、传输、或者方便性、及时性等方面都存在很大的限制。而通过计算机语音合成则可以在任何时候将任意文本转换成具有高自然度的语音，从而真正实现让机器人"像人一样开口说话"。

语音合成简单来说就是把文字信息转换为标准语音的过程，最终可以输出对应的音频文件。语音合成可以让机器人输出各类形形色色的声音，如大堂迎宾机器人甜美亲切的声音、儿童早教机器人呆萌可爱的声音、商场导购机器人亲切温柔的声音等。

如图 3-5 所示，语音合成过程主要包括以下几个环节。

文本输入 → 语言处理 → 韵律处理 → 声学处理 → 输出音频文件

图 3-5 语音合成过程

其中，语言处理、韵律处理、声学处理三个环节是语音合成的主要环节。语言处理环节在文语转换系统中起着重要的作用，主要模拟人对自然语言的理解过程，包括文本规整、词的切分、语法分析和语义分析等，使计算机对输入的文本能完全理解，并给出后两部分所需要的各种发音提示，为后面的环节做准备。韵律处理环节主要是为合成语音规划出音高、音长、音强等音段特征，目的是让合成的语音能表达确切的语意，同时听起来更加自然、更加真实。声学处理环节主要是把前两个环节的处理结果合成最终的音频文件。

3. 语音合成功能包

科大讯飞提供了功能较强大的语音软件开发功能包（software development kit，SDK），科大讯飞离线语音合成功能的免费试用期为 90 天，试用期过后，需要使用者自行申请与购买语音合成服务。

服务机器人下载并安装 SDK 后，就能非常方便地进行语音合成。科大讯飞语音功能涵盖语音交互相关的多个功能包，主要有离线语音识别包、在线语音合成包和离线语音合成包三个。其中，离线语音识别包能实现离线语音识别，在线语音合成包则通过在线的方式进行语音合成，离线语音合成包（xf_mic_tts_offline）能够实现离线的语音合成，让服务机器人能够说出中文。

离线语音合成包合成的引擎在 SDK 中，可以在无网络的情况下使用，该功能包主要包含如下一些文件夹。

（1）audio 文件夹

存放合成好的 wav 音频文件，下次合成的音频文件会替换上一次的合成结果文件。

（2）include 文件夹

存放语音合成相关的头文件。

（3）congfig 文件夹

存放离线语音合成相关的资源文件 msc，其中 msc/res/tts 文件夹中存放合成引擎 common.jet 及说话人引擎 xiaoyan.jet 和 xiaofeng.jet（默认提供的是 xiaoyan 和 xiaofeng 两种发音人）。这两个引擎与 appid 对应，更换时需要一并更换。此外，在 msc 中会保存日志记录，可定期清除。

（4）launch 文件夹

存放离线语音合成接口功能包的启动文件。在 launch 文件中加载了 appid，appid 是在科大讯飞公司的开发平台上创建应用时获得的，只有有效的 appid，且该 appid 对应的应用中有可用的离线语音合成引擎及发音人时，才可保证正常使用。如果在进行离线语音合成时出现报错，则考虑更换 appid 及 config 文件夹中的资源文件。

（5）lib 文件夹

存放了所有动态库文件，需要根据实际使用的 Linux 系统进行动态库的选择。

（6）src 文件夹

存放离线语音合成接口的源程序。

（7）srv 文件夹

存放自定义的服务文件。

4. 离线语音合成

用户注册并下载科大讯飞 SDK 工具包后，可以将其安装在服务机器人的工程文件夹中。本教程以实训室的服务机器人为载体，离线语音合成节点为 xf_tts_offline_node.cpp，语音包 vkbot_voice 的路径为 vkaibot_ws/src/vkbot/vkbot_apps/vkbot_voice。

具体的离线语音合成节点 xf_tts_offline_node.cpp 的完整代码请扫二维码查看。

为了在其他工程项目中能够启用离线语音合成，下面这个名为 xf_mic_tts_offline 的 launch 文件设置了功能包的路径，以及一些相关的参量，具体内容如下。

tts 节点文件

```
<!--离线语音合成-->
<launch>
    <!--设置功能包的路径-->
    <arg name="package_path" default = " $ (find xf_mic_tts_offline)" />

    <node pkg="xf_mic_tts_offline" type="xf_mic_tts_offline_node" name="xf_mic_tts_offline_node" output="screen">
        <param name="source_path" type="string" value=" $ (arg package_path)"/>
        <param name="appid" type="string" value="6f72b240"/>
    </node>
</launch>
```

下面通过一个实例讲解离线语音合成的方法与步骤。本例中，通过使用离线语音合成功能包，让机器人说一句："我是机器人"。

（1）在终端命令窗口输入启动语音合成功能节点的命令

```
$ roslaunch xf_mic_tts_offline xf_mic_tts_offline.launch
```

节点正常启动后终端会输出如图 3-6 所示的内容，表示节点启动成功。

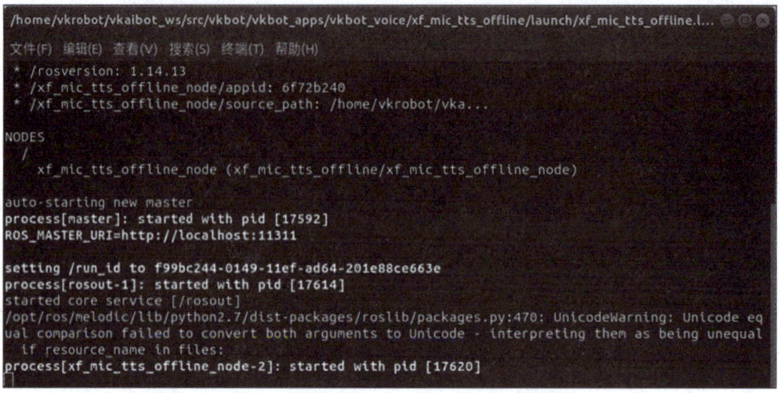

图 3-6　启动语音合成节点的终端窗口

（2）重新打开一个终端，在终端输入 list 命令

```
$ rosservice list
```

如图 3-7 所示，终端列出了当前运行的所有服务。其中的 play_txt_wav 服务就是离线语音合成服务，调用该服务就可以将文本实时生成音频文件。

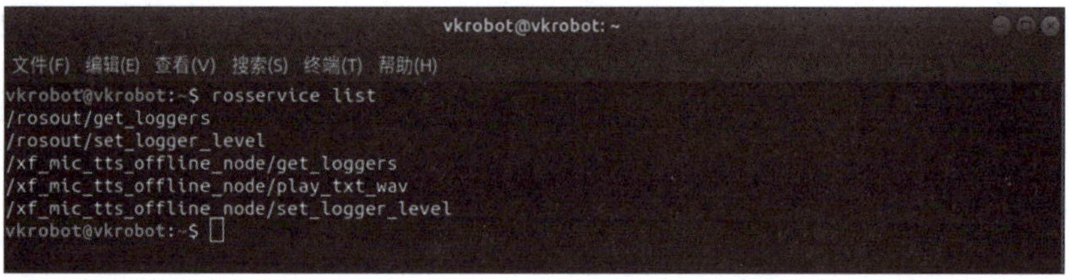

图 3-7　当前运行的所有服务

（3）调用语音合成服务生成音频文件

```
$ rosservice call /xf_mic_tts_offline_node/play_txt_wav
```

输入该命令后先不要按回车键，而是直接按 Tab 键，在命令后面会自动出现三个用双引号框起来的参数，可以移动光标来输入具体的参数值。

第一个参数是 exist，其值为 0 表示不使用现有的音频文件，其值为 1 表示使用 audio 文件夹里现有的音频文件。

第二个参数是 text，在单引号内输入想要说的语音文本，语音合成功能包就可以将该文本转化成音频文件，并自动按照 say，say1，say2，say3…的顺序命名音频文件，同时将其保存在 audio 文件夹内。say 是合成的音频文件的默认文件名。

第三个参数是 speakerName，在单引号内输入 xiaoyan 则表示采用女声播报音频文件；输入 xiaofeng 则表示采用男声进行语音播报。

例如，在终端输入如下的命令。

```
$ rosservice call /xf_mic_tts_offline_node/play_txt_wav "exist:0
text:' 我是机器人'
speakerName:' xiaoyan' "
```

机器人立刻会用女声播报"我是机器人"这句话，同时将这句话转化成名为 say.wav 的音频文件自动保存到 audio 文件夹中。终端窗口显示信息如图 3-8 所示。

图 3-8 终端显示

【任务实施】

请按照下列步骤自主完成项目任务，为顾客带来清晰、准确的语音导览服务。

1. 在工作空间的 src 目录下新建一个名为 broadcast 的功能包

```
$ catkin_create_pkg broadcast std_msgs rospy
```

2. 在 broadcast 功能包路径下创建一个文件夹，用于存放 Python 代码文件

```
$ mkdir scripts
```

3. 进入功能包所在的 scripts 文件夹

```
$ roscd broadcast/scripts
```

4. 在当前路径下，编写一个自定义的节点 demo02.py

具体代码和相关注释如下。完整代码请扫二维码查看。

```
1.  #! /usr/bin/env python
2.  #coding=utf8
3.
4.  import rospy
5.  #加载语音合成需要的模块文件
6.  from xf_mic_tts_offline.srv import Play_TTS_srv
7.
8.  #************************************************************#
9.  voice0_path_filename="/audio/您好.wav"
10. voice1_path_filename="/audio/小米扫地机器人.wav"
11. voice2_path_filename="/audio/华为手机.wav"
12. voice3_path_filename="/audio/格兰仕微波炉.wav"
13. voice4_path_filename="/audio/格力空调.wav"
14. voice5_path_filename="/audio/海尔冰箱.wav"
15. #************************************************************#
16.
17. class Vkbot_tour_guide():
18.     def __init__(self):
19.         #初始化节点
```

demo02 文件

```
20.    rospy.init_node('vkbot_tour_guide', anonymous=False)
21.    #定义语音合成客户端
22.    rospy.wait_for_service('/xf_mic_tts_offline_node/play_txt_wav')
23.    rospy.loginfo("Connected to vkbot_speak_voice server!")
24.    #初始化成功,打印消息
25.    rospy.loginfo("Vkbot Start successfully!")
26.
27.    def vkbot_speak(self, text):
28.        try:
29.            #调用语音合成客户端,进行语音合成操作
30.            vkbot_voice_client = rospy.ServiceProxy('/xf_mic_tts_offline_node
31.            /play_txt_wav', Play_TTS_srv)
32.            #请求语音合成服务调用,输入具体的语音内容
33.            response = vkbot_voice_client(0,text, "xiaoyan")
34.            rospy.loginfo("vkbot speak ok!!")
35.            return response.result
36.        except rospy.ServiceException, e:
37.            print "Service call failed: %s"% e
38.
39.    def vkbot_speak_exist(self, path_filename):
40.        try:
41.            #调用语音合成客户端,进行语音合成操作
42.            vkbot_voice_client = rospy.ServiceProxy('/xf_mic_tts_offline_node
43.            /play_txt_wav', Play_TTS_srv)
44.            #请求语音合成服务调用,输入具体的语音内容
45.            response = vkbot_voice_client(1,path_filename, "xiaoyan")
46.            rospy.loginfo("vkbot speak ok!!")
47.            return response.result
48.        except rospy.ServiceException, e:
49.            print "Service call failed: %s"% e
50.
51. if __name__ == '__main__':
52.     try:
53.         #初始化类
54.         vkbot_tast=Vkbot_tour_guide()
55.         rospy.sleep(1)
56.         vkbot_tast.vkbot_speak_exist(voice0_path_filename)   #机器人提示用语
57.         while not rospy.is_shutdown():
58.             #获取键盘输入,进入不同分支
59.             voice_flag = input("请选择想了解的家用电器:\n1- 小米扫地机器人\n2- 华为手机
```

```
60.            \n3-格兰仕微波炉\n4-格力空调\n5-海尔冰箱\n6-退出:")
61.
62.            #小米扫地机器人
63.            if voice_flag ==1:
64.                vkbot_tast. vkbot_speak_exist(voice1_path_filename)
65.                voice_flag = 0
66.            #华为手机
67.            elif voice_flag ==2:
68.                vkbot_tast. vkbot_speak_exist(voice2_path_filename)
69.                oice_flag = 0
70.            #格兰仕微波炉
71.            elif voice_flag ==3:
72.                vkbot_tast. vkbot_speak_exist(voice3_path_filename)
73.                voice_flag = 0
74.            #格力空调
74.            elif voice_flag ==4:
75.                vkbot_tast. vkbot_speak_exist(voice4_path_filename)
76.                voice_flag = 0
77.            #海尔冰箱
78.            elif voice_flag ==5:
79.                vkbot_tast. vkbot_speak_exist(voice5_path_filename)
80.                voice_flag = 0
81.            #退出
82.            elif voice_flag == 6:
83.                break
84.    except rospy. ROSInterruptException:          #捕捉异常
85.        rospy. loginfo("vkbot mission finished. ")
```

5. 进入自定义节点所处路径

```
$ roscd broadcast/scripts
```

6. 为自定义节点添加可执行权限

```
$ chmod +x demo02. py
```

7. 启动离线语音合成节点

```
$ roslaunch xf_mic_tts_offline xf_mic_tts_offline. launch
```

8. 运行自定义的语音播报节点

```
$ rosrun broadcast demo02. py
```

节点成功启动后，会展机器人首先会自动与人打招呼，提示游客选择想要了解的国产家用电器。如图3-9所示，机器人提示语播报完毕后，终端窗口会显示6个选项。

图 3-9　终端窗口显示

9. 指定播报内容

如果在终端提示符后输入 1，机器人会播报展品"小米扫地机器人"的相关信息。

如果在终端提示符后输入 2，机器人会播报展品"华为手机"的相关信息。

如果在终端提示符后输入 3，机器人会播报展品"格兰仕微波炉"的相关信息。

如果在终端提示符后输入 4，机器人会播报展品"格力空调"的相关信息。

如果在终端提示符后输入 5，机器人会播报展品"海尔冰箱"的相关信息。

如果在终端提示符后输入 6，机器人会退出当前播报任务。

具体运行效果请扫二维码查看。

展品播报视频

【任务评价】

班级		姓名		日期	
自我评价	1. 是否熟悉语音合成技术的概念			□是　□否	
	2. 是否了解语音合成技术的发展历程			□是　□否	
	3. 是否清楚语音合成的原理			□是　□否	
	4. 是否熟悉离线语音合成的流程			□是　□否	
	5. 是否能利用科大讯飞 SDK 生成音频文件			□是　□否	
	6. 是否能利用服务通信机制实现机器人的语音播报			□是　□否	
自我总结					

续表

班级		姓名		日期	
小组评价	是否遵守课堂纪律				□优 □良 □中 □差
	是否遵守"服务机器人应用技术员"职业守则				□优 □良 □中 □差
	是否积极与小组成员团结协作完成项目任务				□优 □良 □中 □差
	是否积极参与课堂教学活动				□优 □良 □中 □差
异常情况记录					

【任务拓展】

为了更好地掌握专业知识，请参考上述会展机器人展品介绍的项目任务，利用科大讯飞 SDK 工具包生成其他展馆的展品信息音频文件，并通过修改 demo02.py 文件的代码，实现对应展馆中的展品信息播报。

其他展馆可以是家具展馆、服装展馆、汽车展馆、航天展馆等，可以结合自己的生活实际，让会展机器人播报一些有特色的展品信息。航天展馆机器人播报任务的参考步骤如下。

1. 生成音频文件

中国空间站主要由天和核心舱、问天实验舱、梦天实验舱、神舟飞船和天舟飞船五部分组成。本任务以介绍某航天展馆中的中国空间站模型为例，让会展机器人为参观者简要介绍天和核心舱、问天实验舱、梦天实验舱、神舟飞船和天舟飞船的相关信息。相关信息参考如下。

1）天和核心舱总长 16.6 m，包括节点舱、生活控制舱和资源舱三个模块。核心舱是空间站的管理和控制中心，主要功能包括为航天员提供居住环境、支持航天员长期在轨驻留、支持飞船和扩展模块对接停靠并开展少量的空间应用实验。

2）问天实验舱总长 17.9 m，是当今世界轴向长度最长的单体载人航天器，具备独立飞行功能，与核心舱对接后形成组合体，其功能包括组合体控制任务和应用实验任务两方面。

3）梦天实验舱全长 17.88 m，外观与问天实验舱相似，由工作舱、载荷舱、货物气闸舱和资源舱组成，主要用于开展空间科学与应用实验。

4）神舟飞船是载人飞船，是中国自行研制、具有完全自主知识产权、达到或优于国际第三代载人飞船技术的空间载人飞船，采用三舱一段结构，可以独立进行航天活动，也可以与其他航天器对接后进行联合飞行。

5）天舟飞船是货运飞船，最大直径约 3.35 m，是中国空间站的地面后勤保障系统。主要任务有三个：一是补给推进剂，运送设备，延长空间站的在轨飞行寿命；二是运送航天员工作和生活用品；三是运送空间科学实验设备和用品，支持和保障空间站具备开展较大规模空间科学实验与应用的条件。

将上述信息利用科大讯飞 SDK 工具包生成 wav 音频文件，放到 audio 文件夹中。

2. 修改 demo02.py 文件代码

完整代码请扫二维码查看，关键代码参考如下。

```
voice_flag = input("请选择想了解的太空舱:\n1- 天和核心舱\n2- 问天实验舱\n3- 梦天实验舱\n4- 神舟飞船\n5- 天舟飞船\n6- 退出:")
```

播报拓展文件

将音频文件替换成空间站的相关信息后，上述代码中的输出信息也要替换成各种太空舱的名称，这样参观者就可以选择不同的太空舱，让会展机器人播报相应的太空舱信息了。

项目 3　迎宾机器人与人交谈

【情境导入】

为了更好地迎接新生，某高校决定在迎新日启用迎宾机器人为大一新生介绍学校的相关情况。为此，一支技术团队承担了迎宾机器人项目的开发任务。李工程师是技术团队中的一员，负责人机语音交互项目的开发，实现迎宾机器人与学生交谈。

让我们跟随李工程师，利用 ROS 服务通信机制，编写语音识别节点，实现迎宾机器人与学生进行语音交流，帮助学生快速了解学校、食堂、宿舍等信息。

【学习目标】

1. 知识目标

（1）熟悉语音识别的基本原理。
（2）熟悉机器人离线语音识别的流程。
（3）熟悉麦克风阵列的结构与功能。

2. 技能目标

（1）能利用科大讯飞语音识别节点识别简单的语句。
（2）能利用服务通信机制实现机器人与人类进行语音交流。

3. 素养目标

（1）养成精益求精的学习态度。
（2）培养主人翁意识。

【知识导入】

一、语音识别原理

语音识别，又称自动语音识别，语音识别就是让机器通过识别和理解，把语音信号转变为相应的文本。语音识别让服务机器人能"听懂"人类的语音，并将识别出的语音转化成正确的文本。语音识别技术涉及多个学科，包括声学、语音学、语言学、信息理论、模式识别理论及神经生物学等，它正成为计算机信息处理技术中的关键技术。

语音识别本质上属于模式识别的一种应用，将未知的输入语音的模式和已知语音库里的参考模式逐一对比，所获得的最佳匹配的参考模式即识别出来的结果。目前语音识别很多是基于统计模式的，主流算法有基于参数模型的隐马尔可夫模型方法、基于人工神经网络（artificial neural network，ANN）和支持向量机的识别方法等。

语音识别系统主要包含特征提取、声学模型、语言模型及字典、解码器四大部分，其中为了更有效地提取特征往往还需要对所采集到的声音信号进行滤波、分帧等预处理工作，把要分析的信号从原始信号中提取出来；之后，特征提取模块将声音信号从时域转换到频域，为声学模型提供合适的特征向量；声学模型中再根据声学特征性计算每一个特征向量在声学特征上的得分；而语言模型则根据语言学相关的理论，计算该声音信号对应可能词组序列的概率；最后根据已有的字典，对词组序列进行解码，得到最后可能的文本表示。其原理如图3-10所示。

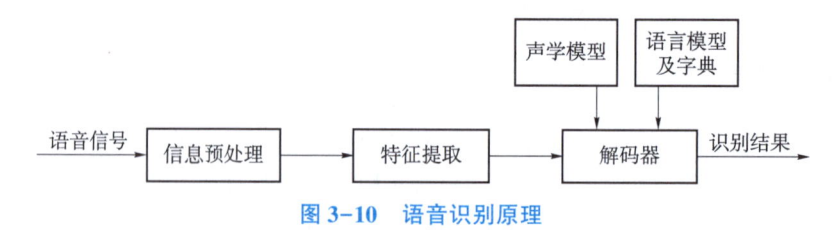

图 3-10　语音识别原理

机器进行语音识别涉及多个步骤，主要包括如下。

1）语音检测与降噪：系统需要检测语音信号，并从背景噪声中提取出有用的用户语音信息。

2）特征提取：提取语音信号的特征，如频率、能量等，这些特征用于建立语音模型，分析输入的语音信号，并从中抽取所需特征。

3）建立语音模型：根据人的语音特点，建立语音模型，对输入的语音信号进行分析。

4）模式匹配与识别：建立参考模式库，将计算机中存放的语音模板与输入的语音信号的特征进行比较，根据搜索和匹配策略，找出最优匹配的模板，从而识别语音。

5）语言模型训练：获取语言的规律，例如，哪些词经常一起出现，哪些词后面会跟哪些词等，通过大量文本数据进行训练，得到一个能够预测语句合理性的模型。

6）解码与结果输出：根据声音模型和语言模型，对输入的语音进行解码，得出最可能的文字结果。

根据语音识别的机理，语音识别大框架可分为语音层和语言层两个层级，语音层是子音母声，又称声母韵母，而语言层则是词语序列（sequence of words）。语音识别系统的应用有两个发展方向。一个方向是大词汇量连续语音识别系统，主要应用于计算机的听写机，以及与电话网或者互联网相结合的语音信息查询服务系统，这些系统都在计算机平台上实现语音识别。另一个发展方向是小型化、便携式语音产品的应用，如无线手机上的拨号、汽车设备的语音控制、智能玩具、家电遥控等方面的应用，这些应用系统大多使用专门的第三方软件来实现，特别是近几年来迅速发展的特殊应用集成电路（application specific integrated circuit，ASIC）和语音识别片上系统（system on chip，SOC）等。

语音识别系统的性能受许多因素的影响，包括不同的说话人、说话方式、环境噪声、传输信道等。语音识别系统的性能指标主要有如下几个。

1）词汇表范围：机器能识别的单词或词组的范围，如不作任何限制，则可认为词汇表范围是无限的。

2）说话人限制：仅能识别指定发话者的语音，或者对任何发话人的语音都能识别。

3）训练要求：使用前要不要训练，即是否让机器人先"听"一下给定的语音，以及训练次数。

4）正确识别率：平均正确识别的百分数，与前面3个指标有关。

二、麦克风阵列模块

科大讯飞的麦克风阵列模块又称麦克风阵列语音板，是一种包含一定数量的声学传感器（一般为麦克风），能对声场的空间特性进行采样并处理的系统。它可以实现语音采集，是语音交互系统的核心硬件。麦克风阵列模块的语音唤醒分辨率为1°，其主要功能有定位声源，抑制背景噪声、干扰、混响、回声，以及提取与分离信号等。如果在迎宾机器人上装载麦克风阵列模块，迎宾机器人就能"听见"人类的语音命令。

声源定位是指利用麦克风阵列模块计算声源距离阵列的角度和距离，基于到达时间差（time difference of arrival，TDOA）实现对目标声源的跟踪。科大讯飞麦克风阵列模块利用多个麦克风在不同位置点对声源进行测量，由于声音信号到达不同麦克风的时间有不同程度的延迟，利用TDOA算法对测量的声音信号进行处理，由此获得声源点相对于麦克风的到达方向和距离等信息，因而具备声源定位的功能。

信号的提取与分离是指在期望方向上有效地形成一个波束，仅提取波束内的信号，从而达到同时提取声源和抑制噪声的目的。此外，利用麦克风阵列模块提供的信息，基于深度神经网络可实现有效的混响去除，从而极大地提升了真实应用场景中语音交互的效果。

如图3-11所示，科大讯飞麦克风阵列模块采用平面式环形分布结构，在电路板外围平均安置了6个麦克风，按照顺时针从0~5进行编号，可以实现360°等效拾音。6个麦克风内侧分布的12个LED灯从0号麦克风开始，顺时针编号，依次为0~11，它们可以实时显示声源方向。

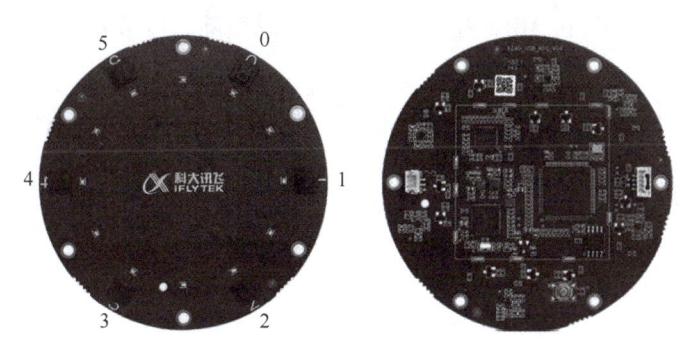

图3-11 科大讯飞麦克风阵列模块

用户可以使用麦克风阵列模块获取音频，获取唤醒角度、主麦编号，也可以设置主麦编号，点亮和关闭LED灯。麦克风阵列模块配备的按键和接口主要如下。

1) ADFU键：用于刷机，按住该键时将USB插到主机上，即可进入开发者模式。
2) USB口：用于与PC或嵌入式设备连接。
3) 参考信号接口：可以读取回声并进行处理，实现回声消除功能。

麦克风的使用流程一般分为以下3步。

1) 麦克风启动并进入工作状态。
2) 设置麦克风的主麦方向，可唤醒或手动设置。
3) 获取降噪音频，送入识别引擎进行识别和处理。

三、语音识别功能包

科大讯飞的离线语音识别功能包（xf_mic_asr_offline）提供了与麦克风相关的所有接口的服务端，包括唤醒角度、降噪音频、灯光控制、离线命令词识别等功能接口，该功能包主要包含如下一些文件夹。

1. include 文件夹

该文件夹存放了所有头文件，其中 user_interface.h 文件为用户接口，可对其中的参数进行修改来进行调试或适配。

（1）#define whether_print_log 0

定义是否需要打印调试结果，默认是不打印的。

（2）int time_per_order = 3

定义一次离线命令词识别时长。

（3）int PCM_MSG_LEN = 1 024

在录音时会发布音频流，大小为 2 048 B，麦克风获取的降噪音频采样率为16 kHz，位深度为 16 位，故 1 s 获取 256 Kb，即 32 KB，若每次发送 1 024 B，则音频的帧率大约为 31 fps。可根据实际的帧率需求，来调节该参数。

（4）bool save_pcm_local = true

定义保存音频到本地，在离线命令词识别时用到。

（5）int max_pcm_size = 10 240 000

录音文件最大可保存 10 MB，超过 10 MB 后自动删除，以节省空间。

2. lib 文件夹

存放了所有的动态库文件，用户需要根据使用 Linux 平台进行动态库的选择。

3. launch 文件夹

包含麦克风接口功能包的启动文件。

4. scr 文件夹

存放麦克风接口源程序。

5. audio 文件夹

存放音频文件。

6. congfig 文件夹

存放配置文件，可对其中的文件进行修改来进行调试或适配。

（1）msc 文件夹

存放离线命令词识别引擎需要的资源文件，如更换 appid，需要更换该文件夹或仅更换其中的 res/asr/下的 common.jet 文件。

（2）call.bnf 文件

用户自定义的离线命令词语法文件时需要根据规则来定义关键语料。离线识别的命令词是开发者自己定义的，命令词最大长度为 16 个汉字。需要先构建语法，然后指定使用的语法。语法文件开发应根据 bnf 语法规则编写指南，语法如下所示。

```
<commands>:(往|向) <direction>;
< direction >:前|后|左|右;
```

该语法使识别引擎可以识别出往前、往后、往左、往右、向前、向后、向左、向右等命令词。

（3）mic_offline_params.yaml 文件

配置参数文件，用于修改一些接口中的默认值。

7. msg 文件夹

存放自定义的话题类型。

8. srv 文件夹

存放自定义的服务类型。

9. tmp 文件夹

包含麦克风通信相关的资源文件，在版本升级时需要更换。

四、离线语音识别

1. 语音识别的语法

语法是现阶段语音识别得以应用的必要条件，作为语音识别系统的输入之一，语法文档编译成识别网络后，将送往语音识别器，语音识别器提取输入语音的特征信息并在识别网络上进行匹配，最终识别出用户说话的内容。

语音识别的语法定义了语音识别所支持的命令词的集合，一般使用巴克斯-诺尔范式（Backus-Naur form，BNF）来描述语音识别的语法。语音识别器提取输入语音的特征信息，并在语法文件形成的识别网络上进行匹配，从而实现语音识别。因此，构建语法文件是实现语音识别的关键一环。

语法文档包含两个部分，文档首部（header）和文档主体（body）。文档首部定义了文档的各种属性，在第一个规则出现时结束，且文档主体中不允许再定义首部。文档的主体则定义了由若干个规则组成的说话的内容和模式，由若干个规则组成。通过不同的操作符和关键词的组合，可以产生各种复杂的语法。

（1）文档首部

```
#BNF+IAT 1.0;              /* 文档自标识头，1.0 表示版本号*/
! grammar call;            /* 定义语法名称 */
! slot <direction>;        //声明 direction 槽
! start <commands>;        //定义开始的规则
```

（2）文档主体

```
<commands>:(往|向) < direction >;     // 由开始规则与槽这两部分组成
<direction>:前|后|左|右;              // direction 槽的规则，|表示并列结构
```

操作符说明如表 3-1 所示，关键字说明如表 3-2 所示。

表 3-1 操作符说明

操作	描述	示例
!	标识内置关键词的开始	！grammar
<>	定义规则名称	<name>
;	结束符	表示一行结束
|	或，定义并列结构	张三|李四
[ ]	可选，表示内容可说可不说	<call>：［找］<name>
:	定义规则	<name>：张三|李四
( )	封装操作，定义隐式规则	<call>：找（张三|李四）
/* */	块注释	/*注释*/
//	行注释	//注释

表 3-2 关键字说明

关键字	描述	示例
grammar	定义语法名称	！grammar dial
slot	声明槽	！slot<name>
start	定义开始规则	！start<call>
id	定义语法所对应语义返回值，仅适用于记号，而对规则不适用	
void	保留关键字	
garbage	保留关键字	
Null	保留关键字	

如果想要对服务机器人进行语音控制，首先要用 ROS 程序订阅话题/start/talk。当语音模块被唤醒后进入回调函数，并且调用服务/xf_asr_offline_node/get_offline_recognise_result_srv 获取等待识别的语音输入。若语音识别成功，机器人会执行相应的动作。若识别失败则不做任何操作，等待下一次的唤醒操作。

本教程以实训室的服务机器人为载体，为了在其他工程项目中能够启用离线语音识别，下面这个名为 xf_mic_asr_offline 的 launch 文件设置了功能包的路径，以及一些相关的参量，具体内容如下：

```
<!--离线命令词识别-->
<launch>
  <!--设置功能包的路径-->
  <arg name="package_path" default = " $ (find xf_mic_asr_offline)" />
```

```xml
<node pkg=" xf_ mic_ asr_ offline" type=" xf_ asr_ offline_ node" name=" xf_ asr_ offline_ node" output=" screen" >
    <param name=" source_ path" type=" string" value=" $ ( arg package_ path ) " />
    <rosparam command=" load" file=" $ ( find xf_ mic_ asr_ offline ) /config/mic_ offline_ params. yaml" />
</node>
</launch>
```

2. 离线语音识别的流程

（1）设置语音识别关键词

离线语音识别规则由用户自定义离线命令词语法文件 call. bnf 定义，该文件存放在 config 文件夹下。离线识别的命令词最大长度为 16 个汉字，需要先构建语法，然后指定使用的语法。以下内容为 VKBOT 离线语音识别中使用的 call. bnf 语法文件。如果想要增加语音识别的内容，可以在该文件中添加语法规则。参考代码如下。

```
#BNF+IAT 1. 0 UTF- 8;
! grammar call;
! slot <want>;
! slot <direction>;
! slot <do>;
! slot <what>;
! start <callstart>;

<callstart>:[<want>]<dowhat>|<city>;(此处可以添加需要识别的内容)

<want>:向! id(00001)|往! id(00001)|你往! id(00001)|你向! id(00001);
<dowhat>:<direction><do>;
<direction>:左! id(10001)|右! id(10002)|前! id(10003)|后! id(10004);
<do>:走! id(20001)|移动! id(20002)|转! id(20003)|动! id(20004)|动动! id(20005);
<city>:广州|北京|上海;
```

在语法文件中添加了<city>规则，在文档主体中添加了"广州|北京|上海"三个并列的关键词。当机器人听见"广州、北京、上海"三个词中的任意一个时，都能识别出来。

（2）编译

因为修改了系统里的 call. bnf 文件，所以需要重新编译。回到工作空间，输入 catkin_ make 命令进行编译。

（3）启动语音识别功能节点

在终端命令窗口输入如下命令。

```
$ roslaunch xf_mic_asr_offline xf_mic_asr_offline. launch
```

正常启动后终端会输出如图 3-12 所示的内容，表示节点启动成功。

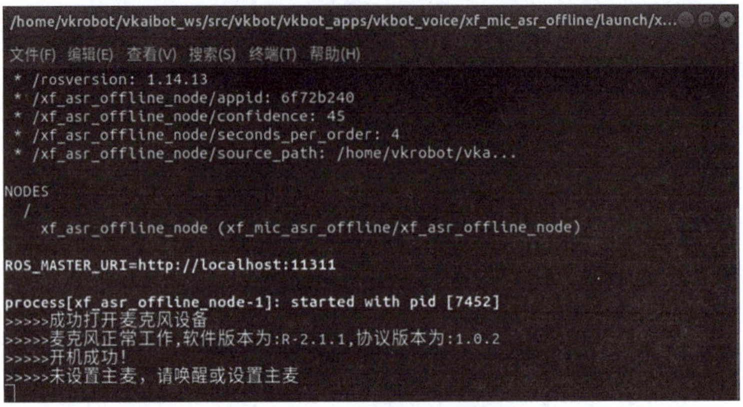

图 3-12 成功启动语音模块

（4）重新打开一个终端，在终端输入 list 命令

```
$ rosservice list
```

如图 3-13 所示，终端列出了当前运行的服务。其中的 get_offline_recognise_result_srv 服务就是离线语音识别服务，调用该服务就可以进行语音识别。

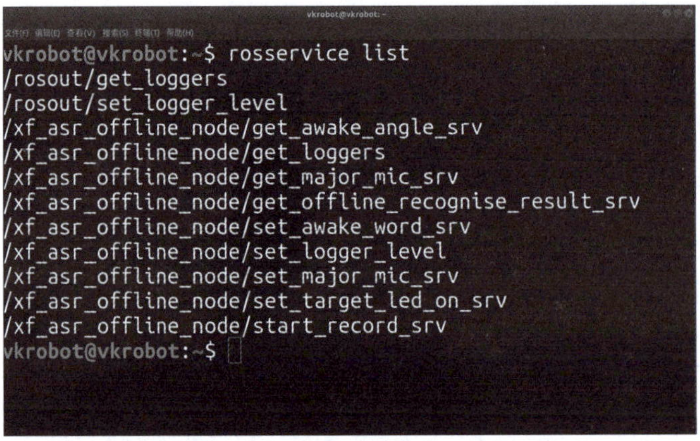

图 3-13 列出的服务

（5）调用语音识别服务

```
$ rosservice call /xf_asr_offline_node/get_offline_recognise_result_srv
```

输入该命令后直接按 Tab 键，在命令后面会自动出现三个用双引号框起来的参数，可以移动光标来输入具体的参数值。

第一个参数是 offline_recognise_start，其值为 0 表示不开启语音识别，其值为 1 表示开启语音识别。

第二个参数是置信度 confidence，一般设置为 20，其值越大则要求语音越标准，才能越容易识别出来。

第三个参数是识别时间 time_per_order，输入的数值表示单次离线命令词识别时麦克风接收语音的时长，单位为 s。

例如，在终端输入如下命令。

```
$ rosservice call /xf_asr_offline_node/get_offline_recognise_result_srv"offline_recognise_start:1
confidence:20
time_per_order:3"
```

按回车键后，在 3 s 内对着机器人说"广州"两个字，终端窗口会显示识别到的"广州"这个关键词。如图 3-14 所示，终端显示关键字识别结果为"广州"。

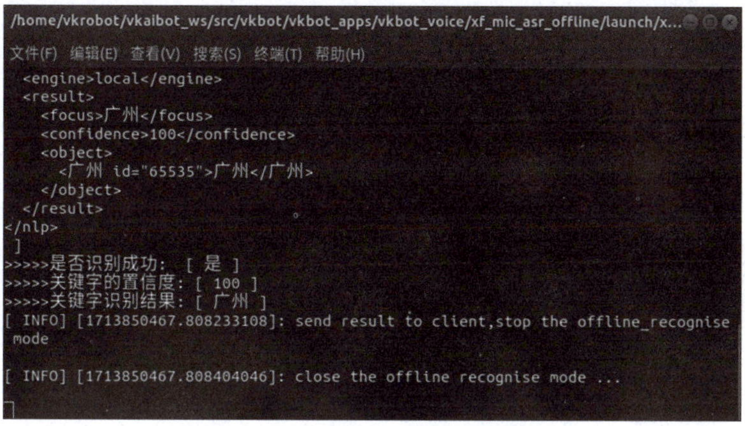

图 3-14　终端显示关键字识别结果

【任务实施】

请按照下列步骤自主完成项目任务，让迎宾机器人为新生介绍学校的概况，以及宿舍和食堂的相关信息。

1. 在工作空间的 src 目录下新建一个名为 talk 的功能包

```
$ catkin_create_pkg talk std_msgs rospy
```

2. 在 talk 功能包路径下创建一个文件夹

```
$ mkdir scripts
```

创建的 scripts 文件夹用于存放 Python 代码文件

3. 进入功能包所在的 scripts 文件夹

```
$ roscd talk/scripts
```

4. 在当前路径下，编写一个自定义的节点 demo03.py

具体代码和相关注释如下。完整代码请扫二维码查看。

1. #! /usr/bin/env python
2. #coding=utf8
3. import rospy

```python
4.  from actionlib_msgs.msg import *
5.  from xf_mic_asr_offline.srv import Get_Offline_Result_srv
6.  from xf_mic_asr_offline.msg import VKA
7.  from xf_mic_tts_offline.srv import Play_TTS_srv
8.  #语音识别标志
9.  voice_flag=0
10. #****************************************** #
11. #音频介绍文件
12. voice0_path_filename="/audio/学校介绍.WAV"
13. voice1_path_filename="/audio/食堂介绍.WAV"
14. voice2_path_filename="/audio/宿舍介绍.WAV"
15. #****************************************** #
16. class Vkbot_greeter():
17.     def __init__(self):
18.         rospy.init_node('vkbot_greeter', anonymous=False)
19.         #订阅语音唤醒话题
20.         rospy.Subscriber('/start/talk', VKA, self.vkbot_voice_wake_callback)
21.         #定义语音合成客户端
22.         rospy.wait_for_service('/xf_mic_tts_offline_node/play_txt_wav')
23.         rospy.loginfo("Connected to vkbot_speak_voice server!")
24.         #定义语音识别客户端
25.         rospy.wait_for_service('/xf_asr_offline_node/get_offline_recognise_result_srv')
26.         rospy.loginfo("Connected to vkbot_listen_voice server!")
27.         rospy.loginfo("Vkbot Start successfully!")
28.
29.     #语音唤醒后处理函数(语音唤醒后自动调用)
30.     #参数data:开启语音识别相关配置参数
31.     def vkbot_voice_wake_callback(self, data):
32.         try:
33.             offline_recognise_start=data.a
34.             confidence_threshold=data.b
35.             time_per_order=data.c
36.             #调用语音识别客户端,进行语音识别操作
37.             vkbot_asr_client = rospy.ServiceProxy('/xf_asr_offline_node/get_offline_
38.             recognise_result_srv', Get_Offline_Result_srv)
39.             rospy.loginfo("vkbot Start to recognize......")
40.             #请求语音识别服务调用,输入识别操作
41.             response = vkbot_asr_client(offline_recognise_start,confidence_threshold,
42.             time_per_order)
43.
44.             if response.result == "ok":
45.                 rospy.loginfo("vkbot listen ok!")
```

```
46.            #获取识别到的内容
47.            talk_text=response.text
48.            #把内容从unicode格式转换为utf8格式
49.            if not isinstance(talk_text, unicode):
50.                talk_text = unicode(talk_text, "utf8")
51.                self.vkbot_talk_match(talk_text)
52.
53.         elif response.result == "fail":
54.            rospy.loginfo("vkbot listen fail!")
55.         return response.result
56.      except rospy.ServiceException as e:
57.         print("Service call failed: %s"%e)
58.
59.   def vkbot_talk_match(self, text):
60.      global voice_flag
61.      #获取识别到的内容
62.      date=text
63.      if date == u"学校" or date == u"介绍一下学校" or date == u"给我介绍一下学校":
64.         rospy.loginfo("学校!")
65.         voice_flag=1
66.      if date == u"食堂" or date == u"介绍一下食堂" or date == u"给我介绍一下食堂":
67.         rospy.loginfo("食堂!")
68.         voice_flag=2
69.      if date == u"宿舍" or date == u"介绍一下宿舍" or date == u"给我介绍一下宿舍":
70.         rospy.loginfo("宿舍!")
71.         voice_flag=3
72.
73.   def vkbot_speak(self, text):
74.      try:
75.         #调用语音合成客户端,进行语音合成操作
76.         vkbot_voice_client = rospy.ServiceProxy('/xf_mic_tts_offline_node/play_txt_
77.         wav', Play_TTS_srv)
78.         #请求语音合成服务调用,输入具体的语音内容
79.         response = vkbot_voice_client(0,text, "xiaoyan")
80.         rospy.loginfo("vkbot speak ok!!")
81.         return response.result
82.      except rospy.ServiceException as e:
83.         print("Service call failed: %s"%e)
84.
85.   def vkbot_speak_exist(self, path_filename ):
86.      try:
87.         #调用语音合成客户端,进行语音合成操作
```

```
88.            vkbot_voice_client = rospy.ServiceProxy(' /xf_mic_tts_offline_node/play_txt_
89.            wav' , Play_TTS_srv)
90.            #请求语音合成服务调用,输入具体的语音内容
91.            response = vkbot_voice_client(1,path_filename, "xiaoyan")
92.        rospy.loginfo("vkbot speak ok!!")
93.            return response.result
94.        except rospy.ServiceException as e:
95.            print("Service call failed: % s"% e)
96.
97. if __name__ = = ' __main__' :
98.     flag=0
99.     try:
100.        #初始化类
101.        vkbot_tast=Vkbot_greeter()
102.        rospy.sleep(1)
103.
104.        #等待语音唤醒
105.        while voice_flag = =0:
106.            pass
107.
108.        while not rospy.is_shutdown():
109.            if voice_flag = =1:
110.                vkbot_tast.vkbot_speak_exist(voice0_path_filename)
111.                voice_flag = 0
112.            elif voice_flag = =2:
113.                vkbot_tast.vkbot_speak_exist(voice1_path_filename)
114.                voice_flag = 0
115.            elif voice_flag = =3:
116.                vkbot_tast.vkbot_speak_exist(voice2_path_filename)
117.                voice_flag = 0
118.        rospy.spin()
119.    except rospy.ROSInterruptException:
120.        rospy.loginfo("vkbot mission five finished. ")
```

5. 进入自定义节点所处路径

```
$ roscd talk/scripts
```

6. 为自定义节点添加可执行权限

```
$ chmod +x demo03.py
```

7. 启动语音合成节点

```
$ roslaunch xf_mic_tts_offline xf_mic_tts_offline.launch
```

8. 启动语音识别节点

```
$ roslaunch xf_mic_asr_offline xf_mic_asr_offline.launch
```

语音节点成功启动后，迎宾机器人会说："语音系统启动完毕，请唤醒。"这时，可以靠近迎宾机器人，跟他说："小威小威。"机器人听懂后，会回复一句："在呢。"这就表示可以和迎宾机器人交谈了。

9. 启动自定义节点

```
$ rosrun broadcast demo03.py
```

该节点正常启动后，可以问迎宾机器人关于学校、学校宿舍和食堂的一些问题了。只要机器人识别到"学校""宿舍""食堂"等关键词，即他听懂了问题，机器人就会讲述学校的一些基本情况，介绍学校的食堂和宿舍。例如，机器人会这样介绍食堂："食堂有两个，一个东区，一个西区。东区的食堂分为第一食堂和第二食堂，内有麻辣烫和炸鸡汉堡窗口、烧腊窗口、自选快餐、潮汕小吃、广式粥粉面、大碗饭、湘菜馆、兰州拉面、舌尖缘、贡茶、黄振龙、果汁、咖喱土豆鸡排盖饭、潮汕三丸河粉、土耳其烤肉、大盘鸡盖饭、凉拌牛肉、牛肉水饺面等。西区食堂有三层，一楼二楼分别是第五和第六食堂，有快餐、面馆、各式的汤、山西风味馆大饼、潮汕大碗饭自选快餐、粥粉肠粉、Q堡堡。三楼是一个高级餐厅，名叫颂雅园。食堂一楼外面还有一个西湖宵夜档，时不时宵夜小聚一下也行。"

具体运行效果请扫二维码查看。

此外，本项目是提前生成了语音识别的关键词和语音播报的音频文件，如果想更改同迎宾机器人交谈的内容，可以按照本模块项目 2 的方法生成其他音频文件，和机器人交谈的内容就可以更加丰富了。

迎宾交谈视频

【任务评价】

班级		姓名		日期	
自我评价	1. 是否熟悉语音识别的原理				□是 □否
	2. 是否熟悉科大讯飞语音识别功能包结构				□是 □否
	3. 是否熟悉 BNF 语法				□是 □否
	4. 是否熟悉麦克风阵列模块的结构与功能				□是 □否
	5. 是否能利用科大讯飞语音识别节点识别简单的语句				□是 □否
	6. 是否能利用服务通信机制实现机器人与人的语音交流				□是 □否
自我总结					

续表

班级		姓名		日期		
小组评价	是否遵守课堂纪律				□优 □良 □中 □差	
	是否遵守"服务机器人应用技术员"职业守则				□优 □良 □中 □差	
	是否积极与小组成员团结协作完成项目任务				□优 □良 □中 □差	
	是否积极参与课堂教学活动				□优 □良 □中 □差	
异常情况记录						

【任务拓展】

为了更好地掌握专业知识与技能，请参考上述迎宾机器人语音交流的项目任务，利用科大讯飞 SDK 工具包生成超市服务前台机器人的相关音频文件，并通过修改本项目中 demo03.py 文件的代码，模拟实现超市前台机器人与顾客进行基本的语音交流。

具体的超市场景信息可以参考如下问答信息。

1）问题：超市的营业时间是什么时候？（关键词：营业时间）

回答：超市的营业时间是早上 9 点到晚上 10 点，周末和节假日会有延长。

2）问题：超市有哪些停车位？（关键词：车位、停车）

回答：超市提供充足的停车位，您可以在一楼广场或地下停车场停车。

3）问题：我需要退换商品，应该怎么处理？（关键词：退换）

回答：您可以直接到一楼客服中心咨询退换货流程。

4）问题：最近超市有哪些促销活动？（关键词：促销）

回答：我们会定期举行各种促销活动，您可以在服务台领取宣传单了解最新的促销信息。

5）问题：购物车在哪里？（关键词：购物车）

回答：您可以到一楼东侧超市入口处取用购物车，祝您购物愉快。

项目 4　扫地机器人自建地图

【情境导入】

现代社会，人们工作都比较繁忙，扫地机器人的出现极大地减轻了人类的家务劳动强度，并且节省了时间，越来越多的家庭购置扫地机器人或拖地机器人来清洁地面。

扫地机器人在清扫之前，都会先对家居环境进行建图。某技术团队承担了扫地机器人的开发任务。李工程师是技术团队中的一员，专门负责扫地机器人的建图项目开发。

让我们跟随李工程师，采用经典的 SLAM 建图算法，完成两个房间的建图任务，该地图可以用于服务机器人导航。

【学习目标】

1. 知识目标

（1）熟悉 SLAM 建图的概念及其基本算法。

（2）熟悉可视化工具 RViz。

（3）熟悉 ROS 地图。

2. 技能目标

（1）能利用经典的建图算法实现扫地机器人的 SLAM 建图。

（2）能正确利用可视化工具 RViz 进行机器人调试。

3. 素养目标

（1）养成精益求精的学习态度。

（2）进一步培养自主创新意识。

【知识导入】

一、扫地机器人建图方法

扫地机器人在正式清扫前，一般先会自动对具体的家居环境进行扫图，构建家居环境地图。这是为了更好地规划清扫路线和确定需要重点清洁的区域。利用激光雷达、超声波传感器、摄像头等传感设备，扫地机器人可以获取周围环境的信息，然后利用内置的算法来创建家居地图。

在建图完成后，扫地机器人会根据建好的地图和算法来规划清扫路径。它可能会以"弓"字形或"Z"字形等路径来覆盖整个清扫区域。在清扫过程中，扫地机器人会按照规划的路径进行清扫，同时也会实时感知周围环境的变化，及时调整清扫路线和避免碰撞，确保高效、全面地完成清扫任务。

目前，扫地机器人种类众多，为了提高扫地机器人的智能程度，扫地机器人都设有自动建图的功能，一般采用以下几种方式实现建图。

1. 随机式建图方法

该方法基于随机行走的原理，扫地机器人以随机的方式在环境中进行移动，并不断更新地图。该方法简单易行，但地图的精度和完整性较差。

2. SLAM 建图方法

SLAM 是计算机视觉的一种更加具体的应用技术。SLAM 建图通过传感器获取扫地机器人的位置和姿态信息，以及周围环境的信息，然后利用这些信息构建地图，同时不断更新扫地机器人的位置和姿态信息。SLAM 建图方法是目前最常用的扫地机器人建图方法之一，具有较高的精度和完整性。SLAM 建图可以采用 2D 或 3D 激光雷达，2D 激光雷达是单线激光雷达，3D 激光雷达是多线激光雷达。2D 激光雷达常用于室内的服务机器人，3D 激光雷达多用于无人驾驶领域。利用 3D 激光雷达和相关算法进行环境扫描和建图，具有较高的精度和分辨率。3D 激光雷达也用于高端扫地机器人和高精度地图构建。

3. 视觉同步定位与建图方法

视觉同步定位与建图（visual simultaneous localization and mapping，VSLAM）是利用摄像头和计算机视觉技术获取环境信息，通过算法实现自我定位和环境建图。该建图方法具有较高的精度和实时性，但由于基于摄像头的建图往往受光照影响比较严重，而且计算量特别大，需要较多的计算和存储资源，目前在扫地机器人中的应用不多。

需要注意的是，不同品牌和型号的扫地机器人可能采用不同的建图方法，不同的建图方法在精度、完整性、计算和存储资源等方面也存在差异。

二、SLAM 原理及经典算法

服务机器人要实现自主运动和导航，其间涉及很多技术领域，如建图、定位和路径规划等。如果机器人装有机械臂，那么运动规划也是非常重要的一个环节。如图 3-15 所示，SLAM 是定位和建图的交集部分，也是实现机器人真正意义上的全自主移动的关键。SLAM 一词最早出现在机器人领域，意思为同步定位与建图，包含了定位与建图两大部分，其中又以定位为核心，建图实际上是在定位的基础上进行的，将获取的数据进行融合的过程。通常 SLAM 包含了特征提取、数据关联、状态估计及状态更新等多个部分，不仅可以应用于 2D 运动领域，同时还可应用于 3D 运动领域。

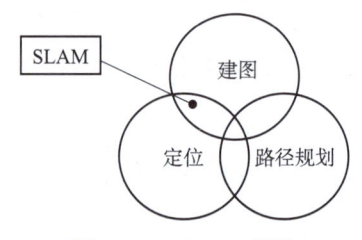

图 3-15 SLAM 关系

SLAM 需要机器人在未知的环境中逐步建立起地图，然后根据周边地区确定自身的位置，从而进一步定位。SLAM 功能最终就是要得到一张环境地图，而且这张地图应该是机器人能够理解并且易于计算的数字文件。

为了绘制地图，SLAM 需要很多信息。第一个是距离值。例如，可以以服务机器人自身为中心来判断"客厅沙发离我有 2 m 远"的距离值。这个距离值可以是用激光雷达或深度摄像机来扫描 XY 平面的结果值。第二个是位姿值。因为传感器是固定在服务机器人上的，所以如果机器人移动，传感器也会一起移动。因此，传感器的位置值依赖于服务机器人的移动量，也就是里程计（/odom）的数值。

距离值在 ROS 中称为 scan，并且位姿值（位置+方向）信息可以根据里程计及机器人已知的相对坐标关系计算得到，称为 TF。服务机器人依据 scan 和 TF 两个信息来运行任意一种 SLAM 算法，都能创建所需要的地图。

1. Gmapping 建图算法

Gmapping 算法是目前应用最广的 2D SLAM 方法，它基于 Rao-Blackwellized 粒子滤波器（Rao-Blackwellized particle filter，RBPF）算法，主要通过获取激光雷达和里程计的信息来进行建图。内部的 Gmapping 功能包订阅机器人的深度信息、惯性测量单元（inertial measurement unit，IMU）信息和里程计信息，同时完成一些必要参数的配置，即可创建完成基于概率的二维栅格地图。

图 3-16 是 Gmapping 算法的整体流程。为了获取好的计算结果，RBPF 算法需要大量的粒子来进行计算，这样就会大幅增加计算的复杂程度。因此，Gmapping 算法并不适合构建大场景的地图。RBPF 算法的重采样过程存在粒子耗散问题。而 Gmapping 算法引入了自适应重采样技术，改进了建议分布函数，并选择性地重采样粒子，减小了粒子耗散问题。Gmapping 算法有效利用里程计来提供机器人的位姿先验信息，对激光雷达的频率要求不高。

图 3-16 Gmapping 算法的流程

在具体的机器人建图过程中，gmapping_slam 软件包位于 ros-perception 组织中的 slam_gmapping 仓库中。其中的 slam_gmapping 是一个元包（metapackage），它依赖于 Gmapping，而算法的具体实现都在 Gmapping 软件包中，该软件包中的 slam_gmapping 程序就是在 ROS 框架下运行的一个 SLAM 节点。Gmapping 的作用是根据激光雷达和里程计的信息，对环境地图进行构建，并且对自身状态进行估计。Gmapping 算法的输入包括激光雷达和里程计的数据，而输出应当包含自身位置和地图。

位于图 3-17 中心的是运行的 slam_gmapping 节点，该节点负责整个 Gmapping SLAM 的工作。

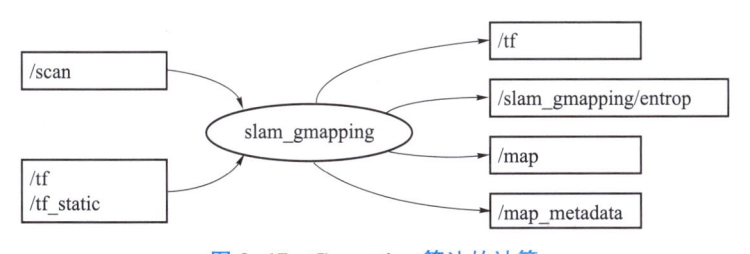

图 3-17 Gmapping 算法的计算

slam_gmapping 节点的输入有以下两个。

（1）/scan

Gmapping SLAM 所必需的激光雷达数据，类型为 sensor_msgs/LaserScan。

（2）/tf 及 /tf_static

坐标变换，类型为第一代的 tf/tfMessage 或第二代的 tf2_msgs/TFMessage。其中必须有两个 tf，一个是 base_frame 与 laser_frame 之间的 tf，即机器人底盘和激光雷达之间的坐标变换；另一个是 base_frame 与 odom_frame 之间的 tf，即底盘和里程计原点之间的坐标变换。odom_frame 可以理解为里程计原点所在的坐标系。

/tf 维护了整个 ROS 三维世界里的坐标变换关系。slam_gmapping 要从中读取的数据是 base_frame 与 laser_frame 之间的 tf，只有这样才能够把周围障碍物变换到机器人坐标系下。base_frame 与 odom_frame 之间的 tf 反映了里程计（电机的光电码盘、视觉里程计、IMU）的监测数据，也就是机器人里程计测得走了多少距离，它会把这段变换发布到 odom_frame 和 laser_frame 之间。因此，slam_gmapping 会从/tf 中获得机器人里程计的数据。

slam_gmapping 节点的输出有如下 4 个。

（1）/tf

主要是输出 map_frame 和 odom_frame 之间，即地图坐标系和里程计坐标系之间的坐标变换信息。这其实就是对机器人的定位。通过连通 map_frame 和 odom_frame，使得 map_frame 与 base_frame 甚至与 laser_frame 都连通了，这样便实现了服务机器人在地图上的定位。

（2）/slam_gmapping/entropy

std_msgs/Float64 类型，反映了机器人位姿估计的分散程度。

（3）/map

用 Gmapping 算法建立的地图。

（4）/map_metadata

地图的相关信息。

Gmapping 算法基于 RBPF，因为 RBPF 比较成熟稳定，因而 Gmapping 算法也比较稳定，建图效果一般比较好。但在比较复杂的特征环境中，粒子计算的复杂度大幅增加，可能会出现边界不够清晰、边界线较粗的情况。同时，Gmapping 算法无回环，并且非常依赖里程计，无法适用于空中飞行器及地面不平坦区域，但是在长廊及低特征场景中建图效果非常好。

由于 Gmapping 算法中需要设置的参数很多，利用 rosrun 命令启动单个节点的效率很低。因此，一般可以把 Gmapping 的启动写到 launch 文件中，同时把 Gmapping 需要的一些参数也提前设置好，写进 launch 文件或 YAML 文件。

2. Hector SLAM 建图算法

Hector SLAM 算法利用高斯－牛顿方法来解决 scan-matching 问题，获得激光点集映射到已有地图的刚体变换，为避免局部最小而非全局最优，使用多分辨率地图。Hector SLAM 建图法的鲁棒性较好，对传感器的要求较高。因为该算法无法利用里程计的信息，所以它需要激光雷达具有较高的更新频率和较小的测量噪声。图 3-18 是 Hector SLAM 算法建图的整体流程。

数据输入 ⇒ 枚举每一帧数据进行匹配 ⇒ 调用匹配方法迭代计算 ⇒ 计算 H 矩阵和 dTr 向量 ⇒ 双线性插值计算栅格概率 ⇒ 更新地图

图 3-18 Hector SLAM 算法的流程

在实际建图过程中，需要机器人的运动速度控制在比较低的情况，建图的效果才会比较理想，这也是该算法没有回环的一个后遗症。但是正是不需要里程计，才能使空中飞行器和地面不平坦区域的建图得以实现。

Hector SLAM 算法在机器人快速移动的时候，激光雷达的数据点不够丰富，不能很好地进行迭代计算，因而可能会出现地图不完整的情况。

Hector SLAM 算法比较适合手持式的激光雷达，并且对激光雷达的扫描频率有一定要求。Hector SLAM 算法的建图效果不如 Gmapping，因为它仅用到激光雷达信息，所以建图与定位的依据就不如多传感器结合的效果好。但 Hector SLAM 算法适合手持移动机器人或本身就没有里程计的机器人使用。

3. Cartographer 建图算法

Cartographer 是谷歌开发的跨平台的实时室内建图算法，其采用谷歌自家开发的 ceres 非线性优化方法，支持多传感器数据融合（激光雷达、里程计、IMU）及 2D、3D SLAM 建图，具有较好的鲁棒性，对于室内大环境建图有着非常稳定的效果。

Cartographer 算法主要分为两大部分：local SLAM（前端检测）和 global SLAM（后端闭环检测）。

前端检测：里程计与 IMU 数据进入 PoseExtraPolator 航迹推算，得到机器人位姿，然后给到 Scan Matching 作为匹配的初始值；雷达 range data 数据经过体素滤波（voxel filter）和自适应体素滤波（adaptive voxel filter），进入 Scan Matching 作为观测值；Scan Matching 用基于 ceres 优化的 scanMatching 方法获得观测最优位置估计，经过动态滤波（motion filter），作为位置最优估计构建 submap，从而得到很多子地图 submap。

后端闭环检测：将前端检测得到的 submap 传入后端闭环检测部分，用稀疏点调整（sparse pose adjustment，SPA）方法进行闭环优化，最后得到地图。

Cartographer 算法安装完成后，需要新建 launch 文件及 lua 文件，用于匹配不同的建图需求。进入 cartographer_ros/cartographer_ros/launch 目录后，在 Cartographer 提供的 demo_revo_lds.launch 文件基础上进行参数的配置与修改，修改完成后重新编译，就可以使用 Cartographer 算法进行建图了。

4. KartoSLAM 建图算法

KartoSLAM 算法基于图优化的思想，以图的方式表示地图。每个节点表示机器人轨迹的一个位置点和传感器测量数据集，每个新节点加入，就会进行计算更新。该算法属于较轻量级算法，运行配置难度低，使用里程计进行位姿预估，非常适合轮式机器人。同时，因为 KartoSLAM 算法基于图优化，所以具有回环检测功能，能在较大场景中使用。

KartoSLAM 算法的 ROS 版本，其中采用的 SPA 与扫描匹配和闭环检测相关。地标（landmark）越多，内存需求越大，然而图优化方式相比其他方法在人环境下制图优势更大，在某些特定情况下 KartoSLAM 算法效果更突出，因为它仅包含位姿图（pose graph），求得位姿后再求地图。

KartoSLAM 算法采用了 SLAM 传统的软实时（soft real-time）运行机制，每有一帧数据输入，立即进行处理，其基本流程主要包含运动更新、扫描匹配、回环检测和后端优化。

运动更新是指 KartoSLAM 算法利用里程计数据和激光数据对机器人位姿进行更新。扫描匹配是指以里程计估计的位置为中心的一个矩形区域，用以表示最终位置的可能范围，在匹配时，遍历搜索区域，获取响应值最高的位置。回环检测是找到机器人本身是否回到已访问过场景的过程，并为后端优化提供约束。后端优化是指用图的方式来表示机器人测量的历史记录，且图中节点表示由相关扫描匹配（correlative scan matching，CSM）计算的位姿。利用位姿和约束建立约束方程，使用莱文伯格－马夸尔特（Levenberg-Marquardt，LM）方法作为框架，通过迭代求得一组机器人位姿的线性解。

三、可视化工具 RViz

机器人系统中存在大量数据，这些数据无法让开发者直观地感受数据所描述的内容，因而需要将这些数据可视化。机器人可视化工具 RViz 是 ROS 中最常用的可视化工具之一，它是一个可视化开源工具，用于显示机器人模型、传感器数据、机器人状态信息和运动规划等数据信息。

RViz 提供了丰富的功能和可定制的界面，使用户能够以三维方式查看机器人模型、传感器数据和环境地图等。它支持多种类型的可视化对象，包括点云、网格模型、标记、路径、激光扫描和相机图像等。在扫地机器人自建地图时，可以利用 RViz 实时观测到机器人的状态和地图的形成过程。

1. RViz 的主要特性

（1）可视化机器人模型

RViz 可以加载和显示机器人的三维模型，并根据实际的关节状态进行动态更新。这使用户能够直观地了解机器人的外观和姿态。

（2）显示传感器数据

RViz 可以接收和显示来自机器人传感器（如激光雷达、摄像头、IMU 等）的数据。用户可以实时查看和分析传感器数据，帮助理解机器人周围的环境。

（3）生成导航地图

RViz 可以通过接收来自 SLAM 或其他建图算法的数据，生成并显示机器人所在环境的二维或三维地图。

（4）调试运动规划

RViz 可以显示机器人的路径规划结果，并提供交互式界面来调试和优化运动规划算法。用户可以可视化虚拟路径、障碍物和碰撞检测等信息。

（5）可定制性

RViz 提供了丰富的配置选项，允许用户按照自己的需求自定义界面布局、可视化对象和颜色风格等。用户可以根据实际情况进行个性化设置，以满足特定的可视化需求。

在终端输入如下命令可以启动 RViz。

```
$ rosrun rviz rviz
```

如图 3-19 所示，RViz 打开后会显示默认的配置文件。RViz 窗口中呈现收到的机器人参数信息，窗口左侧的插件相当于一个个的订阅者，RViz 通过接收订阅的信息，实时显示机器人的状态。可以在 RViz 中加载机器人模型、传感器数据或其他可视化对象。在启动 RViz 之前，必须确保已经运行了 ROS 核心节点（运行 roscore）或其他必要的 ROS 节点。

这样才能确保 RViz 与其他 ROS 组件进行通信与交互。

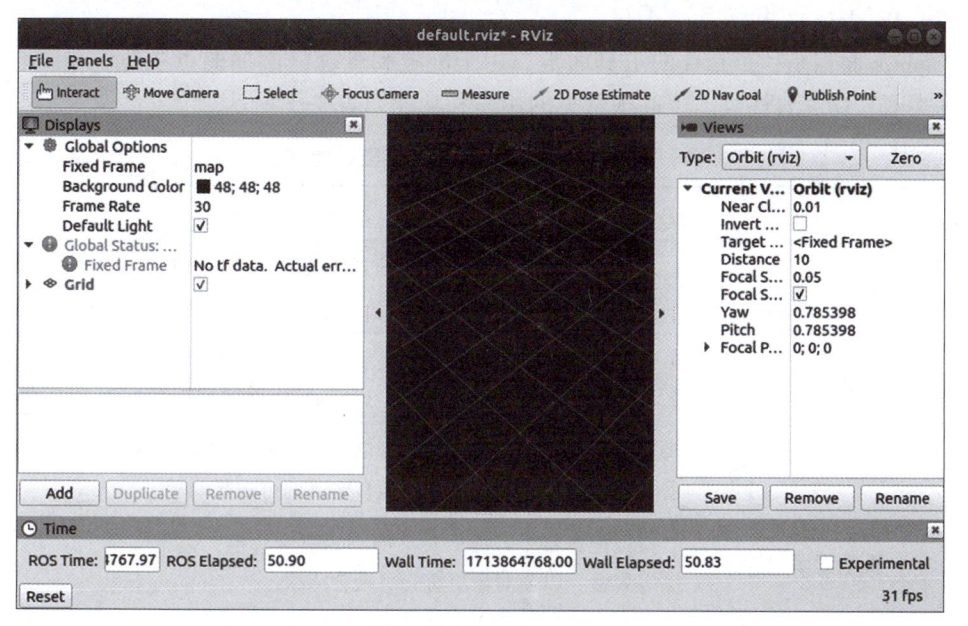

图 3-19 RViz 窗口

RViz 窗口默认的菜单栏和工具栏如表 3-3 和表 3-4 所示。

表 3-3 RViz 窗口默认的菜单栏

序号	菜单名称	功能
1	File（文件）	包括打开、保存和退出相关功能
2	Panels（面板）	提供额外的面板，如属性、TF、插件等，用于配置和监控
3	Help（帮助）	提供关于 RViz 的帮助文档和其他辅助功能

表 3-4 RViz 窗口默认的工具栏

序号	工具名称	功能
1	Interact（交互）	与可视化对象进行交互，如拖动、旋转等
2	Move Camera（移动相机）	移动相机视角
3	Select（选择）	可以单击选择特定的可视化对象
4	Focus Camera（聚焦相机）	相机视角对准某个特定的点
5	Measure（测量）	测量两点之间的距离
6	2D Pose Estimate（二维姿态估计）	在 2D 地图上设置机器人的初步估计位置和方向
7	2D Nav Goal（二维导航目标）	在 2D 地图上设置机器人的导航目标
8	Publish Point（发布点）	发布一个在 3D 空间中选定的点

2. RViz 窗口中的主要面板

（1）Displays 面板

Displays 面板是一个重要的工具面板，用于配置和管理已添加的可视化元素，包括选择显示类型、修改属性等。该面板常见的用途和功能如表 3-5 所示。

表 3-5 Displays 面板的主要功能

序号	名称	功能
1	全局选项	用于控制所有可视化对象的共享设置，可以更改全局视图模式、坐标轴显示和背景颜色等
2	显示类型	Displays 面板提供了多个显示类型选项，包括点云（PointCloud2）、激光数据（LaserScan）、图像（Image）、路径（Path）等
3	添加可视化对象	通过 Add 按钮，在 Displays 面板中添加新的可视化对象，可以是机器人模型、传感器数据或其他自定义的可视化对象
4	配置显示属性	可以配置每个可视化对象特定的显示属性，包括颜色、尺寸、透明度等属性，以使对象更符合可视化需求
5	可视化对象列表	已添加的可视化对象以树形列表的形式显示在 Displays 面板中。可以对列表中的对象进行后续的配置和操作
6	删除和禁用对象	可以对列表中的对象进行删除或禁用操作

不同类型的可视化对象可能会有一些特定的配置选项，利用 Displays 面板可以自由地探索和配置 RViz 中的可视化对象，以满足项目开发的具体需求。在对可视化对象进行更改或调整后，需要单击 Apply 按钮来应用更改，这样就可以在 3D 视图窗口中观察到更新后的效果了。

（2）View 面板

View（视图）面板是一个用于配置和控制三维视图的工具面板，用于调整 RViz 窗口的布局和显示设置，如放大/缩小、重置视图、显示面板等。

（3）Time 面板

Time（时间）面板是一个用于控制时间和相关功能的工具面板。它可以调整时间、播放/暂停可视化数据及设置时间相关的参数。

3. RViz 的鼠标控制操作

在 RViz 中，还可以使用鼠标来控制视图的旋转、平移和缩放操作，以改变场景的显示和查看。以下是一些常用的鼠标控制操作。

（1）旋转视图

按住鼠标右键并拖动，可以旋转视图。当拖动鼠标时，场景会随之旋转，以改变视角。

（2）平移视图

按住鼠标滚轮（或同时按住鼠标左右键）并拖动，可以平移视图。这样可以改变场景在视图中的位置。

（3）缩放视图

滚动鼠标滚轮可以进行视图的缩放。向前滚动可以放大视图，向后滚动可以缩小视图。

（4）选择对象

单击可以选择特定的对象。选中对象后，可以对其进行进一步的操作，例如，移动或调整属性。

四、ROS 地图

目前，机器人学中的地图有四种：栅格地图、特征地图、直接表征地图和拓扑地图。

栅格地图又称占据栅格地图，它实际上就是把环境划分成一系列栅格，每个栅格用一个相应的占据变量来描述，该变量的值表示该栅格被占据的概率。特征地图是用有关的点、直线、面等几何特征来表示外部环境，建图的数据存储量和计算量都较小，但往往不能反映一些必需信息，常用于 VSLAM 算法中。直接表征地图类似卫星地图，它直接用传感器读取的数据经过简单处理来构建机器人的位姿空间，省去了特征或栅格表示等中间环节，相对更加直观。拓扑地图最为抽象，它把室内环境表示为拓扑结构图，图中带结点和连接线，其中的结点表示门、拐角、电梯等重要位置点，边线表示结点间的连接关系。

比较而言，特征地图容易漏掉一些障碍物信息，直接表征地图的数据存储量太大，拓扑地图又不能用于 SLAM。而栅格地图既能表示环境中的很多特征信息，又不直接记录来自传感器的原始数据，是空间和时间消耗的最优组合。因此，栅格地图是目前机器人最为广泛使用的一种地图，机器人可以用栅格地图来进行路径规划和导航。

利用 ROS 中的经典算法建图后，可以运行 map_server 功能包中的 map_saver 节点保存地图。ROS 会将地图以一个 PGM 图像文件和一个 YAML 文件的形式保存。其中，PGM 图像文件是一张普通的灰度图片。YAML 文件则描述了地图的相关属性，一般包含地图所在的路径、地图的分辨率、地图原点坐标、占用区域的阈值、空闲区域的阈值、占用概率数据的列表等。不同的机器人配置，或者使用不同的传感器都会得到不同的 YAML 文件内容。ROS 地图的 YAML 文件可以用于定位导航和路径规划。

图 3-20 所示为实训室的 ROS 栅格地图，图上的黑色像素点表示障碍物，白色像素点形成的区域表示可行区域，灰色像素点形成的区域是未探索的区域。

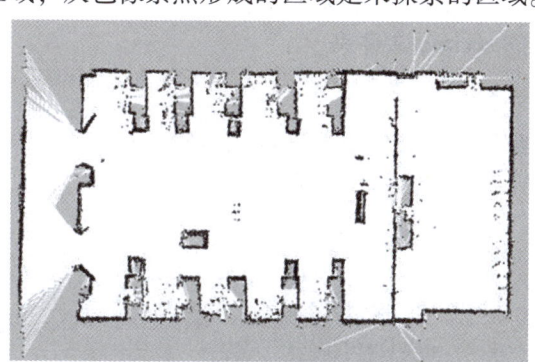

图 3-20 实训室的 ROS 栅格地图

SLAM 建图时，可以在 RViz 窗口中看到一张地图逐渐建立起来的过程，类似于一块块拼图拼接成一张完整的地图。这张地图对于机器人定位、路径规划都是必不可少的信息。本质上来讲，地图在 ROS 中是以话题的形式来维护和呈现的，话题的名称是"/map"，话题的消息类型是 nav_msgs/OccupancyGrid。

由于话题/map 中存储的是一张图片，为了减少不必要的开销，这个话题一般采用锁存（latched）的方式来发布。锁存的意思：如果地图没有更新，就维持上次发布的内容不变，此时如果有新的订阅者订阅地图消息，订阅者就会收到上次发布的地图消息；如果地图更新了（如 SLAM 又建出来新的地图），这时话题/map 才会发布新的内容。锁存器的作用就是，将发布者最后一次发布的消息保存下来，然后把它自动发送给后来的订阅者。这种方式非常适合变动比较慢、相对固定的数据（如地图），锁存的方式既可以减少通信中对带宽的占用，也可以减少消息资源维护的开销。

如果想查看地图发布话题的消息类型 OccupancyGrid 是如何定义的，可以在终端使用 show 命令来查看消息。

```
$ rosmsg show nav_msgs/OccupancyGrid
```

或者直接用 rosed 命令来查看。

```
$ rosed nav_msgs OccupancyGrid.msg
```

【任务实施】

本项目中，假设两个房间是长方形叠加的形状，设计的扫地机器人扫图的路线为 1.5 m×0.6 m 的闭合长方形，扫地机器人扫图完毕后会回到起点。用户唤醒扫地机器人后，只需发出"开始扫图"的语音命令，扫地机器人会立即启动建图程序。请按照下列步骤自主完成项目任务，让扫地机器人按照既定的路线实现两个房间的扫图。

1. 在工作空间的 src 目录下新建一个名为 map_test 的功能包

```
$ catkin_create_pkg map_test std_msgs rospy
```

2. 在 map_test 功能包路径下创建一个文件夹

```
$ mkdir scripts
```

创建的 scripts 文件夹用于存放 Python 代码文件。

3. 进入功能包所在的 scripts 文件夹

```
$ roscd map_test/scripts
```

4. 在当前路径下，编写一个自定义的节点 demo04.py

关键代码和相关注释如下。完整代码请扫二维码查看。

```
class Vkbot_slam():
    def __init__(self):
        rospy.init_node('vkbot_slam_control', anonymous=False)
        rospy.on_shutdown(self.shutdown)
        self.cmd_vel_pub = rospy.Publisher('/cmd_vel_mux/input/teleop', Twist,queue_size=5)   #发布速度控制话题
```

demo04 文件

```python
        #订阅语音唤醒话题
        rospy.Subscriber('/start/talk', VKA, self.vkbot_voice_wake_callback)
        #定义语音合成客户端
        rospy.wait_for_service('/xf_mic_tts_offline_node/play_txt_wav')
        rospy.loginfo("Connected to vkbot_speak_voice server!")

        #定义语音识别客户端
        rospy.wait_for_service('/xf_asr_offline_node/get_offline_recognise_result_srv')
        rospy.loginfo("Connected to vkbot_listen_voice server!")

        self.rate = rospy.Rate(50)
        rospy.loginfo("Vkbot Start successfully!")

    def vkbot_move(self,linear, angular, time):            #底盘速度控制函数
        cmd = Twist()
        cmd.linear.x = linear
        cmd.angular.z = angular

        #延时处理
        start_time = rospy.get_time()
        while not rospy.is_shutdown():
            self.cmd_vel_pub.publish(cmd)
            rospy.loginfo("Run......")
            self.rate.sleep()
            end_time = rospy.get_time()
            if (end_time - start_time) > time:             #到达时间后,退出延时
                break
        self.vkbot_stop()

    def vkbot_stop(self):                                  #底盘停止函数
        cmd = Twist()
        cmd.linear.x = 0.0
        cmd.angular.z = 0.0
        self.cmd_vel_pub.publish(cmd)
        rospy.loginfo("Stop!")
    def vkbot_voice_wake_callback(self, data):             #语音唤醒后处理函数(语音唤醒后自动调用)
        try:
            offline_recognise_start=data.a
            confidence_threshold=data.b
            time_per_order=data.c
            #调用语音识别客户端,进行语音识别操作
            vkbot_asr_client = rospy.ServiceProxy('/xf_asr_offline_node/get_offline_recog
            nise_result_srv', Get_Offline_Result_srv)
```

```python
        rospy.loginfo("vkbot Start to recognize......")
        #请求语音识别服务调用,输入识别操作
        response = vkbot_asr_client(offline_recognise_start,confidence_threshold,time
        _per_order)

        if response.result == "ok":
            rospy.loginfo("vkbot listen ok!")
            #获取识别到的内容
            talk_text=response.text
            #把内容从unicode格式转换为utf8格式
            if not isinstance(talk_text, unicode):
                talk_text = unicode(talk_text, "utf8")
            self.vkbot_talk_match(talk_text)
        elif response.result == "fail":
            rospy.loginfo("vkbot listen fail!")
        return response.result
    except rospy.ServiceException as e:
        print("Service call failed: %s"% e)


def vkbot_talk_match(self, text):                    #语音识别匹配函数
    global voice_flag
    #获取识别到的内容
    date=text
    if date == u"开始扫图":
        rospy.loginfo("开始扫图!")
        voice_flag=1


def vkbot_speak(self, text):                         #离线语音播报函数
    try:
        #调用语音合成客户端,进行语音合成操作
        vkbot_voice_client = rospy.ServiceProxy(' /xf_mic_tts_offline_node/play_
        txt_wav' , Play_TTS_srv)
        #请求语音合成服务调用,输入具体的语音内容
        response = vkbot_voice_client(0,text, "xiaoyan")
        rospy.loginfo("vkbot speak ok!!")
        return response.result
    except rospy.ServiceException as e:
        print("Service call failed: %s"% e)


def vkbot_speak_exist(self, path_filename ):         #离线语音播报函数
    try:
        #调用语音合成客户端,进行语音合成操作
        vkbot_voice_client = rospy.ServiceProxy(' /xf_mic_tts_offline_node/play_txt_
        wav' , Play_TTS_srv)
```

```
            #请求语音合成服务调用,输入具体的语音内容
            response = vkbot_voice_client(1,path_filename, "xiaoyan")
            rospy.loginfo("vkbot speak ok!!")

            return response.result
        except rospy.ServiceException as e:
            print("Service call failed: %s"%e)

    def shutdown(self):
        rospy.loginfo("Stopping the vkbot...")
        rospy.sleep(2)
```

代码解析如下。

上述代码定义了一个 Vkbot_slam 类。该类首先进行了一些初始化操作,然后定义了几个函数,用于实现机器人扫图。其中,vkbot_move( )是底盘速度控制函数,vkbot_stop( )是底盘停止控制函数,vkbot_voice_wake_callback( )是语音唤醒后的回调函数,vkbot_talk_match( )是语音识别匹配函数,vkbot_speak( )是离线语音播报函数,vkbot_speak_exist( )是离线语音播报已有音频的函数。

关于语音的几个函数主要用于语音唤醒机器人,并且让机器人能够识别出用户的语音命令。

```
if __name__ == '__main__':
    try:
        vkaibot = Vkbot_slam()
        rospy.sleep(2)
        while voice_flag==0:
            pass

        #前进10 s,x 轴线速度为0.15 m/s
        vkaibot.vkbot_move(0.15,0.0,10)
        rospy.sleep(2)
        #原地左转8 s,z 轴旋转速度为0.3 rad/s
        vkaibot.vkbot_move(0.0,0.3,8)
        rospy.sleep(2)
        #前进4 s,x 轴线速度为0.15 m/s
        vkaibot.vkbot_move(0.15,0.0,4)
        rospy.sleep(2)
        #原地左转8 s,z 轴旋转速度为0.3 rad/s
        vkaibot.vkbot_move(0.0,0.3,8)
        rospy.sleep(2)
        #前进10 s,x 轴线速度为0.15 m/s
        vkaibot.vkbot_move(0.15,0.0,10)
        rospy.sleep(2)
        #原地左转8 s,z 轴旋转速度为0.3 rad/s
```

```
        vkaibot. vkbot_move(0. 0,0. 3,8)
        #前进4 s,x轴线速度为0.15 m/s
        vkaibot. vkbot_move(0. 15,0. 0,4)

        rospy. sleep(2)
        #原地左转8 s,z轴旋转速度为0.3 rad/s
        vkaibot. vkbot_move(0. 0,0. 3,8)

        rospy. spin()
    except rospy. ROSInterruptException:
        rospy. loginfo("vkbot Navigation test finished. ")
```

代码解析如下。

上述代码是程序的主函数，在机器人识别到"开始扫图"指令后，会按照规划的长方形闭合路线行进，从而完成扫图。

5. 为自定义节点 demo04. py 添加可执行权限

```
$ chmod +x demo04. py
```

6. 启动 gmapping 建图节点

```
$ roslaunch vkbot_navigation vkbot_gmapping_RViz_demo. launch
```

7. 重新打开一个终端，启动语音合成节点

```
$ roslaunch xf_mic_tts_offline xf_mic_tts_offline. launch
```

8. 重新打开一个终端，启动语音识别节点

```
$ roslaunch xf_mic_asr_offline xf_mic_asr_offline. launch
```

9. 重新打开一个终端，运行自定义节点

```
$ rosrun map_test demo04. py
```

10. 手动保存地图

```
$ rosrun map_server map_saver - f new_map
```

在不关闭 RViz 窗口的情况下，在 map_test/scripts 路径下新开一个终端，输入上述命令，将建好的地图以 new_map 命名保存到当前路径。至此，扫地机器人完成家居房间的建图，并将栅格地图保存到指定的路径。

建好的 ROS 地图如图 3-21 所示。

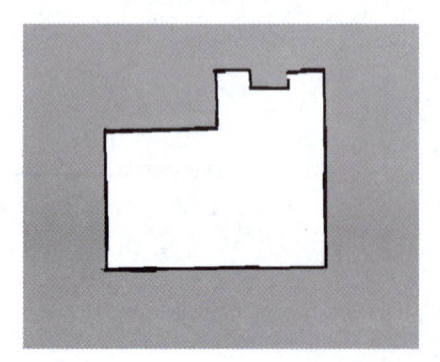

图 3-21 ROS 地图

步骤6~步骤9是分别启动launch文件来启动各种功能节点，如果想要一次性启动所有节点，可以编写如下的sh脚本实现。运行时双击该sh脚本或右击运行即可。

```
#! /bin/bash
source /opt/ros/melodic/setup.bash
source /home/vkrobot/vkaibot_ws/devel/setup.bash

sleep 2s
gnome-terminal -- geometry=80x10+1200+0 -x roslaunch vkbot_navigation vkbot_gmapping_RViz_demo.launch

sleep 2s
gnome-terminal -- geometry=80x10+1200+0 -x roslaunch xf_mic_tts_offline xf_mic_tts_offline.launch

sleep 2s
gnome-terminal -- geometry=80x10+1200+0 -x roslaunch xf_mic_asr_offline xf_mic_asr_offline.launch

sleep 2s
gnome-terminal -- geometry=80x10+1200+0 -x rosrun gzpyp_demo demo04.py
```

具体运行效果请扫二维码查看。

建图视频

【任务评价】

班级		姓名		日期	
自我评价	1. 是否熟悉 ROS 地图的概念和地图文件的内容				□是 □否
	2. 是否熟悉 SLAM 原理				□是 □否
	3. 是否了解经典的建图算法				□是 □否
	4. 是否会正确使用 RViz 进行服务机器人调试				□是 □否
	5. 是否能编写节点代码并利用经典算法进行 SLAM 建图				□是 □否
	6. 是否能正确保存 ROS 地图到指定路径				□是 □否
自我总结					

续表

班级		姓名		日期		
小组评价	是否遵守课堂纪律				□优 □良	
					□中 □差	
	是否遵守"服务机器人应用技术员"职业守则				□优 □良	
					□中 □差	
	是否积极与小组成员团结协作完成项目任务				□优 □良	
					□中 □差	
	是否积极参与课堂教学活动				□优 □良	
					□中 □差	
异常情况记录						

【任务拓展】

为了更好地掌握专业知识与技能，请参考上述扫地机器人自建地图任务的开发流程，在服务机器人主机上通过修改 demo04.py 文件中的代码，编写不同的扫图路线，完成扫地机器人的建图任务。

完整代码请扫二维码查看，关键代码参考如下。

```
#前进 10 s, x 轴线速度为 0.2 m/s
vkaibot.vkbot_move(0.2, 0.0, 10)
rospy.sleep(2)
#原地左转 8 s, z 轴旋转速度为 0.3 rad/s
vkaibot.vkbot_move(0.0, 0.3, 8)
rospy.sleep(2)
#前进 5 s, x 轴线速度为 0.2 m/s
vkaibot.vkbot_move(0.2, 0.0, 5)
rospy.sleep(2)
#原地左转 8 s, z 轴旋转速度为 0.3 rad/s
vkaibot.vkbot_move(0.0, 0.3, 8)
rospy.sleep(2)
#前进 10 s, x 轴线速度为 0.2 m/s
vkaibot.vkbot_move(0.2, 0.0, 10)
rospy.sleep(2)
#原地左转 8 s, z 轴旋转速度为 0.3 rad/s
vkaibot.vkbot_move(0.0, 0.3, 8)
rospy.sleep(2)
#前进 5 s, x 轴线速度为 0.2 m/s
vkaibot.vkbot_move(0.2, 0.0, 5)
rospy.sleep(2)
#原地左转 8 s, z 轴旋转速度为 0.3 rad/s
vkaibot.vkbot_move(0.0, 0.3, 8)
```

建图拓展文件

上述程序中修改了机器人的移动速度，设计的扫图路线为 2 m×1 m 的长方形，适合客厅等大面积区域的扫图。

项目 5　安防机器人多点巡航

【情境导入】

在各类大型商场、仓库、车间、工业园区等场所，越来越多的安防机器人被使用。安防机器人是一种具备巡逻执勤、自主导航、语音交互、智能识别等诸多功能的高效智能的安全保护设备，能够在多种场景中提供全方位的安全保障服务。巡航是安防机器人的一项重要功能。

元旦游园活动即将在某市的中心公园举办，中心公园里游人如织。为了保障广大市民的安全，维护中心公园的秩序，某市决定引入安防机器人在公园的关键区域进行巡航。为此，一支技术团队承担了安防机器人项目的开发任务。李工程师是技术团队中的一员，负责安防机器人的多点巡航项目开发。

让我们跟随李工程师，利用 ROS 导航功能包实现安防机器人的多点巡航。

【学习目标】

1. 知识目标

（1）熟悉机器人定位与导航的概念。

（2）熟悉 ROS 导航功能包及其核心节点 move_base。

2. 技能目标

（1）能正确配置并启动 ROS 导航功能包。

（2）能实现安防机器人的多点巡航。

3. 素养目标

（1）养成精益求精的学习态度。

（2）培养遵守规则的工作习惯。

【知识导入】

1. 机器人的定位与导航

服务机器人要服务于人类，必然需要具备自主移动的能力，而导航技术则是实现服务机器人自主移动的关键技术。机器人导航系统通过定位、路径规划和运动控制等功能，使机器人能够按照预定的任务命令，根据已有的地图信息和目标点位姿（位置和姿态），结合传感器数据做出路径规划，并在行进过程中不断感知周围环境信息，做出各种决策，随时调整自身位姿，最终到达目标位置。

定位是导航最基本也是至关重要的一个环节，它使服务机器人能够确定自身在导航地图中的位置和方向。如果机器人无法正确定位自身的当前位置，后续规划的路径也必定是错误的。机器人定位是建立地图坐标系和机器人局部坐标系一致性的过程，用来确定机器人在给定地图中的具体位姿，通常又称位置估计。

路径规划的主要目标是为机器人寻找一条路径，主要涉及在给定的工作环境中，基于某些性能指标，如工作代价最小、行走路线最短、行走时间最短等，让机器人能够自动规划出一条从起点到目标点的可以避开障碍物的最优或接近最优的路径，以实现高效、准确和安全的移动。为了实现这一目标，需要使用各种算法和策略。在路径规划的过程中，还需要考虑许多因素，如机器人的尺寸、形状、运动能力、速度、加速度等，以及工作环境中的障碍物、地形、布局等。此外，还需要考虑服务的目的和要求，例如，对于需要执行特定任务的机器人，如巡检、送货等，路径规划需要更加精细和准确。

机器人导航系统通常包括全局路径规划和局部路径规划两类。全局路径规划根据给定的目标点位姿和地图实现全局从起点到目标点的最优路径设计与生成。全局路径规划是一种宏观的事前规划，主要为机器人在运动中提供核心运动点，保证机器人安全到达目标点，但全局路径规划生成的可能不是一条轨迹，而是一些离散的点。局部路径规划可以对机器人的速度、加速度等参数进行约束。在实际导航过程中，由于障碍物或环境变化的影响，移动机器人可能无法按照给定的全局最优路线运行，因此需要局部路径规划在全局路径上生成短期局部的路径来绕开障碍物等，实现临时避障。

此外，机器人导航还包括运动控制模块。运动控制模块则基于全局和局部路径规划生成的路径，结合定位功能输出的实时位姿对机器人进行运动控制，以保证服务机器人能尽可能地沿着规划的路径移动。

机器人导航技术有多种应用场景，如安保巡检、家政服务、工业生产、农业采摘、医疗辅助等领域。随着人工智能技术的不断发展，机器人导航技术也在逐步提高和完善，为未来服务机器人的广泛应用打下坚实的基础。

2. ROS 导航功能包

导航是机器人最基本的功能之一，ROS 提供了一整套的解决方案，包括全局与局部的路径规划、代价地图、异常行为恢复、地图服务器等，这些开源工具包极大地减少了项目开发的工作量，任何一套服务机器人硬件平台利用这套方案都可以快速地部署，实现导航。

navigation stack 就是 ROS 的导航功能包，它是一个元包（metapackage），里面包含了 ROS 在路径规划、定位、地图、异常行为恢复等方面的很多功能包，其中运行的算法非常经典。navigation stack 的主要作用就是进行路径规划，通常是输入各种传感器的数据，输出速度值。

（1）move_base 核心节点

move_base 是 ROS 导航功能包的核心节点，它通过整合路径规划、避障、控制等功能，使机器人能够自主导航。图 3-22 所示为 ROS 导航功能包的框架，该图中间的矩形就是 move_base 节点。move_base 节点好比一个功能强大的路径规划器，在实际导航任务中，只需要启动这个节点，同时给该节点提供数据信息，就可以规划出路径和输出机器人移动速度，从而实现机器人导航。

根据图 3-22 中箭头的方向可以看出，move_base 节点进行路径规划时需要输入 5 个参量，规划出路径后输出 1 个参量，其输入输出参量如表 3-6 所示。

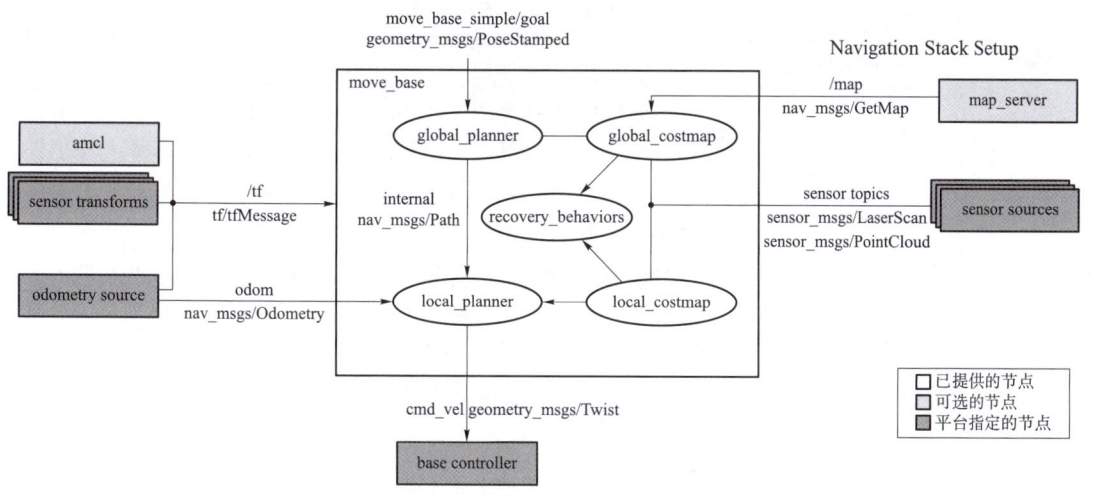

图 3-22　ROS 导航功能包框架

表 3-6　move_base 节点的输入与输出

输入	/tf	要提供的 tf 包括 map_frame、odom_frame、base_frame，以及机器人各关节之间完整的 TF 树
	/odom	里程计信息
	sensor_topics	传感器的输入信息，最常用的是激光雷达（sensor_msgs/LaserScan 类型），也可以是点云数据（sensor_msgs/PointCloud）
	/map	地图，可以由 SLAM 程序提供，也可以由 map_server 指定已知地图
	/goal	目标点位置
输出	/cmd_vel	输出为 geometry_msgs/Twist 类型，是每一时刻规划的机器人速度信息

有以下几点需要注意。

1）输入参量中前 4 个话题是必须持续提供给导航系统的，最后一个目标点位置/goal 是可随时发布的话题。

2）move_base 并不会去发布 tf 话题，因为对于路径规划问题来说，地图和位置应该都是已知的，定位和建图是其他节点的功能。

3）图中灰色框表示可选的节点。map_server 是可选的节点，但/map 这个话题是必需的，因为必须提供地图给 move_base 节点才能导航。

move_base 之所以能做到路径规划，是因为它包含了很多的插件。move_base 节点内的椭圆表示各类插件。global_planner、local_planner、global_costmap、local_costmap、recovery_behaviors 分别表示全局规划器、局部规划器、全局代价地图、局部代价地图、恢复行为。全局规划器使用算法在给定的地图中搜索最优路径。局部规划器等插件分别用于负责一些更细微的任务。在使用 move_base 节点之前，需要准备好地图、传感器和机器人的配置文件。move_base 节点内的插件如表 3-7 所示。

表 3-7 move_base 节点内插件

序号	插件名称	功能
1	global_planner	全局规划器使用算法在给定的地图中离线计算出最优路径，对机器人系统的实时计算能力要求不高，但对环境模型的错误和噪声鲁棒性较差，如果环境发生改变，则无法处理。经典的算法有 Dijkstra 算法、BFS 算法和 A* 算法等
2	local_planner	局部规划器允许环境信息完全未知或部分已知，能实现机器人运动时的路径规划。侧重考虑局部环境信息，根据传感器对环境的探测，获取障碍物的位置和几何性质等信息，实现机器人的实时避障。经典的算法有 TEB 算法和 DWA 算法等
3	global_costmap	全局代价地图描述全局环境信息，用于全局路径规划
4	local_costmap	局部代价地图描述全局环境信息，用于局部路径规划，主要实现机器人避障
5	recovery_behaviors	恢复行为，用于机器人碰到障碍物后自动进行逃离恢复。它会在机器人移动过程中出现异常状态时触发，目的是帮助机器人摆脱异常状态。默认恢复行为的流程：机器人通过旋转底盘来清除代价地图中的障碍物，经过清除以后，如果找到可走的路径，就继续导航，否则认为目标点不可达并报告终止导航任务

总的来说，move_base 是一个功能强大的机器人导航节点，通过整合路径规划、避障和控制等功能，为机器人提供了一个完整的导航解决方案。

（2）AMCL 节点

导航功能包中自适应蒙特卡罗定位（adaptive Monte Carlo localization，AMCL）节点的功能主要是进行机器人的定位。

AMCL 节点是基于多种蒙特卡罗融合算法在 ROS 1/ROS 2 系统中的一种实现。目前，AMCL 是 ROS 1/ROS 2 系统中最官方的定位模块，是导航模块中唯一指定的定位算法。AMCL 算法在 ROS 1/ROS 2 系统，甚至整个移动机器人领域都具有举足轻重的地位。虽然陆续有许多其他的定位算法出现，但是其他定位算法在 ROS 1/ROS 2 系统中仍然仅仅是用来辅助 AMCL 算法的。

蒙特卡罗定位（Monte Carlo localization，MCL）基于粒子滤波算法，其一大优点是不受场景的限制，算法简洁快速，同时也可以兼顾算法的精度问题。粒子滤波使用粒子密度（也就是单位区间内的粒子数）表征事件的发生概率。根据选定的评估方程来推算事件的置信程度，并根据该结果重新调整粒子的分布情况。经过若干次迭代之后，粒子就高度分布在可能性高的区域了。基于这种推论，MCL 将复杂的数学运算，转换成了计算机更易理解的迭代求解，在机器人定位问题上得到了很好的泛化。

AMCL 算法是基于 MCL 粒子滤波算法的一种改进。它将机器人在地图上的位置表示为一组粒子，每个粒子代表机器人在地图上的一个可能的位置。粒子滤波算法是一种基于概率的算法，通过对机器人的运动和传感器测量进行概率计算，来估计机器人在地图上的位置。AMCL 算法的核心是粒子的重采样。在每一次机器人运动和传感器测量后，所有粒子的权重都会发生变化，权重高的粒子将更有可能保留下来，权重低的粒子将更有可能被删除。粒子的权重是根据机器人运动和传感器测量的数据计算得出的，因此重采样后的粒子集合更加接近机器人在地图上的真实位置。

（3）代价地图

扫地机器人使用 Gmapping 算法扫描构建的是一张全局静态地图，机器人要实现导航避障功能，仅仅依靠这张静态地图是不够安全的。因为在现实环境中，总会有各种无法预料的新障碍物出现在当前地图中，或者旧的障碍物已经从环境地图中移除掉了，这就需要随时更新这张地图，使导航避障更加安全，而这一功能是靠 ROS 中的 costmap_2d 软件包来实现的。costmap_2d 软件包在原始全局静态地图上生成两张新的代价地图。一个是局部代价地图（local_costmap），另外一个是全局代价地图（global_costmap），两张代价地图一个是为局部路径规划准备的，另一个是为全局路径规划准备的。

代价地图用于描述环境中障碍物的信息，是利用激光雷达、红外测距仪等传感器的数据建立和更新的二维或三维地图。基础的代价地图由以下 3 层构成。

1) static map layer：静态地图层，基本不变的地图层，通常都是 SLAM 建立完成的静态地图，是代价地图的底层。

2) obstacle map layer：障碍地图层，用于动态地记录传感器感知到的障碍物信息。

3) inflation layer：膨胀层，在以上两层地图上进行膨胀（向外扩张），在每个致命障碍物周围插入一个缓冲区，以免机器人撞上障碍物。

代价地图采用网格（grid）形式，每个网格的值（cell cost）从 0~255 分成 3 种状态：被占用（有障碍）、自由区域（无障碍）、未知区域。机器人在规划行走路径时，被占用和未知区域是不允许行走的，而自由区域的每个小栅格，会根据其离障碍物的远近，计算出一个代价值，最终用于路径规划。

3. 导航功能包参数配置

在使用 ROS 导航功能包实现具体的一款服务机器人导航之前，需要对导航功能包进行参数配置，具体的参数配置包括以下几个方面。对于一款具体的服务机器人而言，这些参数一旦配置完成，在进行机器人项目开发时，一般不需要修改。

（1）AMCL 节点参数

AMCL 节点主要用于机器人定位，该节点的参数在导航功能包中的 amcl.ymal 文件中进行了详细配置。主要包括粒子滤波更新参数、激光模型参数、里程计模型参数、里程计噪声参数、初始位姿及协方差参数等。通过修改 amcl.ymal 文件可实现 AMCL 节点参数的配置。

（2）move_base 节点参数

move_base 节点是导航功能包的核心节点，其内部有很多插件，通过加载不同的配置文件可以载入插件和配置参数。一般使用官方的插件，也可以使用自己的路径规划算法，以插件的形式载入 move_base 节点。move_base_params.ymal 文件对 move_base 节点进行了详细的参数配置，其通用配置参数如表 3-8 所示。

表 3-8 move_base_params.ymal 文件中的通用配置参数

序号	参数名称	功能
1	shutdown_costmaps	当 move_base 在不活动状态时，是否关掉 costmap
2	controller_frequency	向底盘控制移动的话题 cmd_vel 发送命令的频率
3	controller_patience	在空间清理操作执行前，控制器等待有效控制下发的时长
4	planner_frequency	全局规划操作的执行频率。如果设置为 0.0，则全局规划器仅在收到新的目标点或局部规划器报告路径堵塞时才会重新执行规划操作
5	planner_patience	在空间清理操作执行前，规划器找出一条有效规划的最大时长
6	oscillation_timeout	执行修复机制前，允许振荡的时长
7	oscillation_distance	来回运动在大于这个距离以上不会被认为是振荡
8	base_local_planner	指定用于 move_base 的局部规划器插件名称
9	base_global_planner	指定用于 move_base 的全局规划器插件名称

（3）全局规划器参数

global_planner_params.ymal 文件对全局路径规划器的参数进行了配置，这里的全局规划器需要和 move_base 节点内选择的全局规划器的类型一致。global_planner_params.ymal 文件主要对全局规划器类型、使用的算法、路径规划器目标点的公差范围、障碍物致命区域的代价数值、中立区域的代价数值、代价因子、代价地图、每个点的朝向和位置导数等参数进行配置。

（4）局部规划器参数

teb_local_planner_params.ymal 文件对局部路径规划器的参数进行了配置，这里的局部规划器需要和 move_base 节点内选择的局部规划器类型一致。teb_local_planner_params.ymal 文件主要对机器人运动速度相关参数、目标点容忍误差、轨迹配置参数、障碍物相关参数、优化参数和并行规划参数等进行配置。此外，局部规划器可选的插件还有 dwa_local_planner。

（5）代价地图参数

costmap_common_params.ymal 文件是代价地图的共有参数配置文件，是全局代价地图和局部代价地图共用的参数，避免了在全局代价地图和局部代价地图配置文件中重复配置相同参数。共有参数配置主要包括静态地图层、障碍物层和膨胀层。静态地图层主要用于生成全局代价地图，描述全局环境的地图信息。障碍物层描述服务机器人周围的障碍物信息，膨胀层对障碍物进行膨胀，使机器人和障碍物保持一定距离。

global_costmap_params.ymal 文件是全局代价地图的参数配置文件，一般包含静态地图层和膨胀层，障碍物层可以根据需要加入。如果加入障碍物层，则可以将临时障碍物加入全局代价地图，进行动态的全局路径规划。如果不加障碍物层，则只在局部代价地图中显示临时障碍物，机器人能实现避障，但如果临时障碍物恰好在全局路径上，则会堵死全局路径，机器人无法重新规划路径。

local_costmap_params.ymal 文件是局部代价地图的参数配置文件。局部代价地图配置与全局代价地图配置相似，主要区别在于全局代价地图配置一般以静态地图为基础，而局部代价地图以机器人为中心的小范围地图为基础。

【任务实施】

请按照下列步骤自主完成多点巡航项目任务，让公园里的安防机器人进行多点巡航。

1. 在工作空间的 src 目录下新建一个名为 nav_test 的功能包

```
$ catkin_create_pkg nav_test std_msgs rospy
```

2. 在 nav_test 功能包路径下创建一个文件夹

```
$ mkdir scripts
```

创建的 scripts 文件夹用于存放 Python 代码文件。

3. 进入功能包所在的 scripts 文件夹

```
$ roscd nav_test/scripts
```

4. 在当前路径下，编写一个自定义的节点 demo05.py

关键代码和相关注释如下。完整代码请扫二维码查看。

```python
#! /usr/bin/env python
#coding=utf8
import rospy
import actionlib
from actionlib_msgs.msg import *
from geometry_msgs.msg import Pose, PoseWithCovarianceStamped
from move_base_msgs.msg import MoveBaseAction, MoveBaseGoal
navigation_flag = 0

#导航目标点
nav_goal_0 = [0.0, 0.0, 0.0, 0.0, 0.0, -0.0257688657173, 0.999667927644]    #起点
nav_goal_1 = [1.0, 0.0, 0.0, 0.0, 0.0, -0.0268991233679, 0.999638153114]    #目标点1
nav_goal_2 = [1.1, 1.0, 0.0, 0.0, 0.0, 0.977446418747, 0.211183565835]      #目标点2
nav_goal_3 = [0.0, 1.0, 0.0, 0.0, 0.0, 0.999641904038, 0.0267593664041]     #目标点3
```

demo05 文件

代码解析如下。

上述代码首先加载了程序运行时需要用到的模块，然后设置了 4 个导航目标点，其中一个目标点为起点。这些导航目标点是依据公园中具体巡航点的坐标值来设定的，通过修改不同的坐标值，可以实现对不同的巡航点进行巡航。

```python
class Vkbot_warehouse():
    def __init__(self):
        rospy.init_node('vkbot_warehouse', anonymous=False)
```

```python
        rospy.on_shutdown(self.shutdown)
        #订阅 move_base 导航服务器
        self.move_base = actionlib.SimpleActionClient("move_base", MoveBaseAction)
        self.move_base.wait_for_server(rospy.Duration(60))           #等待导航服务器的连接
        rospy.loginfo("Connected to move base server")
        rospy.loginfo("Vkbot Start successfully!")

        initial_pose = PoseWithCovarianceStamped()                   #实例化初始位姿消息包
        rospy.loginfo("Click on the map in RViz to set the intial pose...")
        #等待初始位姿数据
        rospy.wait_for_message('initialpose', PoseWithCovarianceStamped)
        rospy.Subscriber('initialpose', PoseWithCovarianceStamped,
                         self.update_initial_pose)
        while initial_pose.header.stamp == "":
            rospy.loginfo("wait for initialpose")
            rospy.sleep(1)
        rospy.loginfo("starting navigation test")

    def vkbot_navigation(self, sendgoal):
        global navigation_flag
        self.move_base.cancel_goal()                                  #取消上一次的导航服务
        #获取本次导航的目标点信息
        goal = MoveBaseGoal()
        goal.target_pose.header.frame_id = 'map'
        goal.target_pose.header.stamp = rospy.Time.now()
        goal.target_pose.pose.position.x = sendgoal[0]
        goal.target_pose.pose.position.y = sendgoal[1]
        goal.target_pose.pose.position.z = sendgoal[2]
        goal.target_pose.pose.orientation.x = sendgoal[3]
        goal.target_pose.pose.orientation.y = sendgoal[4]
        goal.target_pose.pose.orientation.z = sendgoal[5]
        goal.target_pose.pose.orientation.w = sendgoal[6]

        #发送目标点的位置信息给 move_base 导航服务器
        self.move_base.send_goal(goal)
        finished_within_time = self.move_base.wait_for_result(rospy.Duration(60))
        if not finished_within_time:                                  #如果导航失败,则停止本次导航
            self.move_base.cancel_goal()
            rospy.loginfo("vkbot timed out achieving goal")
        else:
            state = self.move_base.get_state()
            if state == GoalStatus.SUCCEEDED:
```

```
                navigation_flag = 1
                rospy. loginfo("vkbot get to goal succeeded!")

        def update_initial_pose(self, initial_pose):
            self. initial_pose = initial_pose

        def shutdown(self):
            rospy. loginfo("Stopping the vkbot...")
            self. move_base. cancel_goal()              #关闭 move_base 导航服务器
            rospy. sleep(2)
```

代码解析如下。

上述代码定义了一个 Vkbot_warehouse 类。该类首先进行了一些初始化操作,订阅了 move_base 导航服务器,然后定义了几个函数,用于实现机器人巡航。其中,vkbot_navigation() 是机器人导航函数,update_initial_pose() 是初始化位置函数,shutdown() 是关闭导航服务器函数。

vkbot_navigation() 导航函数首先取消了上一次的导航,然后获取本次导航的目标点信息,并发送目标点的位置信息给 move_base 导航服务器,最后依据是否导航成功在终端输出不同的提示信息。

```
    if __name__ == '__main__':
        try:
            #初始化类
            vkaibot = Vkbot_warehouse()
            rospy. sleep(2)
            vkaibot. vkbot_navigation(nav_goal_1)         #导航到目标点 1
            rospy. sleep(2)
            vkaibot. vkbot_navigation(nav_goal_2)         #导航到目标点 2
            rospy. sleep(2)
            vkaibot. vkbot_navigation(nav_goal_3)         # 导航到目标点 3
            rospy. sleep(2)
            vkaibot. vkbot_navigation(nav_goal_0)         #导航到起点
            rospy. spin()
        except rospy. ROSInterruptException:
            rospy. loginfo("vkbot Navigation test finished. ")
```

代码解析如下。

上述代码是程序的主函数,程序首先初始化了自定义的 Vkbot_warehouse 类,然后按照设定的目标点,依次巡航到每一个巡航点,最后回到起点。如果机器人完成巡航,会输出巡航结束的提示语 "vkbot Navigation test finished. "。

5. 新建一个地图或将已有地图复制到以下路径

/home/vkrobot/vkaibot_ws/src/vkbot/vkbot_apps/vkbot_navigation/maps

6. 启动导航节点

$ roslaunch vkbot_navigation vkbot_navigation_teb_RViz_demo.launch

在终端输入上述命令后，launch 中的多个节点会依次启动，RViz 窗口也会打开。可在 RViz 窗口中看到载入的服务机器人和地图，如图 3-23 所示。

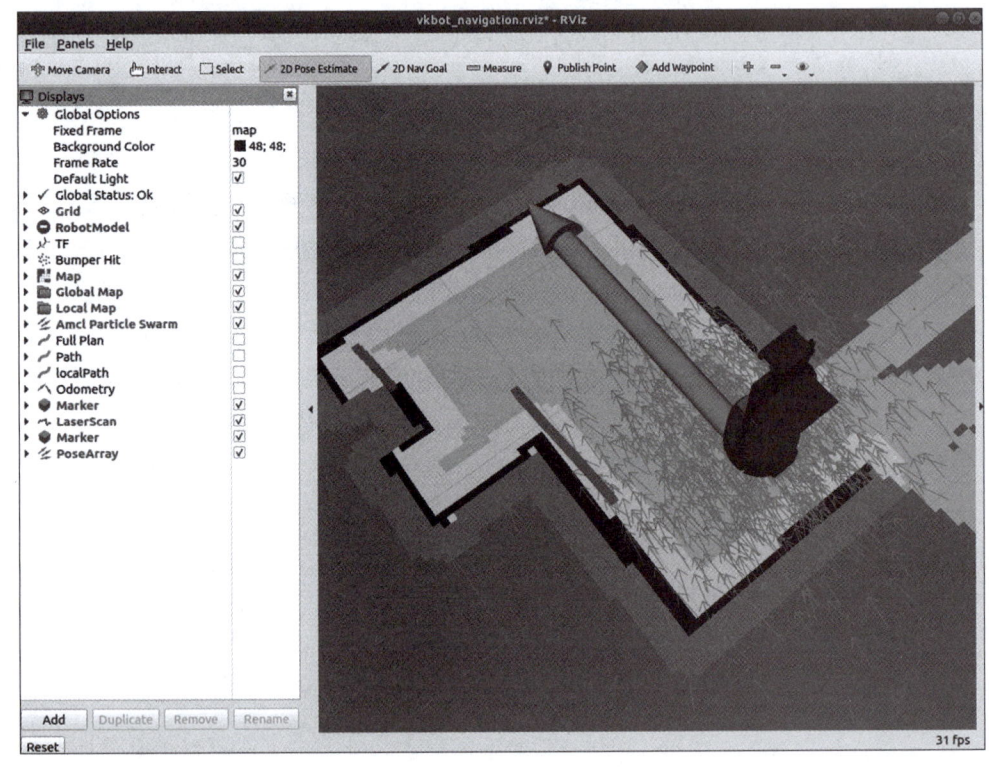

图 3-23 RViz 窗口

7. 重新打开一个终端，运行自定义节点

$ rosrun nav_test demo05.py

8. 设置机器人的初始位姿

在 RViz 窗口中使用"2D Pose Estimate"工具调整服务机器人的初始位姿，尽量使 RViz 窗口中机器人的位姿与机器人实际位姿保持一致。在设置初始位姿之后，机器人获得启动命令，将会自动按照设定的目标点依次巡航，实现安防机器人的巡检。

本项目中，机器人巡航的点是通过设置 demo05.py 文件中目标点的坐标值来设定的。其中，起点固定为地图的原点 [0.0, 0.0, 0.0, 0.0, 0.0, 0.0, 1.0]，该点表示建图起点，也可自行设定起点。其余目标点的坐标应该根据实际的地图进行设置。

具体运行效果请扫二维码查看。

巡航视频

【任务评价】

班级		姓名		日期		
自我评价	1. 是否熟悉机器人导航的概念				□是	□否
	2. 是否熟悉导航功能包的结构				□是	□否
	3. 是否熟悉 move_base 节点				□是	□否
	4. 是否熟悉 AMCL 节点				□是	□否
	5. 是否能正确设置导航目标点坐标				□是	□否
	6. 是否能编写节点代码实现服务机器人多点巡航				□是	□否
自我总结						
小组评价	是否遵守课堂纪律				□优 □中	□良 □差
	是否遵守"服务机器人应用技术员"职业守则				□优 □中	□良 □差
	是否积极与小组成员团结协作完成项目任务				□优 □中	□良 □差
	是否积极参与课堂教学活动				□优 □中	□良 □差
异常情况记录						

【任务拓展】

为了更好地掌握专业知识和技能，请参考上述安防机器人巡航任务的开发流程，在服务机器人主机上通过修改 demo05.py 中的代码，设置不同的巡航点坐标，完成仓储机器人的四点巡航任务。

巡航拓展文件

完整的参考代码请扫二维码查看，关键代码参考如下。

```
#导航目标点
#起点
nav_goal_0 = [0.0, 0.0, 0.0, 0.0, 0.0, -0.0257688657173, 0.999667927644]    #起点
nav_goal_1 = [1.6, 2.8, 0.0, 0.0, 0.0, -0.0268991233679, 0.999638153114]    #目标点1
nav_goal_2 = [5.0, -0.1, 0.0, 0.0, 0.0, 0.977446418747, 0.211183565835]     #目标点2
nav_goal_3 = [3.1, 0.8, 0.0, 0.0, 0.0, 0.999641904038, 0.0267593664041]     #目标点3
```

上述代码通过设置机器人位姿的方式来设定四个巡航点，这种方法适合于巡航空间比较大而且比较规则的场合。

项目 6　门禁机器人识别人脸

【情境导入】

在各类智能楼宇或写字大楼的大厅，越来越多的大堂配备了门禁机器人。门禁机器人像门卫一样起到安保的作用，可以实现对住户的人脸识别。

为了保障广大住户的安全，某市的一栋智能楼宇决定引入门禁机器人进行安保，让住户在大楼入口处刷脸通行。为此，一支技术团队承担了门禁机器人项目的开发任务。李工程师是技术团队中的一员，负责门禁机器人的人脸识别项目开发。

让我们跟随李工程师，利用 PyQt5 工具制作一个 UI 界面，并利用 OpenCV 库函数实现门禁机器人的人脸识别。

【学习目标】

1. 知识目标

（1）熟悉机器视觉的概念。
（2）熟悉 PyQt5 的 UI 界面制作方法。
（3）熟悉 OpenCV 库中的常用函数。

2. 技能目标

（1）能利用 PyQt5 制作简单的 UI 界面。
（2）能利用 OpenCV 库中的常用函数实现人脸识别。

3. 素养目标

（1）强化精益求精的学习态度。
（2）提升坚守规则的意识，养成求真务实的态度。

【知识导入】

一、机器视觉与目标检测

1. 机器视觉

机器视觉是一项综合技术，包括图像处理技术、机械工程技术、控制技术、光学成像技术、传感器技术、模拟与数字视频技术、计算机软硬件技术（如图像增强和分析算法、图像卡和 I/O 卡）等。机器视觉是人工智能的一个重要分支。简单说来，机器视觉技术是一种用机器代替人眼来做测量和判断的技术。

一个典型的机器视觉应用系统包括图像捕捉、光源系统、图像数字化模块、数字图像处理模块、智能判断决策模块和机械控制执行模块。机器视觉系统通过图像摄取装置（有 CMOS 相机和 CCD 相机两种）这一类的机器视觉产品将检测目标转换成图像信号，传送给专用的图像处理系统，得到检测目标的形态信息，根据像素分布和亮度、颜色等信息，转变成数字化信号。图像处理系统对这些数字信号进行各种运算来抽取目标的特征，如面积、数量、位置、长度等，再根据预设的条件输出结果，包括尺寸、角度、个数、合格/不合格、有/无等，实现自动识别功能，最后根据判别结果来控制现场设备完成预期的动作或任务。

机器视觉系统最显著的特点是能提高生产柔性和自动化程度。在一些不适合人工作业的危险工作环境或人工视觉难以满足要求的场合，常用机器视觉来替代人工视觉。并且在大批量、重复性的工业生产过程中，用人工视觉检查产品的质量不仅效率低而且精度不高，用机器视觉检测方法可以大幅提高生产效率和生产的自动化程度。而且机器视觉易于实现信息集成，是实现计算机集成制造的基础技术之一。

机器视觉技术在诸多行业得到广泛应用，如机器人行业、半导体行业、制药行业、包装行业、汽车制造业、纺织业、烟草行业、交通物流行业等，用机器视觉取代人工视觉，可以大幅提高生产效率和产品质量。例如，在机器人行业中使用机器视觉技术，可以进行人脸识别，让门禁机器人像门卫一样起到安保作用。人脸识别是基于人的脸部特征信息进行身份识别的一种生物识别技术，是机器视觉的一个典型应用场景。人脸识别是用摄像机或摄像头采集含有人脸的图像或视频流，并自动在图像中检测和跟踪人脸，进而对检测到的人脸进行脸部识别的一系列相关技术，通常又称人像识别、面部识别。

2. 目标检测

目标检测是计算机视觉领域的核心问题之一，其任务是要找出图片或视频中所有感兴趣的目标（物体），并确定它们的类别和位置。由于各类物体有不同的外观、形状和姿态，再加上成像时光照、遮挡等因素的干扰，目标检测一直是计算机视觉领域最具挑战性的问题。

目标检测是涉及分类、回归的综合问题。机器视觉中关于图像识别有以下4大任务。

（1）分类

分类解决"是什么"的问题，即根据给定的一张图片或一段视频，判断里面包含什么类别的目标。

（2）定位

定位解决"在哪里"的问题，即从图片或视频中定位出这个目标的具体位置。

（3）检测

检测解决"是什么""在哪里"两个问题，即既要知道目标物是什么，还要能定位出这个目标物的位置。

（4）分割

分割可以分为实例分割和场景分割两类，主要解决"每一个像素属于哪个目标物或场景"的问题。

目标检测的核心问题主要有以下4个。

（1）分类问题

即图片（或某个区域）中的图像属于哪个类别。

（2）定位问题

目标可能出现在图像的任何位置。

（3）大小问题

目标有各种不同的大小。

（4）形状问题

目标可能有各种不同的形状。

目标检测分为两大系列：R-CNN（Region-CNN）系列和 YOLO（you only look once：unified，real-time object detection）系列，R-CNN 系列是基于区域检测的代表性算法，YOLO 是基于区域提取的代表性算法。此外，还有著名的 SSD 算法，该算法是基于前两个系列的改进。

二、基于 PyQt5 的 UI 界面制作

PyQt5 是一个基于 Qt 库的用于创建图形用户界面（graphical user interface，GUI）的 Python 库。Qt 库是一个用于创建跨平台应用程序的 C++库。PyQt5 允许开发人员使用 Python 语言创建功能强大的应用程序。PyQt5 支持开发人员创建多种不同类型的用户界面，如对话框、下拉菜单、工具栏、按钮、文本框等。它还支持使用鼠标和键盘进行交互，以及使用图像和声音等多媒体内容。

PyQt5 由一系列的 Python 模块组成，拥有超过 620 个类、6 000 个函数和方法。能在诸如 UNIX、Windows 和 macOS 等主流操作系统上运行。PyQt5 有两种证书，即 GNU 通用公共许可证（general public license，GPL）和商业证书。

PyQt5 的主要模块如下。

1）QtCore 模块包含了很多底层的、与操作系统无关的类，这些类为 Qt 的各种工具包提供了支持。主要的类有 QBasicTimer、QCoreApplication、QObject、QThread、QSettings 等。

2）QtGui 模块包含了 GUI 功能的基础类，如窗口系统、事件处理、绘图、颜色和字体等。主要的类有 QPixmap、QBrush、QFont、QPalette 等。

3）QtWidgets 模块提供了创建经典桌面应用程序 GUI 所需的类，包括按钮、文本框、滑块、进度条、对话框等。主要的类有 QApplication、QWidget（所有窗口部件的基类）、QPushButton、QLabel、QLineEdit 等。

4）QtMultimedia 包含了处理多媒体内容和调用摄像头 API 的类。

5）QtBluetooth 包含了查找和连接蓝牙的类。

6）QtNetwork 模块包含了网络编程的类，这些工具能让 TCP/IP 协议和 UDP 协议开发变得更加方便和可靠。

本项目中，门禁机器人主控屏幕上的操作窗口就是利用 QtCore 模块、QtGui 模块、QtWidgets 模块中的类制作的。下面重点介绍本项目用到的几个类。

1. QBasicTimer

QBasicTimer 是 Qt 内部使用的快速、轻量级、低层次的计时器类，隶属于 QtCore 模块。其主要功能是为对象提供计时器事件，当计时器超时时，将发送事件。使用 QBasicTimer 之前应该先从 QtCore 模块中导入该类，并且需要在变量前加上 self，否则由于作用域的关系只能执行一次，无法起到定时的作用。

使用 QBasicTimer 类时，首先要在 QObject 子类中创建一个 QBasicTimer 的实例，然后重写事件处理函数。由于 QBasicTimer 不使用信号和槽，因此需要重写 QObject 子类的 timerEvent()函数来处理计时器事件。当计时器超时时，将调用这个函数。当需要定时触发事件时，可以使用 start()方法来启动计时器。当不再需要计时器时，可以使用 stop()方法来停止它。下面的代码使用 QBasicTimer 类实现了简单的定时器倒计时功能。每隔 1 s 减

少一个数字（存储在 self. number 变量中），并在一个 LCD 显示部件上显示当前的数字。当数字减少到 0 或以下时，定时器会停止。

```
self. timer = QBasicTimer()              #实例化一个 QBasicTimer 实例
self. timer. start(1000, self)           #设置定时器的定时间隔时间为 1 s
#每隔 1 s 调用一次 timerEvent 函数
def timerEvent(self, event):
    #重写时间事件
    self. number - = 1
    self. lcd. display(self. number)
    if self. number <= 0:
        self. timer. stop()
```

2. QPixmap

QPixmap 是一个强大的用于处理图像的类，隶属于 QtGui 模块。它基于屏幕的图像表示方式，可以用在 Qt 应用程序中显示图像、图标和背景。如果进行适当拓展，还可以将 QPixmap 与其他 Qt 的图形类（如 QPainter、QImage）结合使用，实现更复杂的图像处理和绘图操作。

可以使用 QPixmap 来加载图像，代码示例如下。

```
image = QPixmap("image. jpg")            #加载名为 image. jpg 的图片
```

可以使用 setPixmap 方法来显示图像，具体代码示例如下。

```
label = QLabel()
label. setPixmap(image)
label. show()                            #在窗口中显示图片
```

3. QApplication

QApplication 类是一个 Qt 框架中核心的应用程序类，隶属于 QtWidgets 模块。它提供了管理应用程序的框架、事件循环和系统级配置的基础。

在 PyQt 的应用程序实例中包含了 QApplication 类的初始化，通常放在 Python 脚本的 if __name__ == "__main__":语句后面，类似于放在 C 语言的 main 函数中，作为主程序的入口。QApplication 类的初始化可以参考以下代码。

```
if __name__ == "__main__":
    app = QApplication(sys. argv)
    #界面生成代码 ...
    sys. exit(app. exec_())
```

QApplication 采用事件循环机制，当 QApplication 初始化后，就进入应用程序的主循环（main loop），开始进行事件处理，主循环从窗口系统接收事件，并将这些事件分配到应用程序的控件中。当调用 sys. exit( ) 函数时，主循环就会结束。

PyQt5 的应用程序是事件驱动的，如键盘事件、鼠标事件等。在没有任何事件的情况下，应用程序处于睡眠状态。主循环控制应用程序何时进入睡眠状态，何时被唤醒。

4. QLabel

QLabel 是 Qt 框架中的一个控件类，用于显示文本或图像，它隶属于 QtWidgets 模块。开发人员可以利用 QLabel 方便地创建富有表现力的用户界面。它可以在窗口或其他容器中显示静态文本，并且可以根据需要设置格式、对齐方式和尺寸。

QLabel 可以显示文字内容，可以用于展示标题、标签、说明等静态文本信息，还可以显示图像，支持多种常见的图像格式，如 PNG、JPEG 等。QLabel 支持使用 HTML 标记语言进行文本渲染，可以通过设置富文本格式来显示更具有样式和表现力的文本内容。QLabel 具有灵活的格式化功能，可以设置字体、颜色、背景色等，还可以设置文本的对齐方式（左对齐、居中对齐、右对齐）。QLabel 默认会根据其文本内容的长度和所使用的字体自动调整自身的大小。如果文本过长，可以通过设置大小策略来确定 QLabel 的最大宽度或高度。此外，QLabel 可以与用户交互，如支持单击事件、鼠标悬停事件、上下文菜单和链接跳转等功能。

QLabel 通过 setText( ) 方法可以显示文本，通过 setPixmap( ) 方法可以显示图像。代码示例如下。

```
label = QLabel()
label.setText("Hello World")         #显示文本

pixmap = QPixmap("image.png")        # 显示图像
label.setPixmap(pixmap)
```

上述代码首先创建了一个空的 QLabel 对象，再使用 setText( ) 方法设置文本。然后创建了一个 QPixmap 对象来加载一张图片，并使用 setPixmap( ) 方法显示图片。

5. QPushButton

QPushButton 是一种让用户单击以命令计算机完成某种动作的控件，隶属于 QtWidgets 模块，在 GUI 中很常用。该控件一般是一个矩形按钮，通常显示一个描述其动作的文本标签。典型的按钮是确定、应用、取消、关闭、是、否和帮助。单击按钮的快捷键可以通过在文本前面加一个 & 符号来指定。

如果要在按钮上显示文本标签或小图标，可以使用构造函数设置，后面可以使用 setText( ) 和 setIcon( ) 进行更改。如果该按钮禁用，文本和图标的外观会根据 GUI 风格变化，以表明按钮禁用。

下面的代码依次创建了"登录"和"返回"两个按钮。

```
self.btn_logon = QPushButton('登录', self)
self.btn_back = QPushButton('返回', self)
```

6. QWidget

QWidget 类是所有 GUI 界面类的基类，是 PyQt 程序中最小的元素，它隶属于 QtWidgets 模块。一个继承自 QWidget 的类可以在屏幕上绘制自身，这是因为 QWidget 继承了 QPaintDevice 类，该类用于将控件绘制在屏幕上。

QWidget 类最重要的功能是提供了控件的显示，显示依赖于位置和大小两个属性。在 PyQt 框架中，控件坐标系统以左上角为原点，向右为 x 轴正方向，向下为 y 轴正方向建立。每个控件都有一个边框，所以在高度、位置的设置和获取上，都有两种方式，即包含边框和不包含边框。

此外，setEnabled（bool）函数用于设置 QWidget 控件的可用状态。参数 bool 为 true 表示该控件为可用状态，为 false 表示该控件为不可用状态。当控件处于不可用状态时，该控件将无法响应用户的交互事件。isEnabled（）函数用于获取 QWidget 控件的当前可用状态，返回值为一个 bool 类型，true 表示该控件为可用状态，false 表示该控件为不可用状态。

7. QLineEdit

QLineEdit 类是一个单行文本编辑器，支持撤销和重做、剪切和粘贴及拖放。该类隶属于 QtWidgets 模块，主要用于接收用户的单行文本输入。除了基本的文本输入功能外，它还支持一些附加功能，包括回显模式、输入限制和验证、信号与槽机制等。

表 3-9 所示为 QLineEdit 类的常用方法。

表 3-9　QLineEdit 类的常用方法

序号	方法	功能
1	setAlignment( )	按规定的方式对齐文本
2	clear( )	清除文本框内容
3	setPlaceholderText( )	设置文本框浮显的文字
4	setMaxLength( )	设置文本框所允许输入的最大字符数
5	setReadOnly( )	设置文本框为只读
6	setText( )	设置文本框的内容
7	Text( )	返回文本框的内容
8	setEchoMode( )	设置密码隐藏

QLineEdit 类中常用的信号如表 3-10 所示。

表 3-10　QLineEdit 类的常用信号

序号	信号	功能
1	selectionChanged	只要选择改变了，这个信号就会发射
2	textChanged	当修改文本内容时，这个信号会发射
3	editingFinished	当编辑文本结束时，这个信号会发射

下述第一行代码创建了 Edit_ID 输入控件，第二行代码设置了密码输入文本框的密码隐藏。

```
self. Edit_ID = QLineEdit(self. groupBox)
self. Edit_key. setEchoMode(QLineEdit. Password)
```

8. QMessageBox

QMessageBox 是一种通用的弹出式对话框，用于显示消息，允许用户通过单击不同的标准按钮对消息进行反馈，每个标准按钮都有一个预定义的文本、角色和十六进制数。该类隶属于 QtWidgets 模块。

QMessageBox 类提供了许多常用的弹出形式，如消息、询问、警告、严重错误、关于等对话框。这些不同形式的 QMessageBox 对话框只是显示时的图标不同，其他功能基本一致。

表 3-11 所示为 QMessageBox 类的常用方法。

表 3-11　QMessageBox 类的常用方法

序号	方法	功能
1	information（parent，title，text，buttons，defaultButton）	弹出消息对话框
2	question（parent，title，text，buttons，defaultButton）	弹出询问对话框
3	warning（parent，title，text，buttons，defaultButton）	弹出警告对话框
4	ctitical（parent，title，text，buttons，defaultButton）	弹出严重错误对话框
5	about（parent，title，text）	弹出关于对话框
6	setTitle（title）	设置标题
7	setText（text）	设置消息正文

下面的代码实现了弹出一个警告对话框，警告的内容为"账号或密码错误！"。

QMessageBox.warning(self, "警告", "账号或密码错误！", QMessageBox.Close)

9. QGroupBox

QToolBox 是 Python 中的一个容器类部件，它提供了一个选项卡式的界面，用于组织和显示多个子部件。每个子部件可以通过选项卡进行切换，使用户可以方便地访问不同的内容。

QToolBox 又称分组框，它通常带有一个边框和一个标题栏，作为容器部件来使用，在其中可以布置各种窗口部件。分组框的标题通常在上方显示，其位置可以设置为靠左、居中、靠右、自动调整这几种方式之一。位于分组框中的窗口部件可以获得应用程序的焦点，位于分组框之内的窗口部件是分组框的子窗口，通常使用 addWidget（）方法把子窗口部件加入分组框之中。QGroupBox 类中最常用的是 setTitle（）方法，该方法可以为分组框设置标题。

下面的第一行创建了一个分组框，第二行代码将标题设置为"录入人脸"，第三行代码设置了分组框控件的位置和大小。setGeometry 函数有四个参数，分别表示控件左上角的横坐标、纵坐标，以及控件的宽度和高度。

self.groupBox = QtWidgets.QGroupBox(self)
self.groupBox.setTitle("录入人脸")
self.groupBox.setGeometry(990, 120, 281, 191)

10. QGridLayout

QGridLayout 类将控件放置到网格中布局，它本身会从父窗口或父布局中占据尽可能多的界面空间，然后把自己的空间划分为行和列，再把每个控件放到设置好的一个或多个单元格中。每列/行都有一个最小宽度/最小高度和一个拉伸因子。如果希望两列具有相同的宽度，必须将它们的最小宽度和拉伸因子值设置为相同。QGridLayout 类既有控制行的函数，也有对应控制列的函数。

表 3-12 所示为 QGridLayout 类的常用方法。

表 3-12　QGridLayout 类的常用方法

序号	方法	功能
1	addWidget（widget，row，column，rowSpan，columnSpan，alignment） widget：要添加的窗口部件。 row：单元格所在的行号，从 0 开始。 column：单元格所在的列号，从 0 开始。 rowSpan：单元格跨越的行数，默认为 1。 columnSpan：单元格跨越的列数，默认为 1。 alignment：窗口部件在单元格中的对齐方式，默认为 Qt.AlignmentFlag.AlignLeft	将窗口部件添加到网格布局中的指定单元格中
2	setRowStretch（row，stretch） row：要设置跨度的行号，从 0 开始。 stretch：跨度值，大于 0 表示该行会拉伸，小于或等于 0 表示该行不会拉伸	设置指定行的跨度，用于控制行之间的拉伸比例
3	setColumnStretch（column，stretch） column：要设置跨度的列号，从 0 开始。 stretch：跨度值，大于 0 表示该列会拉伸，小于或等于 0 表示该列不会拉伸	设置指定列的跨度，用于控制列之间的拉伸比例
4	setAlignment（widget，alignment） widget：要添加的窗口部件。 alignment：对齐方式，默认为 Qt.AlignmentFlag.AlignLeft	设置窗口部件在单元格中的对齐方式
5	itemAtPosition（row，column） row：单元格所在的行号，从 0 开始。 column：单元格所在的列号，从 0 开始	获取指定位置的窗口部件

以下第一行代码将控件放置到网格中布局，第二行代码使用 addWidget（）方法将 self.btn_1 按钮放到指定的单元格。

```
self.gridLayout = QGridLayout(self.layoutWidget)
self.gridLayout.addWidget(self.btn_1, 0, 0, 1, 1)
```

三、OpenCV 人脸识别

OpenCV 是一个开源的跨平台计算机视觉库，由一系列 C 函数和少量 C++类构成，轻量级而且高效，可以在 Linux、Windows、Android 和 macOS 等操作系统上运行。OpenCV 提供了 Python、MATLAB 等多种语言的接口，内置了图像处理和计算机视觉方面的很多通用算法，目前已经成为计算机视觉应用开发的首选软件库。开发者可以非常方便地使用 Python 调用 OpenCV 库函数进行人脸识别。

OpenCV 库内含有丰富的模块，每个模块都包含了大量的函数。其中，核心模块（core）是定义基本数据结构的模块，包括基础数据结构定义，以及库中所有其他模块使用的基本函数。图像处理模块（imgproc）用于图像处理，包括图像滤波、几何图像变换、颜色空间变换和直方图等。目标检测模块（objdetect）用于检测预定义类的对象和实例（如人脸、眼睛、人和汽车等）。图形界面模块（highgui）用于图像和视频的显示。

1. 图像处理模块

OpenCV 库中的图像处理模块包含了大量的函数，开发者可以非常方便地使用 Python 调用图像处理模块中的函数进行图像处理。

（1）imread()函数

在进行图像处理时，经常都需要读取图片，调用 imread() 函数就可以读取图片。需要指出的是，这里的读取图片是读取图片信息，而不是显示图片，读取的结果会以 numpy.array 的形式保存。

imread()函数在 Python 中的格式为 cv2.imread（img_path，flag），具体参数解析如表 3-13 所示。

表 3-13 imread()函数参数解析

参数名称	参数含义
img_path	图片的路径，即使路径错误也不会报错，但打印返回的图片对象为 none
flag	读取图片的形式，有以下三种。 cv2.imread_color：读取彩色图片，图片的透明属性会被忽略。这个是默认参数，可以用数字 1 代替。 cv2.imread_grayscale：按灰度模式读取图像，可以用 0 代替。 cv2.inread_unchanged：读取图像，包括其 alpha 通道，可以用 -1 代替

图片路径为全路径，即路径和图片名称。

```
img_gray=cv2.imread('img/cartoon.jpg', 0)
```

上面语句的含义就是调用 imread() 函数读取 img 路径下名为 cartoon 的图片，以灰度的模式加载，并赋值给 img_gray。

（2）inRange()函数

在进行图像处理时，经常需要对指定范围内的颜色进行选择，即对指定区域的像素进行筛选和识别。而不同的颜色，其各个颜色通道的占比不同。不同的颜色模型，同一种颜色，各个通道的范围值也不一样。机器人要实现颜色识别，就需要根据选择的模型，对照颜色范围表，设定颜色通道范围值。表 3-14 列举了 HSV 颜色空间中常见的几种颜色阈值区间。

表 3-14 HSV 颜色空间中常见的几种颜色阈值区间

颜色阈值	红	黄	绿	蓝	黑	白	灰
H_{min}	0	15	35	100	0	0	0
H_{max}	10	34	77	124	180	180	180
S_{min}	43	43	43	43	0	0	0
S_{max}	255	255	255	255	255	30	43
V_{min}	46	46	46	46	0	70	46
V_{max}	255	255	255	255	10	255	220

在 OpenCV 库中，inRange( )函数能快速地对图像的颜色、亮度等进行筛选并输出符合要求的像素值集合。该函数常用于图像的前处理工作，如目标颜色识别等。

inRange( )函数在 Python 中的格式为 cv2. inRange(src,lower,upper)，具体参数解析如表 3-15 所示。

表 3-15　inRange( )函数参数解析

参数名称	参数含义
src	源图像
lower	图像中像素值的下限，低于这个下限值，图像像素值变为 0
upper	图像中像素值的上限，高于这个上限值，图像像素值变为 0

调用 inRange( )函数时，像素值在 lower 和 upper 之间的值会变成 255。

```
lower_red = np. array([0,43,46])
upper_red = np. array([10,255,255])
mask = cv2. inRange(image,lower_red,upper_red )
cv2. imshow('Display', mask)
```

上述四条语句首先设置了要识别的红色的阈值下限和上限，然后把识别后的图像赋值给变量 mask，此时识别出来的图像为黑白图像，源图像中的红色部分为白色，其他部分为黑色。最后在 Display 窗口中显示出识别出来的黑白图像。

（3） cvtColor( )函数

在图像处理过程中，为了减少数据量、提高计算效率，往往需要将彩色图像转换成灰度图像或二值图像。OpenCV 库提供了超过 150 种的图像颜色空间转换方法，cvtColor( )函数就是 OpenCV 库提供的专用于不同颜色空间转换的函数。

cvtColor( )函数在 Python 中的格式为 cv2. cvtColor(src,code[,dst[dstCn]])，具体参数解析如表 3-16 所示。

表 3-16　cvtColor( )函数参数解析

参数名称	参数含义
src（source）	代表源图像，矩阵形式
code	代表颜色空间转换类型代码，描述图像转换的类型
dst（destination）	代表与源图像大小和深度相对应的输出图像，该参数为可选参数
dstCn	目标图像中的通道数，该参数为可选参数。如果该参数为 0，则通道数将从 src 和 code 中自动获取

通常情况下，cvtColor( )函数的后面两个可选参数可以省略不进行设置，直接进行图像类型转换。如果输入图像是 8 位无符号整数类型，输出图像也是 8 位无符号整数类型；如果输入图像是 32 位浮点数类型，输出图像也是 32 位浮点数类型。如果输入图像的通道数和输出图像的通道数不同，那么必须设置 dstCn 参数。在 RGB 与 HSV 的互相转换、

RGB 与 YUV 的互相转换中，OpenCV 使用的是 BGR 颜色空间。

> image5=cv2.cvtColor(image, cv2.COLOR_BGR2HSV)

上面语句的含义就是调用 cvtColor( ) 函数将图像 image 由 BGR 格式转化为 HSV 格式，并将转化后的图像赋值给 image5。

（4）resize( ) 函数

在图像处理和机器视觉应用中，图像缩放是一个常见的操作。OpenCV 库中的 cv2.resize( ) 函数是一个非常实用的工具，可以轻松地实现图像缩放。resize( ) 函数在 Python 中的格式为 cv2.resize(src, dsize[, dst[, fx[, fy[, interpolation]]]])，具体参数解析如表 3-17 所示。

表 3-17　resize( ) 函数参数解析

参数名称	参数含义
src	源图像
dsize	输出图像的尺寸，可以是一个单元素的元组（仅指定宽度），或者两个元素的元组（宽度和高度）
fx 和 fy	缩放因子，分别表示宽度和高度的缩放比例，是可选参数，如果未指定，则使用 dsize 参数
interpolation	插值方法，用于确定像素值，是可选参数。常用的插值方法有 INTER_LINEAR（双线性插值）、INTER_NEAREST（最近邻插值）、INTER_CUBIC（4×4 像素邻域内的双立方插值）、INTER_LANCZOS4（8×8 像素邻域内的 Lanczos 插值）等。如果不指定，默认使用双线性插值方法

下面为调用该函数实现图像缩放的实例代码。

> new_size = (width // 2, height // 2)
> resized_img = cv2.resize(img, new_size, interpolation=cv2.INTER_LINEAR)

上述两条语句首先设置了输出图像的尺寸 new_size，然后调用 resize( ) 函数对图像 img 利用双线性插值的方法进行了缩放。上述代码将图像 img 缩小为原有尺寸的一半。

在使用 resize( ) 函数时，应确保输入的图像是有效的，并且图像尺寸与期望的输出尺寸相匹配。否则，可能会导致错误或不可预测的结果。其次，还需要选择合适的插值方法。不同的插值方法可能会对结果产生影响，特别是在放大图像时。

（5）rectangle( ) 函数

在识别到人脸后，为了标记人脸，可以在图像中的人脸处画框。rectangle( ) 函数就是 OpenCV 库中专用于在图像上绘制矩形框的函数。该函数的具体功能是在给定的图像上，根据指定的左上角和右下角坐标，绘制一个矩形。这个函数还可以设置矩形的颜色、边框线宽及线条类型等参数。

rectangle( ) 函数在 Python 中的格式为 cv2.rectangle(img, pt1, pt2, color[, thickness[, lineType[, shift]]])，具体参数解析如表 3-18 所示。

表 3-18　rectangle( )函数参数解析

参数名称	参数含义
img	需要绘制矩形的图像
pt1	矩形的左上角坐标，表示为一个包含两个整数值的元组，即(x,y)
pt2	矩形的右下角坐标，表示为一个包含两个整数值的元组，即(x,y)
color	矩形框颜色，按 B、G、R 顺序给出
thickness	线宽，默认值为 1
lineType	线型，默认值为 8，该参数可以省略
shift	点坐标中的小数位数，默认值为 0

2. 目标检测模块

目标检测模块常用于检测预定义类的对象和实例（如人脸、人和汽车等），开发者可以调用模块内的函数实现人脸检测。

（1）detectMultiScale( )函数

在 OpenCV 库中，detectMultiScale( )函数可以检测出图片中所有的人脸，并用 vector 保存各个人脸的坐标、大小（用矩形表示）。detectMultiScale( )函数在 Python 中的格式为 cv2.detectMultiScale(image[,scaleFactor[,minNeighbors[,flags[,minSize[,maxSize]]]]])，具体参数解析如表 3-19 所示。

表 3-19　detectMultiScale( )函数参数解析

参数名称	参数含义
image	待检测图片，一般为灰度图像
scaleFactor	表示在前后两次相继的扫描中，搜索窗口的比例系数
minNeighbors	构成检测目标的相邻矩形的最小个数。默认值为 3，意味着有 3 个或以上的检测标记存在时，才认为人脸存在。如果希望提高检测的准确率，可以将该值设置得更大，但同时可能会让一些人脸无法检测到
minSize	目标的最小尺寸，小于这个尺寸的目标将忽略
maxSize	目标的最大尺寸，大于这个尺寸的目标将忽略

detectMultiScale( )函数返回的是检测到目标图片中的每张人脸的 x、y 坐标值和宽度、高度。

detectMultiScale( )函数的检测过程是从最大的尺寸逐步缩小，而不是从最小尺寸逐步扩大。因此，在减小最小框尺寸的同时，应调整 scaleFactor，让函数可以继续缩小检测框而不到达下限。

（2）CascadeClassifier( )函数

CascadeClassifier 是目标检测模块中用来做目标检测的级联分类器的一个类，用于检测如车牌、眼睛、人脸等物体。其作用就是判别图片中的某个物体是否属于某个分类。以人脸为例，如果把眼睛、鼻子、眉毛、嘴巴等属性定义成一个分类器，当检测到一个模型符合分类器中的所有属性，就认为该模型是一张人脸。CascadeClassifier 主要包含训练和检测两个部分。训练函数的主要功能是通过训练样本的计算和学习,生成可用于当前目标检测的模型参数。而检测函数则利用训练得出的模型对新的输入进行识别和分类。

CascadeClassifier( )函数是一种强大的图像处理工具,能够有效地识别和跟踪图像中的目标。CascadeClassifier( )函数通过读取 Haar 或 LBP 特征的 XML 文件,进而通过这些特征检测识别目标。因此,使用该函数并进行参数设置时,只需要指定一个训练好的 XML 文件即可。XML 文件包含了需要识别的对象的特征。下列代码中,函数加载了/cv2/data 路径下的 haarcascade_frontalface_default 这个 XML 文件。

```
faceCascade = cv2.CascadeClassifier('cv2/data//haarcascade_frontalface_default.xml')
```

在使用 CascadeClassifier( )函数时,需要注意以下几点。首先是训练样本的选取。一般应尽可能选择具有代表性和差异性的样本,以确保模型训练的有效性和准确性。其次是特征的选取。该函数不仅可以使用默认设置的特征,还可以自定义特征。但是特征的选取需要谨慎,不同的特征可能会导致结果有较大的差异。最后,CascadeClassifier( )函数的执行效果会受到算法设计、系统配置、图片大小等多种因素的影响。因此,应该根据具体情况,合理设置相关参数,以得到最佳的识别效果。使用完成后,应使用 release( )方法释放相关资源,避免资源浪费。

3. 人脸检测的步骤

利用级联分类器实现人脸检测的步骤如下。

(1) 加载分类器文件

实现人脸识别功能,需要先导入一个训练好的 XML 分类器文件,该文件可以在官网下载。加载成功后,会返回一个 Cascade 分类器对象。加载分类器文件的代码示例如下。

```
faceCascade = cv2.CascadeClassifier('XML/haarcascade_frontalface_default.xml')
```

(2) 读入图片

读入的这张图片就是需要检测的图片,这个图片也可以是从视频中获取的帧。读入图片的代码示例如下。

```
img1 = cv2.imread('Photos/image3.png')
```

该语句读入了 Photos 文件夹下名为 image3 的图片。

(3) 转为灰度图

为了加快检测速度,一般将图片转为灰度图,代码示例如下。

```
imgGray1 = cv2.cvtColor(img1, cv2.COLOR_BGR2GRAY)
```

(4) 检测

调用 detectMultiScale( )函数进行检测,代码示例如下。

```
face1 = faceCascade.detectMultiScale(imgGray1, 1.1, 4)
```

(5) 标记

检测到人脸后,绘制矩形框标记人脸。下列代码运行后,会在检测到的人脸位置用蓝色方框标记出来。

```
for (x, y, w, h) in face1:
    cv2.rectangle(img1, (x, y), (x+w, y+h), (255, 0, 0), 2)
```

（6）输出图像

利用级联分类器实现人脸检测，一般最后会输出一个图像，这个图像可以通过窗口显示出来。

【任务实施】

自主完成下列任务。

1. 在工作空间的 src 目录下新建一个名为 facedetect 的功能包

```
$ catkin_create_pkg facedetect std_msgs rospy
```

2. 在 facedetect 功能包路径下创建一个文件夹

```
$ mkdir scripts
```

创建的 scripts 文件夹用于存放 Python 代码文件。

3. 进入功能包所在的 scripts 文件夹

```
$ roscd facedetect/scripts
```

4. 下载分类器文件

在 OpenCV 的官网下载已经训练好的分类器文件 haarcascade_frontalface_default.xml，将下载的 XML 文件放到 /home/vkrobot/.local/lib/python2.7/site-packages/cv2/data 路径下。

5. 在 facedetect 功能包的 scripts 文件夹中，编写一个自定义的节点文件 demo06.py

该文件用于人脸识别。关键代码和相关注释如下。完整代码请扫二维码查看。

demo06 文件

```
def get_aligned_images():
    frames = pipeline.wait_for_frames()                              #等待获取图像帧
    aligned_frames = align.process(frames)                           #获取对齐帧
    aligned_depth_frame = aligned_frames.get_depth_frame()           #获取对齐帧中的 depth 帧
    color_frame = aligned_frames.get_color_frame()                   #获取对齐帧中的 color 帧

    ###############相机参数的获取######################
    intr = color_frame.profile.as_video_stream_profile().intrinsics  #获取相机内参
    depth_intrin = aligned_depth_frame.profile.as_video_stream_profile().intrinsics
    #获取深度参数(像素坐标系转相机坐标系会用到)
    ################################################

    depth_image = np.asanyarray(aligned_depth_frame.get_data())                    #深度图(默认16位)
    depth_image_8bit = cv2.convertScaleAbs(depth_image, alpha=0.03)                #深度图(8位)
    depth_image_3d = np.dstack((depth_image_8bit, depth_image_8bit, depth_image_8bit))
    #3通道深度图
    color_image = np.asanyarray(color_frame.get_data())                            #RGB 图
```

```
#返回相机内参、深度参数、彩色图、深度图、对齐帧中的 depth 帧
return intr, depth_intrin, color_image, depth_image, aligned_depth_frame
```

代码解析如下。

上述代码定义了一个获取对齐帧参数的函数。该函数获取了对齐帧及对齐帧中的深度帧和颜色帧,还获取了相机的内参等,然后将这些参数进行相应的转换,最后返回所有的图像参量。这些图像将用于后续的人脸识别。

```
#创建主界面类
class Ui_Menu(QWidget):
    def __init__(self):
        super(Ui_Menu, self).__init__()
        #创建label并设置文本内容
        self.label = QLabel('门禁机器人识别人脸系统', self)
        #创建普通用户和管理员按钮
        self.btn_ordinary = QPushButton('普通用户', self)
        self.btn_admin = QPushButton('管理员', self)
        #初始化界面
        self.init_ui()

    def init_ui(self):
        #设置窗口大小
        self.resize(1280, 800)
        #设置label框的位置
        self.label.move(180, 200)

        #设置按钮框的位置和大小
        self.btn_ordinary.setGeometry(550, 420, 181, 61)
        self.btn_admin.setGeometry(550, 510, 181, 61)

        #设置label样式(字体、大小、颜色等)
        self.label.setStyleSheet(
            "QLabel{color:rgb(0,0,0,255);"           #字体颜色为黑色
            "font- size:82px;font- weight:bold;"     #大小为82,加粗
            "font- family:Roman times;}")            #Roman Times 字体

        self.btn_ordinary.setStyleSheet(
            "QPushButton{color:rgb(0,0,0,255);"      #字体颜色为黑色
            "font- size:30px;"                        #大小为30
            "font- family:Roman times;}")            #Roman Times 字体

        self.btn_admin.setStyleSheet(
```

```
            "QPushButton{color:rgb(255,0,0,255);"        #字体颜色为红色
            "font- size:30px;"                           #大小为30
            "font- family:Roman times;}")                #Roman Times 字体

        #单击"管理员"按钮事件
        self. btn_admin. clicked. connect(self. slot_btn_admin)
        #单击"普通用户"按钮事件
        self. btn_ordinary. clicked. connect(self. slot_btn_ordinary)

    #单击"管理员"按钮事件
    def slot_btn_admin(self):
        #创建登录界面
        self. logon = Ui_logon()
        #显示登录界面
        self. logon. show()
        #隐藏主界面
        self. hide()

    #单击"普通用户"按钮事件
    def slot_btn_ordinary(self):
        #创建人脸识别视频界面
        self. face_reco = Ui_face_reco()
        #显示人脸识别视频界面
        self. face_reco. show()
        self. hide()
```

代码解析如下。

上述代码创建了"门禁机器人识别人脸系统"主界面类。主界面包含一个标签和两个按钮。两个按钮分别是"普通用户"按钮和"管理员"按钮。单击"普通用户"按钮后会跳转至人脸识别界面,单击"管理员"按钮后会跳转至登录界面。图3-24、图3-25所示分别为主界面和管理员登录界面。

```
    #单击"登录"按钮事件
    def slot_btn_logon(self):
        self. ID_num = self. Edit_ID. text()
        self. key_num = self. Edit_key. text()
        #判断账号和密码是否输入正确
        if self. ID_num == "123" and self. key_num == "123":
            self. manager_face = Ui_manager_face()
            self. manager_face. show()
            self. hide()
        else:
            QMessageBox. warning(self, "警告", "账号或密码错误!", QMessageBox. Close)
```

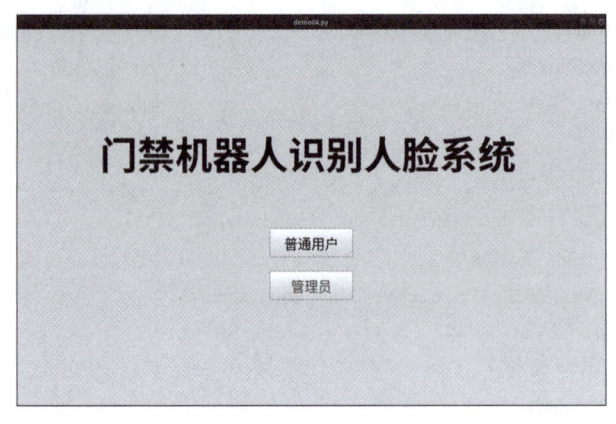

图 3-24　主界面

图 3-25　管理员登录界面

代码解析如下。

上述代码定义了单击"登录"按钮后的事件，用户单击"登录"按钮后，机器人会根据用户输入的账号和密码是否正确做出回应。如果账号和密码正确，则进入人脸识别的界面；如果账号或密码错误，则提示错误信息。

```python
def show_camera(self):
    #获取对齐帧的图像与相机内参
    intr, depth_intrin, color_image, depth_image, aligned_depth_frame = get_aligned_images()
    flag = color_image.any()
    self.image = color_image

    gray = cv2.cvtColor(self.image, cv2.COLOR_BGR2GRAY)

    #人脸检测
    faces = faceCascade4.detectMultiScale(
        gray,
        scaleFactor=1.2,
```

```python
            minNeighbors = 5,
            minSize = (int(self.minW), int(self.minH)),
        )

    try:
        if any(faces) == False:
            print("no face detected! \n")
    except Exception as e:
        print(e)

    # faces 中的四个量分别为左上角的横坐标、纵坐标、宽度、长度
    for (x, y, w, h) in faces:
        cv2.rectangle(self.image, (x, y), (x + w, y + h), (0, 255, 0), 2)
        id, confidence = self.recognizer.predict(gray[y:y + h, x:x + w])
        #对置信度和标签进行判断,显示相应的提示信息
        if (confidence < 40 and id < len(names)):
            id = names[id]
            confidence = "{0}%".format(round(100 - confidence))
            self.lab_ID_E.setText(str(id))
            self.lab_T_F.setText("成功!")
        else:
            id = "unknown"
            confidence = "  {0}%".format(round(100 - confidence))
            self.lab_T_F.setText("失败!")
            self.lab_ID_E.setText("无法识别")

        #给图片添加文本,设置文本显示位置、字体样式、字体大小、字体颜色、字体粗细
        cv2.putText(self.image, str(id), (x + 5, y - 5), self.font, 1, (255, 255, 255), 2)
        cv2.putText(self.image, str(confidence), (x + 5, y + h - 5), self.font, 1, (255, 255, 0), 1)

    #将视频显示在 label 上
    show = cv2.resize(self.image, (960, 720))
    show = cv2.cvtColor(show, cv2.COLOR_BGR2RGB)
    showImage = QtGui.QImage(show.data, show.shape[1], show.shape[0], QtGui.QImage.Format_RGB888)
    self.lab_face.setPixmap(QtGui.QPixmap.fromImage(showImage))
```

代码解析如下。

这段代码首先获取对齐帧的图像与相机内参,并将图像转换成灰度图像后利用 detectMultiScale()函数进行人脸识别。如果检测到人脸,则用绿色矩形框在人脸处进行标记。

在检测到人脸的矩形区域内,使用 recognizer.predict()方法计算出一个检验结果,返

回预测的标签（id）和置信度（confidence）。如果置信度小于40，表示预测结果可信，根据预测的标签查找对应的用户名，并将置信度进行格式化，最后将用户名和转换后的置信度分别使用cv2.putText()方法输出在图像上。如果置信度大于等于40，则认为预测结果不可信，识别失败，将用户名设为unknown。

最后使用QPixmap将视频显示在label上。

图3-26所示为人脸识别成功后的输出界面。门禁机器人人脸识别过程请扫二维码查看。

图3-26 人脸识别成功

人脸识别视频

【任务评价】

班级		姓名		日期	
自我评价	1. 是否熟悉机器视觉的概念				□是 □否
	2. 是否熟悉PyQt5中的模块和类				□是 □否
	3. 是否能用PyQt5中的类制作GUI				□是 □否
	4. 是否熟悉OpenCV库中的图像处理函数				□是 □否
	5. 是否能用OpenCV图像处理函数进行图像处理				□是 □否
	6. 是否能用OpenCV目标检测函数进行人脸识别				□是 □否
自我总结					

续表

班级		姓名		日期	
小组评价	是否遵守课堂纪律				□优 □良 □中 □差
	是否遵守"服务机器人应用技术员"职业守则				□优 □良 □中 □差
	是否积极与小组成员团结协作完成项目任务				□优 □良 □中 □差
	是否积极参与课堂教学活动				□优 □良 □中 □差
异常情况记录					

【任务拓展】

为了更好地掌握专业知识，请阅读以下拓展知识，在官网中下载不同的级联分类器文件进行人脸识别，并通过修改 demo06.py 中的代码，制作更加美观的人脸识别界面，给用户更好的门禁体验。

haarcascade_frontalface_default.xml 和 haarcascade_frontalface_alt.xml 都是 OpenCV 中用于人脸检测的 Haar 特征分类器，但它们之间存在以下区别。

1. 训练数据和性能

这两个级联分类器都是基于 Haar 特征并使用 AdaBoost 算法进行训练的，但可能使用了不同的训练数据集或参数设置。因此，它们在人脸检测的性能上有所不同。一般来说，haarcascade_frontalface_alt.xml 可能比 haarcascade_frontalface_default.xml 具有更高的检测率或更低的误报率。但是，具体的性能差异取决于实际应用场景和测试数据。

2. 适用性

两个分类器都主要用于检测正面的人脸，但在某些情况下，一个分类器可能比另一个更适合特定的应用场景。例如，在某些情况下，haarcascade_frontalface_alt.xml 可能对光照变化、遮挡或不同人脸角度的鲁棒性更好，而 haarcascade_frontalface_default.xml 可能在更标准的条件下表现更好。

3. 文件大小

由于训练数据和参数设置的不同，这两个分类器文件的大小不同。但一般来说，这种差异对实际应用的影响不大。

4. 兼容性

这两个分类器文件都是与 OpenCV 兼容的，并且都可以使用 CascadeClassifier 类进行加载和使用。

总的来说，选择使用哪个分类器取决于具体需求和测试结果。在实际应用中，可以尝试使用不同的分类器，并根据检测结果进行调整和优化。

项目 7　物流机器人货品分拣

【情境导入】

各大物流公司每天需要分拣不计其数的货品，为了降低生产运营成本和提高生产效率，某物流公司决定启用能识别二维码和颜色的机器人来分拣快递包裹。为此，一支技术团队承担了物流机器人项目的开发任务。李工程师是技术团队中的一员，负责物流机器人的货品分拣项目开发。

让我们跟随李工程师，利用二维码识别功能包和 OpenCV 库函数实现物流分拣机器人的快递包裹分拣。

【学习目标】

1. 知识目标

（1）熟悉二维码识别功能包。
（2）熟悉颜色识别原理和 OpenCV 视觉库。
（3）熟悉机器臂的 GUI 操控方法。

2. 技能目标

（1）能利用二维码识别功能包实现机器人的二维码识别。
（2）能利用 OpenCV 视觉库函数实现机器人的颜色识别。
（3）能正确操控机械臂。

3. 素养目标

（1）养成精益求精的学习态度。
（2）弘扬劳模精神，培养工匠精神。

【知识导入】

1. 二维码识别

二维码（quick response code，QR code），即快速响应码。在二维码之前有条形码，条形码又称一维码。条形码尺寸相对较大，信息容量却很小，而且只能包含字母和数字，遭到破坏后无法读取。二维码则可以用来容纳更多信息，而且超越了字母和数字的限制，遭到破坏后仍然有可能被读取。目前，二维码已经有 40 多个版本，每个版本有固定的码元数，1 码元等于 1 b，也就是 0（白色）或 1（黑色），每个版本横向和纵向各自以 4 码元为单位递增，以此类推。

ROS 提供了一个二维码识别功能包，功能包名为 ar-track-alvar。利用该功能包可以创建多种二维码标签，并且可以使用摄像头实现二维码的识别与定位，为上层的应用提供标识信息。利用 ar-track-alvar 功能包对二维码进行定位时，定位快速而且精度高，定位效果非常稳定，可以自动调节环境光的影响，同时可以适用于不同的视觉传感器，如 USB 摄像头、深度摄像头等。该功能包主要有以下 4 个功能。

1）生成大小、分辨率和数据/编码不同的 AR 标签。

2）识别并跟踪单个 AR 标签的姿态，可以选择整合 kinect 深度数据，以进行更好的姿态估计。

3）识别和跟踪由多个标签组成的"捆绑包"的状态。这样可以实现更稳定的姿态估计，对遮挡的鲁棒性及对多边物体的跟踪。

4）使用相机图像自动计算"捆绑包"中标签之间的空间关系，用户不需要手动测量 XML 文件中的标签位置和输入标签位置，即可使用"捆绑包"功能。

使用 ar_track_alvar 功能包的第一步需要利用 sudo 命令安装该功能包，命令如下。

```
$ sudo apt- get install ros- melodic- ar- track- alvar
```

然后启动运行该功能包，生成 AR Tag 标签文件。

```
$ rosrun ar_track_alvar createMarker
```

ar_track_alvar 功能包相关话题和参数如表 3-20 所示。

表 3-20　ar_track_alvar 功能包相关话题和参数

订阅话题	camera_info（sensor_msgs/CameraInfo）	摄像头的标定参数消息
	camera_image（sensor_msgs/Image）	摄像头图像数据话题，用于分析 markers
发布话题	visualization_marker（visualization_msgs/Marker）	RViz 中的显示（marker），会在每个已识别 AR 标签的位置显示一个彩色方块，并且在相机图像中覆盖这些块，目前设置为对标记 0~5 显示独特的颜色，对其他标记显示统一的颜色
	ar_pose_marker（ar_track_alvar/AlvarMarkers）	所有观察到的 AR 标签相对于输出帧的姿态列表
	Camera frame (from Camera info topic param) → AR tag frame	提供从摄像机帧到每个 AR 标记帧的转换，名为 ar_marker_x，其中 x 是标记的 ID 号
参数	marker_size（double）	黑色正方形标记边框一侧的宽度，以 cm 为单位
	max_new_marker_error（double）	确定检测到标记的一个阈值
	max_track_error（double）	一个阈值，确定在将标签视为消失之前可以观察到跟踪误差值
	camera_image（string）	提供用于检测 AR 标签的摄像机的话题名称。可以是单色或彩色，但应该是未校正的图像
	camera_info（string）	提供相机校准参数以便可以校正图像的话题名称
	output_frame（string）	AR 标签坐标参考的坐标系名称

2. 颜色识别

红、绿、蓝代表可见光谱中的三种颜色，又称三原色 RGB。自然界中的所有颜色都可以由 RGB 组合而成，手机、计算机显示出来的丰富多彩的画面也是由 RGB 组合而成的。正常情况下，人眼视网膜上存在能感应 RGB 的三种视锥细胞，人类对颜色的感知就来自可见光谱中电磁波辐射对人眼视锥细胞刺激后所引起的一种视觉神经的感觉。

颜色通常用三个独立的属性来描述，三个独立变量综合作用，就构成一个空间坐标，这就是颜色空间（color space），又称色彩空间。目前，在计算机视觉领域存在着较多类型的颜色空间。HSV 是一种最常见的圆柱坐标表示的颜色模型，它重新映射了 RGB 模型，从而能够在视觉上比 RGB 模型更具有视觉直观性。

HSV 颜色空间是根据颜色的直观特性创建的一种颜色空间，又称六角锥体模型（hexcone model）。在 HSV 颜色模型中，每一种颜色都用色调（hue）、饱和度（saturation）和明度（又称色值，value）来表示，色相又称色调。因此，HSV 颜色模型中颜色的三个参数分别是色调（H）、饱和度（S）、明度（B）。

色调是颜色的基本属性，表示色彩的信息，就是平常所说的红色、黄色等颜色名称。色调参数用角度来度量，取值范围为 0°~360°。从红色开始按逆时针方向计算，红色为 0°，绿色为 120°，蓝色为 240°。

饱和度是色彩的纯度，饱和度越高，色彩越纯，取值范围为 0.0~1.0。

明度是人眼感受到的光的明暗程度，取值范围为 0.0（黑色）~1.0（白色）。

表 3-21 所示为一些常见颜色的参数值。

表 3-21 常见颜色的参数值

颜色名称	色调	饱和度	明度
红色	0°	1.0	1.0
黄色	60°	1.0	1.0
绿色	120°	1.0	1.0
青色	180°	1.0	1.0
蓝色	240°	1.0	1.0
品红色	300°	1.0	1.0
栗色	0°	1.0	0.5
紫色	300°	1.0	0.5
白色	0°	0.0	1.0
黑色	0°	0.0	0.0

三种原色光在每一个像素中以 0~255 强度组合成从纯黑到纯白之间各种不同颜色的光。在计算机中，每一个像素采用 24 位表示的方法，三种原色光各分到 8 位，每一种原色的强度按照 8 位的最高值分为 256 个值。用这样的方法可以排列组合出 16 777 216（256×256×

256）种颜色。

机器人识别颜色，需要软硬件配合才能实现，主要涉及图像处理和颜色传感器两个方面。在机器人进行颜色识别时，颜色传感器会捕获包含目标的图像，并将其传输到处理器中进一步处理。处理器使用 OpenCV 等图像处理软件和人工智能算法对图像的颜色信息进行处理、分析和判断，从而识别颜色。图像处理常用的方法有很多种，比较成熟的函数也非常多。这些方法可以帮助确定合适的颜色空间，并选择合适的阈值来区分不同的颜色。一旦确定了颜色，机器人就可以根据预设的程序或算法来执行相应的动作或任务。例如，机器人可以分类彩色球，说出检测到的颜色，或在检测到红色时停止动作。此外，机器人的硬件和软件配置也会影响其颜色识别的精度。

3. OpenCV 图像处理

OpenCV 库中的图像处理模块（imgproc）包含了大量的函数，主要用于图像处理。

（1）imshow()函数

如果需要在窗口中显示图像，可以调用 imshow() 函数来实现。窗口自动适合于图像大小，也可以通过 imutils 模块调整显示图像的窗口大小。imshow() 函数在 Python 中的格式为 cv2.imshow(windows_name, image)，具体参数解析如表 3-22 所示。

表 3-22　imshow() 函数参数解析

参数名称	参数含义
windows_name	指导窗口的名称（字符串）
image	图片对象，是 numpy 中的 ndarray 类型

imshow() 函数会自动创建一个窗口来显示图像，如果已经有同名窗口，则在同名窗口上显示图像。

cv2.imshow('origin image', rgb_img)

上面语句的含义就是调用 imshow() 函数在 origin image 窗口中显示名为 rgb_img 的原图。

（2）bitwise_and()函数

图像经过颜色识别后，转化成经过二值化处理的黑白图像。例如，要识别图像中的红色区域，则经过颜色识别后，源图像中的红色部分变成白色，其余部分变为黑色。要表达出源图像中的红色特征，需要将识别后的黑白图像跟源图像进行相关的基本运算操作才能获得只有红色的图像。图像在代码中以矩阵的形式存在，可以通过一系列的数学运算达到截取或合并图像等效果。

bitwise_and() 函数可以对灰度图像或彩色图像的每个像素值进行"与"运算，将同一位置灰度值最小的像素作为输出图像的像素值，从而达到合并图像的效果。在 Python 中，该函数的格式为 cv2.bitwise_and(src1, src2[, dst[, mask]])，具体参数解析如表 3-23 所示。

表 3-23 bitwise_and( ) 函数参数解析

参数名称	参数含义
src1	第一幅图像
src2	第二幅图像
dst	输出图像,可选参数,具有和源图像相同的尺寸和类型
mask	掩码图像,可选参数

bitwise_and( ) 函数的后面两个参数可以省略,但如果提供了掩码图像 mask,则在第一幅和第二幅图像的像素与运算后,再与掩码图像中的非零像素进行与运算。

img = cv2.bitwise_and(img1, img2, mask)

上面语句的含义就是将图像 img1 和 img2 的像素值进行与运算,其结果再与掩码图像 mask 进行与运算,最后得到的图像赋值给 img。

4. 机械臂操控

实训室的复合机器人外观如图 3-27 所示。该款复合机器人配备有一个 5 个自由度的机械臂 VKARM。机械臂结合鱼眼摄像头的图像分析和头部立体相机的点云分析,可以完成三维空间内物品识别和抓取任务。机械臂工作行程为 450 mm,这是机械臂运动的最大距离值,供电电压是 12 V,采用 USB 通信方式,机械臂末端夹爪的最大负载是 500 g。

如图 3-28 所示,机械臂由底座、回转台、第 1 摆臂、第 2 摆臂、第 3 摆臂和末端夹爪构成。底座负责基础的承重和支撑;3 个摆臂模拟人手臂的大小臂和手掌,负责夹爪的移动;末端夹爪负责执行夹取任务。机械臂一共有 J1、J2、J3、J4 和 J5 5 个关节。底座固定在服务机器人机身上,回转台和 3 个摆臂共有 4 个自由度,分别是 J1~J4 的旋转自由度。末端夹爪可以开合,具有 1 个自由度。各个关节转动角度的变化会导致末端夹爪的位置变化。通过规定每个关节 0°角的位置和记录关节角度的变化情况,可以推算出末端夹爪的位置。

图 3-27 复合机器人

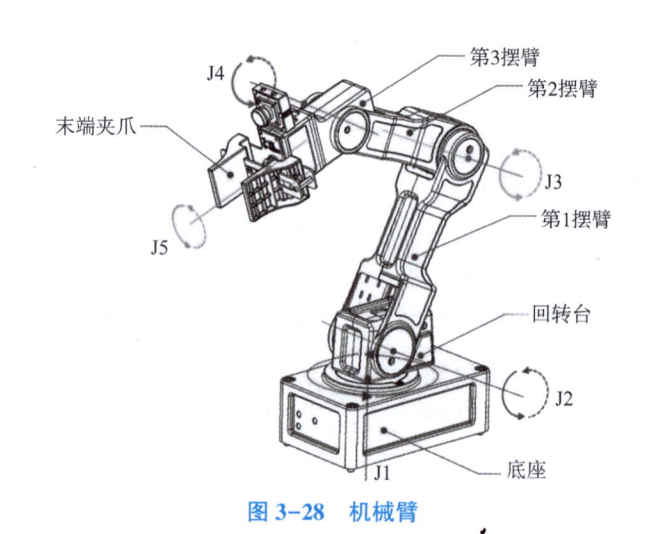

图 3-28 机械臂

如图 3-29 所示，机械臂的笛卡儿坐标系原点设置在底座上表面 J1 关节旋转轴中心处，末端夹爪中心点在该坐标系中对应的坐标值为 (x,y,z)。

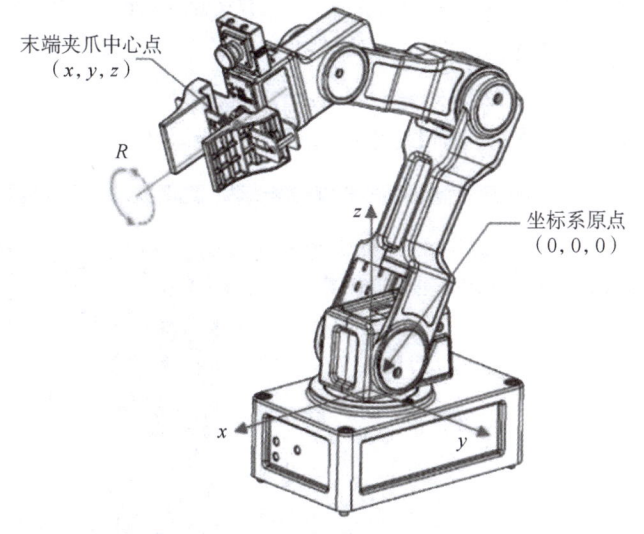

图 3-29　机械臂的笛卡儿坐标系

开发者可以非常方便地利用 GUI 来操控机械臂。如图 3-30 所示，GUI 的左边是输出日志框，用于显示发送的命令信息。右上角是同步使能区，有"开启定时器""使能执行器"和"禁用执行器"三个按钮，用于机械臂的同步使能区。状态显示区可以实时显示关节的弧度数、末端中心的三维坐标值，以及夹爪张开的距离值。操控区是对机械臂进行相关操控的区域，可以对机械臂整体控制，也可以对某个关节进行单独的控制。

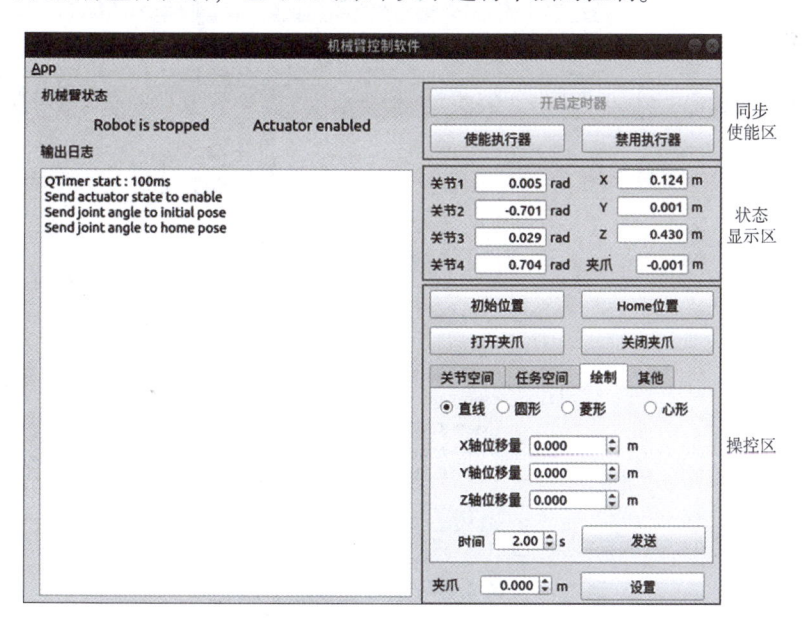

图 3-30　机械臂 GUI 界面

在确保正确连接机械臂硬件后，用 roslaunch 命令启动 vkarm_control_gui 节点，可以在

RViz 窗口中显示 VKARM 的状态并允许开发者利用 GUI 操控机械臂。等待 RViz 窗口中机械臂的形态与硬件一致后，依次单击"开启定时器"按钮和"使能执行器"按钮，就可以操控机械臂了。单击"打开夹爪"按钮或"关闭夹爪"按钮，可以快速操控机械夹爪开合。单击"初始位置"按钮或"Home 位置"按钮，可以快速控制机械臂运动到指定位置。图 3-31、图 3-32 所示分别为机械臂的初始位置和 Home 位置。进行上述操作时，机械臂硬件会按照要求运动，RViz 窗口中的模型也会同步运动。

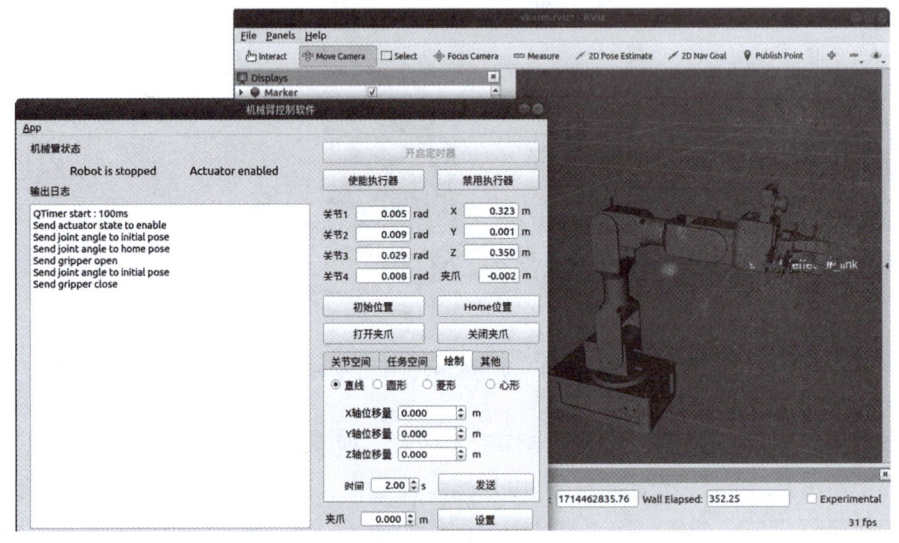

图 3-31 初始位置

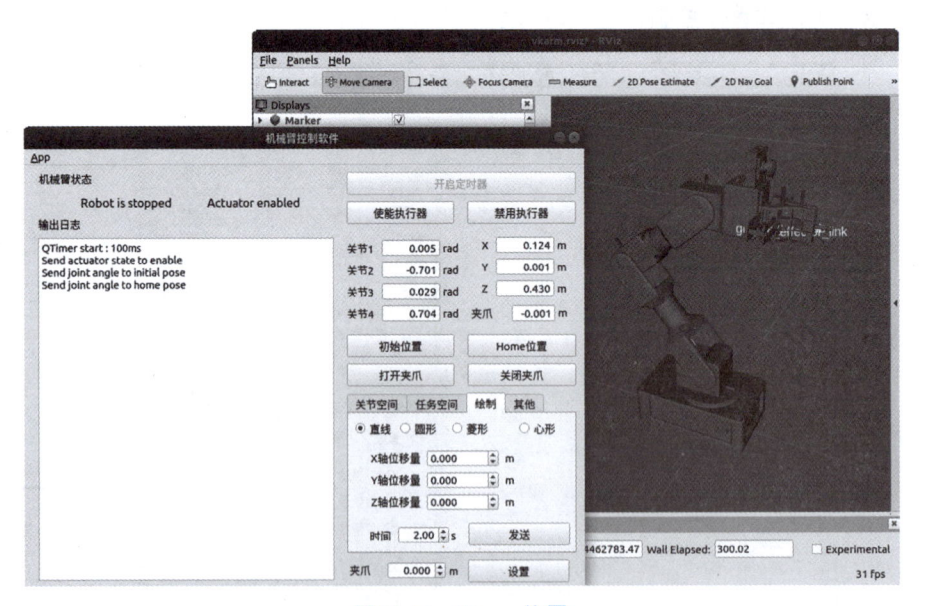

图 3-32 Home 位置

GUI 的操控区提供了四个标签栏，分别是四种操控方式：关节空间、任务空间、绘制和其他方式。常用的是关节空间方式和任务空间方式。

关节空间方式主要通过修改各个关节的弧度值实现对机械臂的操控。如图3-33所示，在关节空间标签栏中单击"读取关节角度"按钮，可以读取关节当前的角度数据。提示区会显示发送读取关节角度的命令信息。状态显示区会显示关节1、关节2、关节3、关节4的弧度值，以及末端中心的坐标值。修改对应关节的角度，单击"发送"按钮，可以实现对单个关节控制，机械臂硬件上对应的关节发生转动，同时机械臂模型姿态改变。

图3-33 关节空间方式

任务空间方式主要是通过修改末端夹爪中心点的坐标值来操控机械臂到达目标姿态。图3-34所示为任务空间方式界面。单击"读取位置"按钮，可以读取末端夹爪中心点的三维坐标并在GUI上显示。修改任务空间标签栏上x轴、y轴、z轴的值可以设置机械臂末端中心的目标位置，然后单击"发送"按钮，发送目标位置到机械臂，机械臂开始运动，同时RViz中机械臂模型姿态改变。

图3-34 任务空间方式

5. 摄像头标定

机器人没有眼睛，无法像人类一样看见物品。为了让机器人能看见要抓取的物品，必须给机器人配置摄像头，也就是给机器人安装"眼睛"。机械臂末端搭载了一个鱼眼摄像头，可以先利用鱼眼摄像头进行二维码识别和颜色识别，获取到目标物体的位置信息后，机械臂就可以抓取物品了。鱼眼摄像头在首次使用前需要标定，这里以 USB 摄像头为例，介绍启动摄像头、摄像头标定的方法和流程。

（1）启动摄像头

将 USB 摄像头的 USB 接口插到主机上。打开一个终端，输入下面的命令。

```
$ roslaunch usb_cam usb_cam-test.launch
```

如果首次启动摄像头并且没有进行过校准，终端会出现提示信息 Camera calibration file not found，这是正常的。若摄像头不支持自动对焦的功能，则会出现提示信息 Unknown control 'focus-auto'。

（2）启动校准程序

打开一个终端，运行下面的命令启动校准程序。

```
$ rosrun camera_calibration cameracalibrator.py --size 8x6 --square 0.024 image:=/usb_cam/image_raw camera:=/usb_cam
```

上述命令中，size 指的是标定棋盘格内部角点的大小，一般用几行乘以几列表示，这里使用的棋盘为 8×6。square 指定每个棋盘格子的大小，单位为 m。image 和 camera 设置摄像头发布的图像话题。校准程序正常启动后，会在屏幕上弹出一个 display 窗口。如图 3-35 所示，display 窗口就是标定窗口，窗口中间显示的是摄像头拍摄到的实时画面，窗口右方有 X、Y、Size 和 Skew 四个进度条，以及 CALIBRATE、SAVE 和 COMMIT 三个按钮。此时，CALIBRATE、SAVE 和 COMMIT 三个按钮为灰色不可单击的状态。

图 3-35 标定窗口

（3）采集参数

手持棋盘标定板进入摄像头摄像范围，移动标定板将会看到窗口右侧 X、Y、Size、

Skew 下方的进度条逐渐加长,并且由红色逐渐变成黄色,直至绿色。X 表示需要采集的标定板左右移动数据的数量,Y 表示标定板上下移动数据的数量,Size 表示标定板前后移动数据的数量,Skew 表示标定板倾斜移动数据的数量。在视野中不断移动标定板,直到 CALIBRATE 按钮由灰色变成绿色,表示标定程序所需要的参数已经采集完成。

(4)标定并保存

当 CALIBRATE 按钮由灰色变成绿色后,单击图 3-36 所示的 CALIBRATE 按钮,窗口中界面会变成灰色无响应状态。此时程序正在计算校准参数,不能关闭窗口。稍等一会后,参数计算完成,界面恢复正常,如图 3-37 所示,SAVE 和 COMMIT 两个按钮也变成绿色,同时终端上输出标定结果。单击界面中的 SAVE 按钮,会保存到默认的文件夹下。单击 COMMIT 按钮,提交数据并退出程序。关闭上面所有启动的节点,重新启动摄像头,终端将不再有无法找到校准文件的提示信息。至此,机械臂上的摄像头校准完成。

图 3-36 标定计算时的窗口

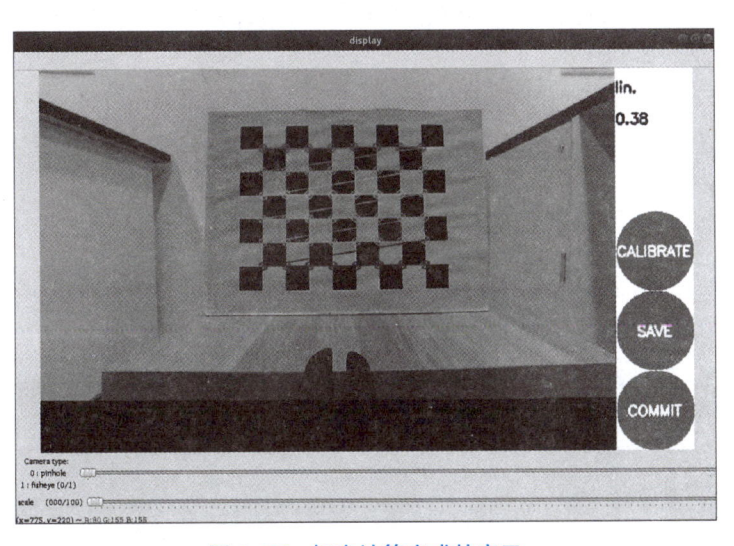

图 3-37 标定计算完成的窗口

【任务实施】

请按照下列步骤自主完成项目任务，让物流机器人完成 4 个快递货品的分拣。

1. 在工作空间的 src 目录下新建一个名为 pick_test 的功能包

```
$ catkin_create_pkg pick_test std_msgs rospy
```

2. 在 pick_test 功能包路径下创建一个文件夹

```
$ mkdir scripts
```

创建的 scripts 文件夹用于存放 Python 代码文件。

3. 进入功能包所在的 scripts 文件夹

```
$ roscd pick_test/scripts
```

4. 在当前路径下，编写一个自定义的节点 demo07.py

关键代码和相关注释如下。完整代码请扫二维码查看。

```
hsv = cv2.cvtColor(img, cv2.COLOR_BGR2HSV)
lower = np.array(self.dic.get(self.color_choice[0])[0])
upper = np.array(self.dic.get(self.color_choice[0])[1])
img_r = cv2.inRange(hsv, lower, upper)
res = cv2.bitwise_and(hsv, hsv, mask=img_r)
img_r, contours, hierarchy = cv2.findContours(img_r, cv2.RETR_LIST, cv2.CHAIN_APPROX_NONE)
#获取第一个轮廓的最大矩形边框,记录坐标和宽高
x, y, w, h = cv2.boundingRect(max(contours, key=cv2.contourArea))
#绘制红色矩形
cv2.rectangle(img, (x, y), (x + w, y + h), (0, 0, 255), 2)
```

demo07 文件

代码解析如下。

上述代码实现了对红色快递盒的颜色识别，记录了红色正方形区域的 x、y 坐标和宽高，并在显示的图像中绘制了一个和红色区域大小一致的红色矩形边框，用于标记该红色快递盒。

```
# *** 开始*** #
#将识别到红色快递盒的位置点进行偏移得到目标点
bot.get_goal(red_distance,red_Y_Offset,red_direct)
rospy.sleep(1)
#给目标点加上误差补偿
goal_pose[0] = goal_pose[0] + W_value[0]
goal_pose[1] = goal_pose[1] + W_value[1]
goal_pose[2] = goal_pose[2] + W_value[2]
print goal_pose[0],goal_pose[1],goal_pose[2]
#移动到目标位姿
bot.vkarm_set_pose(goal_pose)
rospy.sleep(2)
#目标位姿向下移动
```

```
goal_pose[2] = goal_pose[2] - 0.045
bot.vkarm_set_pose(goal_pose)
rospy.sleep(2)
#关闭夹爪
bot.vkarm_set_gripper(gripper_close)
rospy.sleep(2)
#目标位姿向上移动
goal_pose[2] = goal_pose[2] + 0.055
bot.vkarm_set_pose(goal_pose)
rospy.sleep(2)
#运动到初始姿态
bot.vkarm_set_pose(init_pose)
rospy.sleep(2)

#计算放置区1号位置的目标点
goal_pose[0] = place_1_pose[0] + init_pose[0] - 0.26
goal_pose[1] = place_1_pose[1] + init_pose[1] - 0.035
goal_pose[2] = place_1_pose[2] + init_pose[2] + 0.065
bot.vkarm_set_pose(goal_pose)
print "放置1号位置:",goal_pose[0],goal_pose[1],goal_pose[2]
rospy.sleep(2)
#向放置区1号位置的目标点前进
goal_pose[0] = goal_pose[0] + 0.05
goal_pose[1] = goal_pose[1] + 0.005
goal_pose[2] = goal_pose[2] - 0.005
bot.vkarm_set_pose(goal_pose)
rospy.sleep(2)
#向下移动
goal_pose[2] = goal_pose[2] - 0.01
bot.vkarm_set_pose(goal_pose)
rospy.sleep(2)
#打开夹爪
bot.vkarm_set_gripper(gripper_open)
rospy.sleep(2)
#从放置区1号位置的目标点后退
goal_pose[0] = goal_pose[0] - 0.08
goal_pose[2] = goal_pose[2] + 0.01
bot.vkarm_set_pose(goal_pose)
rospy.sleep(2)
#*** 结束*** #
```

代码解析如下。

上述代码首先将识别到红色快递盒的位置点进行偏移计算得到目标点坐标，再对目标点进行误差补偿，然后让机械臂运动到目标点抓取红色快递盒，随后收回机械臂。接着计算放置目标点的坐标，让机械臂运动到放置点，打开夹爪放置红色快递盒，最后收回机械臂。机械臂的整个运动过程实现了对红色快递盒的抓取和放置。

5. 为自定义节点 demo07.py 添加可执行权限

```
$ chmod +x demo07.py
```

6. 启动机械臂操控节点

```
$ roslaunch vkarm_controller vkarm_controller.launch
```

打开一个终端，输入上述命令后，该 launch 文件启动了机器人机械臂的操控节点。完整代码请扫二维码查看。

7. 启动机械臂 GUI 节点

```
$ roslaunch vkarm_control_gui vkarm_control_gui.launch
```

打开一个终端，输入上述命令后，该 launch 文件启动了机器人机械臂的 GUI 节点。完整代码请扫二维码查看。

8. 运行机械臂的转接口文件

```
$ roslaunch vkarm_controller vkarm_control_bsp.launch
```

打开一个终端，输入上述命令后，该 launch 文件启动了机器人机械臂的转接口文件。完整代码请扫二维码查看。

9. 启动 ar 识别相关节点

```
$ roslaunch vkarm_ar_markers vkarm_ar_pose.launch
```

打开一个终端，输入上述命令后，该 launch 文件启动了 ar 识别的相关节点文件。完整代码请扫二维码查看。

controller 文件   gui 文件   bsp 文件   ar_pose 文件

10. 运行自定义节点

```
$ rosrun pick_test demo07.py
```

重新打开一个终端，正常运行 demo07 后，机器人能用机械臂依次实现红色快递盒、绿色快递盒和两个二维码快递盒的抓取和分类摆放，即实现了快递货品的分拣。

上述步骤 6~步骤 9 分别启动了 4 个 launch 文件，如果想要一次性启动所有节点，可以编写如下的 sh 脚本实现。运行时双击该 sh 脚本或右击运行即可。

```
#!/bin/bash
source /opt/ros/melodic/setup.bash
source /home/vkrobot/vkaibot_ws/devel/setup.bash
```

```
sleep 2s
gnome-terminal --geometry=80x10+1200+0 -x roslaunch vkarm_controller vkarm_controller.launch

sleep 2s
gnome-terminal --geometry=80x10+1200+0 -x roslaunch vkarm_control_gui vkarm_control_gui.launch

sleep 2s
gnome-terminal --geometry=80x10+1200+0 -x roslaunch vkarm_controller vkarm_control_bsp.launch

sleep 2s
gnome-terminal --geometry=80x10+1200+400 -x roslaunch vkarm_ar_markers vkarm_ar_pose.launch
```

物流机器人的货品分拣过程请扫二维码查看。

分拣货品视频

【任务评价】

班级		姓名		日期		
自我评价	1. 是否熟悉二维码识别功能包				□是	□否
	2. 是否熟悉 OpenCV 图像处理常用函数				□是	□否
	3. 是否熟悉机械臂操控 GUI				□是	□否
	4. 是否能实现机器人的二维码货品识别				□是	□否
	5. 是否能实现机器人的颜色识别				□是	□否
	6. 是否能正确标定机器人的摄像头				□是	□否
自我总结						

续表

小组评价	班级		姓名		日期		
	是否遵守课堂纪律						□优 □良 □中 □差
	是否遵守"服务机器人应用技术员"职业守则						□优 □良 □中 □差
	是否积极与小组成员团结协作完成项目任务						□优 □良 □中 □差
	是否积极参与课堂教学活动						□优 □良 □中 □差
异常情况记录							

【任务拓展】

为了更好地掌握专业技能，请参考上述物流机器人分拣货品任务的开发流程，在服务机器人主机上通过修改 demo07.py 中的代码，修改相关函数的参数实现机器人先分拣两个二维码货品，再分拣红色和绿色货品的任务。

项目 8　采摘机器人采摘荔枝

【情境导入】

每年的 5—7 月是荔枝成熟季，果园的果农们都会穿梭于荔枝林间，挥汗如雨、热火朝天地采摘荔枝。为了提高采摘效率，确保采摘工作尽快完成，某果园决定引进采摘机器人来更高效地采摘荔枝。为此，一支技术团队承担了采摘机器人项目的开发任务。杨工程师是技术团队中的一员，负责机器人的荔枝识别与采摘项目开发。

让我们跟随杨工程师，利用 YOLO 目标检测算法让采摘机器人在检测到成熟的荔枝后自动完成采摘。

【学习目标】

1. 知识目标

（1）了解卷积神经网络（convolutional neural networks，CNN）算法。

（2）了解 YOLO 目标检测算法。

2. 技能目标

（1）能利用 YOLO 算法实现荔枝检测。

（2）能编程控制机械臂实现采摘动作。

3. 素养目标

（1）培养开拓创新、迎难而上的精神。

（2）进一步培养学生精益求精的工匠精神。

【知识导入】

1. 卷积神经网络算法简介

（1）神经网络算法

神经网络算法（neural network algorithm）是一种模拟人类神经系统工作原理的机器学习算法。它通过多层神经元之间的连接和信息传递，从输入数据中学习和推测出输出结果。神经网络算法通常包含输入层、隐藏层和输出层三个关键部分。在输入层，算法将输入的数据转换为神经元可以理解的形式；在隐藏层，通过连接和调整每个神经元的权重来推断数据之间的关系；在输出层，将推断的结果呈现给用户。此算法在很多领域如图像识别、自然语言处理等方面都有广泛应用。

神经网络算法本质上来讲就是根据逻辑规则进行推理的过程，其基本原理是每个神经元把最初的输入值乘以一定的权重，并加上其他输入这个神经元里的值，最后计算出一个总和，再经过神经元的偏差调整，最后用激励函数把输出值标准化。神经网络是由一层一层的不同计算单位连接起来的，这些网络可以把数据处理分类，得出需要的输出。

神经网络具有如下优点。

1）神经网络算法采用数据驱动的自适应技术，不需要对问题模型做任何先验假设。在解决问题的内部规律未知或难以描述的情况下，神经网络可以通过对样本数据的学习训练，获取数据之间隐藏的函数关系。因此，当利用假设和现存理论难以解释，但又具有足够多的数据和观察变量时，采用神经网络算法进行推理就非常合适。

2）神经网络算法具备泛化能力，泛化能力是指经训练后学习模型对未来训练集中出现的样本做出正确反应的能力。因此，神经网络算法可以通过学习得到的样本内历史数据的规律来预测样本外的未来数据，其泛化能力使神经网络成为一种理想的预测技术。

3）神经网络是一个具有普遍适用性的函数逼近器。传统的统计预测模型由于各种限制，不能对复杂的变量函数关系进行有效估计。但神经网络的内部函数形式比传统的统计方法更加灵活和有效，它可以以任意的精度逼近任何连续函数。神经网络强大的函数逼近能力，为复杂系统内部函数识别提供了一种有效的方法。

4）神经网络是非线性的方法。神经网络中的每个神经元都可以接受大量其他神经元输入，而且每个神经元的输入和输出之间都呈非线性关系。神经元之间的这种互相制约和互相影响的关系，可以实现整个网络从输入状态到输出状态空间的非线性映射。因此，神经网络可以处理一些环境信息十分复杂、知识背景不清楚和推理规则不明确的问题。

当然，神经网络算法也有一些缺点，例如，训练时间较长，需要大量的训练样本，且对初始权重和网络结构的选择非常敏感，可能会出现过拟合问题等。

(2) 卷积神经网络与神经网络

卷积神经网络是一种特殊的神经网络，是一类包含卷积计算且具有深度结构的前馈神经网络（feed forward neural networks），是深度学习（deep learning）的代表算法之一。卷积神经网络通过卷积层、池化层等特殊的层次结构来提取图像等数据的特征，从而实现对数据的分类、识别等任务。卷积神经网络具有表征学习（representation learning）能力，能够按其阶层结构对输入信息进行平移不变分类（shift-invariant classification），因此又称"平移不变人工神经网络"。

卷积神经网络是一种深度学习模型，其核心是卷积操作。卷积操作是卷积神经网络中的一种基本运算，用于提取输入数据中的特征。卷积操作的数学表达式就是卷积公式。

在21世纪后，随着深度学习理论的提出和数值计算设备的改进，卷积神经网络得到了快速发展，广泛应用于计算机视觉、自然语言处理等领域。

目前，神经网络和卷积神经网络是深度学习领域应用最广泛的两种模型。它们在处理图像、语音、自然语言等任务中获得了成功。虽然两者都属于神经网络范畴，但在结构和应用上存在一些区别和联系。

首先，神经网络和卷积神经网络之间存在一些联系。卷积神经网络可以看作一种特殊的神经网络结构，其引入了卷积层和池化层来处理图像数据。因此，卷积神经网络可以视为神经网络的一种扩展形式。两者都使用激活函数对输入进行非线性变换，以增加模型的表达能力。此外，神经网络和卷积神经网络都可以通过反向传播算法进行训练，以优化网络参数。

其次，神经网络是一种由多个神经元组成的网络结构，通过输入层、隐藏层和输出层之间的连接来实现信息的传递和处理。每个神经元的接收都来自上一层的输入，并通过激活函数对输入进行非线性变换，然后将结果传递给下一层。神经网络的训练过程是通过反向传播算法来调整网络中的权重和偏置，以最小化预测输出与真实输出之间的误差。而卷积神经网络是一种专门用于图像处理的神经网络结构。它通过引入卷积层、池化层和全连接层来提取图像中的特征,并进行分类或识别任务。卷积层使用卷积核对输入图像进行卷积操作,提取局部特征。池化层通过降采样操作减少特征图的维度,同时保留关键信息。全连接层将特征图转换为一维向量,并通过softmax函数进行分类。

最后,神经网络和卷积神经网络在结构和应用上存在一些明显的区别。神经网络通常用于处理结构化数据,如数值型数据和时间序列数据。而卷积神经网络主要用于处理图像数据,可以有效地捕捉图像中的局部特征。神经网络通常包含多个隐藏层和全连接层,参数较多,容易产生过拟合问题。而卷积神经网络通过共享权重和局部连接的方式减少了参数量,更适合处理大规模图像数据。此外,卷积神经网络还可以通过卷积操作对图像进行平移不变性的处理,增强了模型的鲁棒性。

随着深度学习的不断发展,神经网络和卷积神经网络的研究和应用前景将会更加广阔。

2. YOLO 算法简介

YOLO算法是一种实时目标检测算法。目标检测是计算机视觉领域的一个重要任务,它不仅需要识别图像中的物体类别,还需要确定它们的位置。与分类任务只关注对象是什么不同,目标检测需要同时处理离散的类别数据和连续的位置数据。YOLO 算法基于深度学习的回归方法,它将目标检测问题转化为一个回归问题,使用单个卷积神经网络直接从输入图像预测边界框(bounding box)和类别概率。这种方法避免了传统目标检测算法中复杂的多阶段处理流程,如区域提取、特征提取等。

YOLO 是继 R-CNN,FastR-CNN 和 FasterR-CNN 之后,Ross Girshick 针对 DL 目标检测速度问题提出的另一种框架,其核心思想是生成 RoI+目标检测两阶段(two-stage)算法,用一套网络的一阶段(one-stage)算法替代,直接在输出层回归边界框的位置和所属类别。之前的物体检测方法首先需要产生大量可能包含待检测物体的先验框,然后用分类器判断每个先验框对应的边界框里是否包含待检测物体,以及物体所属类别的概率或置信度,同时需要后处理修正边界框,最后基于一些准则过滤掉置信度不高和重叠度较高的边界框,进而得到检测结果。这种基于先产生候选区再检测的方法虽然有相对较高的检测准确率,但运行速度较慢。YOLO 创造性地将物体检测任务直接当作回归问题(regression problem)来处理,将候选区和检测两个阶段合二为一。只需一眼就能知道每张图像中有哪些物体及物体的位置。

YOLO 算法采用一个单独的 CNN 模型实现 end-to-end 的目标检测,核心思想就是利用整张图作为网络的输入,直接在输出层回归边界框的位置及其所属的类别。YOLO 模型采用预定义预测区域的方法来完成目标检测,具体而言是将原始图像划分为 7×7(49)个网格(grid),每个网格允许预测出两个边框(边界框,包含某个对象的矩形框),总共 49×2(98)个边界框。将其理解为 98 个预测区,很粗略地覆盖了图片的整个区域,就在这 98 个预测区中进行目标检测。

YOLO 的结构非常简单,就是单纯的卷积、池化最后加了两层全连接,从网络结构上看,与 CNN 分类网络没有本质的区别,最大的差异是输出层用线性函数做激活函数,因为需要预测边界框的位置(数值型),而不仅仅是对象的概率。YOLO 的整个结构就是输入图片经过神经网络的变换得到一个输出的张量。网络的输入是原始图像,唯一的要求是缩放到 448×448 大小。主要是因为在 YOLO 的网络中,卷积层最后接了两个全连接层,全连接层要求固定大小的向量作为输入,所以 YOLO 的输入图像的大小固定为 448×448。网络的输出就是一个 7×7×30 的张量。

YOLOv8 算法是 ultralytics 公司在 2023 年 1 月 10 日开源的一个重大更新版本，目前支持图像分类、物体检测和实例分割任务。YOLOv8 算法在不牺牲精度的情况下提供了很高的检测速度，能够实时处理视频流和高分辨率图像，推理速度提升了数倍之多。YOLOv8 算法能够在多种分辨率的图像上进行训练和推理，支持多种分辨率。YOLOv8 采用了更加先进的训练方法和技巧，使模型的训练时间更短、收敛速度更快、模型泛化能力更强。同时，YOLOv8 还提供了更加丰富的超参数和模型结构选项，使用户可以更加方便地进行模型调整和优化。其定位准确，训练后的部署简单，并且支持多种数据集，易于扩展和修改。自推出以来，YOLOv8 算法已应用于自动驾驶、安全监视、医学成像和智能机器人等各种领域。

YOLOv8 的网络结构主要由以下 3 大部分组成。

（1）backbone

它采用了一系列卷积和反卷积层来提取特征，同时也使用了残差连接和瓶颈结构来减小网络的大小和提高性能。该部分采用了 C2f 模块作为基本构成单元，与 YOLOv5 的 C3 模块相比，C2f 模块具有更少的参数量和更优秀的特征提取能力。

（2）neck

它采用了多尺度特征融合技术，将来自 backbone 不同阶段的特征图进行融合，以增强特征表示能力。具体来说，YOLOv8 的 neck 部分包括一个 SPPF 模块、一个 PAA 模块和两个 PAN 模块。

（3）head

它负责最终的目标检测和分类任务，包括一个检测头和一个分类头。检测头包含一系列卷积层和反卷积层，用于生成检测结果；分类头则采用全局平均池化来对每个特征图进行分类。

3. 模型训练方法概述

YOLOv8 模型的训练方法是一个复杂且精细的过程，它涉及多个关键步骤，旨在优化模型的检测性能。

（1）数据准备

数据准备是训练 YOLOv8 模型的基础。这些数据应包括一系列图像，并为每张图像提供详细的标注信息，如物体的边界框和类别标签。标注数据的准确性、多样性和完整性对于模型的训练效果至关重要，高质量的数据才能训练出高性能的模型。为了确保数据的代表性，还需要确保数据集中涵盖各种场景、光照条件和物体姿态等。

（2）选择适合的预训练模型

YOLOv8 模型通常基于一些在大规模数据集上预训练的骨干网络进行构建。这些预训练模型已经具备了强大的特征提取能力，有助于在训练过程中更快地收敛，得到更好的结果，并且能够提供更好的初始权重。

（3）数据增强

数据增强是提升模型泛化能力的重要手段。数据增强是一种有效的正则化方法，通过对训练数据进行一系列的变换操作，如旋转、缩放、裁剪等，可以生成更多的训练样本，从而提高模型的泛化能力，使模型能够适应不同的情况。这有助于减少过拟合现象，提高模型的鲁棒性，更好地应对各种复杂场景和变化。

(4)定义损失函数

定义目标检测任务的损失函数是非常关键的一步。损失函数用于衡量模型预测结果与真实标注之间的差异，并指导模型优化过程。一般通过最小化损失函数来优化模型的参数。在YOLOv8中，通常会采用多任务损失函数，综合考虑分类损失、边界框回归损失和置信度损失等多个方面。

(5)模型训练

模型训练和调优是一个迭代的过程。一般使用梯度下降算法对模型进行训练，通过不断更新权重来优化模型的性能。在训练过程中，还需要监控模型的性能，如准确率、召回率和全类别平均正确率（mean average precision，MAP）等指标，以便及时调整训练策略，找到最佳的模型配置。同时，还需要对训练好的模型进行评估，通过测试数据集来验证其性能，并根据评估结果进行必要的调整和优化，确保其在实际应用中具有较好的性能。

4. OpenVINO 简介

OpenVINO是英特尔（Intel）开发的一款功能强大的半开源的专门用于优化和部署人工智能推理的深度学习工具包，可实现跨多个硬件平台的优化神经网络推理。

OpenVINO的核心功能在于其对多种深度学习框架的支持、高效的模型优化和推理引擎，以及跨多种硬件平台的可扩展性。这些功能使OpenVINO成为一款强大的深度学习模型优化和推理工具包，广泛应用于计算机视觉、自然语言处理、语音识别等领域。

(1)支持多种深度学习框架

OpenVINO支持包括TensorFlow、Caffe、PyTorch等在内的主流深度学习框架，并能将这些框架的模型转换为OpenVINO的中间表示格式（intermediate representation，IR），从而实现对模型的优化和加速。

(2)模型优化

优化过程包括对模型的剪枝、量化、压缩等操作，以减小模型大小、降低计算复杂度，并提高推理速度。这些优化操作能使深度学习模型在Intel硬件上更加高效地运行。

(3)推理引擎

OpenVINO的推理引擎负责将优化后的模型部署到实际的硬件平台上，如Intel的处理器、图形处理单元（graphics processing unit，GPU）、现场可编程门阵列（field programmable gate array，FPGA）等，实现高效的推理计算。这使开发者能轻松地将深度学习模型部署到各种硬件平台上，以满足不同的应用需求。

(4)跨平台支持

OpenVINO支持Linux、Windows、macOS、Raspbian等系统平台，以及包括CPU、集成显卡iGPU、GNA、FPGA及MovidiusTM VPU等多种硬件平台。这使OpenVINO具有广泛的适用性和灵活性。

(5)提供工具和库

OpenVINO还提供了一系列的工具和库，如Inference Engine、Media SDK等，用于简化深度学习应用的开发和部署。这些工具和库可以帮助开发者更加高效地实现深度学习模型的优化和推理。OpenVINO的Core类是其主要接口，它提供对VIE（vision inference engine）的访问，用于加载、编译和优化深度学习模型，使其能够在Intel硬件上高效运行。通过Core类，用户可以轻松地加载模型、设置设备，并准备模型进行推理。

【任务实施】

自主完成下列任务。

1. 在工作空间的 src 目录下新建一个名为 lichee_test 的功能包

```
$ catkin_create_pkg lichee_test std_msgs rospy
```

2. 在 lichee_test 功能包路径下创建一个文件夹

```
$ mkdir scripts
```

创建的 scripts 文件夹用于存放 Python 代码文件。

3. 进入功能包所在的 scripts 文件夹

```
$ roscd lichee_test/scripts
```

4. 在当前路径下，编写一个自定义的荔枝检测节点文件 lichee_detect.py

该文件用于检测荔枝。关键代码和相关注释如下。完整代码请扫二维码查看。

```python
model = 'xml_models/lichee_nncf_int8.xml'     #引入模型文件
label_map = { 0: 'lichee', 1: 'apple' }       #将模型的输出类别索引映射到实际标签
nc = 2        #模型输出的类别数，与label_map中的键值对数量一致

#创建Core对象，用于读取和编译模型
core = Core()
#使用read_model方法加载XML文件描述的模型
det_ov_model = core.read_model(model)
device = 'CPU'
#使用compile_model方法编译加载的模型
det_compiled_model = core.compile_model(det_ov_model, device)

#创建pipeline对象，它是RealSense相机数据流的处理管道，用于从相机获取深度、彩色等数据流
pipeline = rs.pipeline()
#定义配置对象config
config = rs.config()
#启用深度流，设置分辨率为640x480，帧率为30 fps
config.enable_stream(rs.stream.depth, 640, 480, rs.format.z16, 30)
#启用彩色流，设置分辨率为640x480，帧率为30 fps
config.enable_stream(rs.stream.color, 640, 480, rs.format.bgr8, 30)
#使用配置对象config来启动管道
profile = pipeline.start(config)

#创建align对象，用于将深度流与彩色流对齐，即在彩色图像上准确叠加深度信息
align_to = rs.stream.color
align = rs.align(align_to)


check_xyz = [0.0, 0.0, 0.0]
goal_xyz  = [0.0, 0.0, 0.0]
```

荔枝检测文件

```
strawberries_number = 0
start_flag=True
first_xyz = [0.0,0.0,0.0]
first_flag=False


#初始化 json_file 路径
json_file=' /home/vkrobot/strawberries. json'
json_write_flag=False
#定义 position_dic 字典,用于存储位置信息
position_dic={' number' :0,' flag' :' false' ,' name1' :{' p_x' :0.0,' p_y' :0.0,' p_z' :0.0},' name2' :{' p_x' :0.0,' p_y' :0.0,' p_z' :0.0},' name3' :{' p_x' :0.0,' p_y' :0.0,' p_z' :0.0},' name4' :{' p_x' :0.0,' p_y' :0.0,' p_z' :0.0}}
```

代码解析如下。

上述代码首先引入了模型 XML 文件，利用 OpenVINO 加载并编译了模型，编译后的模型对象存储在 det_compiled_model 中，并准备在指定的设备 CPU 上执行。

然后创建了一个 pipeline 对象，它代表 RealSense 相机数据流的处理管道。通过这个管道，可以从相机获取深度、彩色等数据流，并进行对齐、处理等操作。还创建了配置对象 config，设置了深度流和彩色流的分辨率和帧率等参数，并利用这个配置对象来启动管道。

最后初始化 json_file 路径，定义了 position_dic 字典，用于存储荔枝的坐标信息。

```
if __name__ == ' __main__':
    try:
        while True:
            t1 = time.time()
            #获取对齐帧图像与相机内参
            intr, depth_intrin, color_image, depth_image, aligned_depth_frame = get_aligned_images()
            if not depth_image.any() or not color_image.any():
                continue
            color_image = cv2.cvtColor(color_image, cv2.COLOR_BGR2RGB)
            detections = detect(color_image, det_compiled_model, nc)[0]      # Predict
            image_with_boxes = draw_results(detections, color_image, label_map)
            #draw to images
            boxes = detections["det"]
            if type(boxes) is not list:
                xyxy,conf,cls = boxes[...,:4],boxes[...,4],boxes[...,-1]
                for i in range(len(xyxy)):
                    ux = int((xyxy[i][0]+xyxy[i][2])/2)]        #计算像素坐标系的 x
                    uy = int((xyxy[i][1]+xyxy[i][3])/2)         #计算像素坐标系的 y
                    dis = aligned_depth_frame.get_distance(ux, uy)
                    #计算相机坐标系的 xyz
                    camera_xyz = rs.rs2_deproject_pixel_to_point(depth_intrin, (ux, uy), dis)
```

```python
            #标出中心点
            cv2.circle(color_image, (ux,uy), 4, (255, 255, 255), 5)
            #转成3位小数
            camera_xyz = np.round(np.array(camera_xyz), 3)
            # xyz_tensor 转换为列表
            camera_xyz = camera_xyz.tolist()

            #滤波操作
            if(camera_xyz[0] != 0.0) and (camera_xyz[1] != 0.0) and (camera_xyz[2] != 0.0) and start_flag == True:
                    #需要合适的距离内,才进行采摘
                    if camera_xyz[2]<=0.4:
                        strawberries_number = strawberries_number+1
                        print ("检测到的坐标值:",camera_xyz)
                        name=' name' +str(strawberries_number)

                        position_dic[name][' p_x' ]=camera_xyz[0]
                        position_dic[name][' p_y' ]=camera_xyz[1]
                        position_dic[name][' p_z' ]=camera_xyz[2]
                    else :
                        pass
                    print ("检测到的数量:",strawberries_number)
                    print ("start_flag:",start_flag)
            position_dic[' number' ]=strawberries_number
            start_flag=False
            if json_write_flag == False:
                position_dic[' flag' ]=' true'
                print ("字典:",position_dic)
                json_data=json.dumps(position_dic)
                with open(json_file,' w+' ) as fp:
                    fp.write(json_data)
                json_write_flag=True


        #将标注显示在画面上
        image_with_boxes = cv2.cvtColor(image_with_boxes, cv2.COLOR_RGB2BGR)
        t2 = time.time()
        ms = int((t2 - t1) * 1000)
        cv2.putText(image_with_boxes, f' FPS:{1000 / ms}' , (20, 20), cv2.FONT_HERSHEY_SIMPLEX, 0.75, (0, 255, 0),2) #FPS
        cv2.imshow(' cm' , image_with_boxes)
        if cv2.waitKey(1) & 0xff == ord(' q' ):
            break
finally:
    #关闭摄像头
    pipeline.stop()
```

代码解析如下。

上述代码是文件的主程序。主程序在检测到荔枝后会在深度相机输出的实时图像上用红色方框标注检测到的荔枝,然后根据荔枝的位置坐标计算机械臂的目标点坐标,最后关闭摄像头。

5. 再编写一个自定义的机械臂操控任务节点 demo08.py

关键代码和相关注释如下。完整代码请扫二维码查看。

```python
class Vkbot_competition():
    def __init__(self):
        #初始化节点
        rospy.init_node('vkbot_competition', anonymous=False)
        rospy.on_shutdown(self.shutdown)

        #订阅机械臂控制话题
        rospy.wait_for_service('/vkarm/python_gripper')
        rospy.wait_for_service('/vkarm/python_joint')
        rospy.wait_for_service('/vkarm/python_pose')
        rospy.loginfo("Connected to vkarm_control server!")

    def vkarm_set_joint(self, data):
        joint = PythontoSetJointPosition()
        joint.joint_1 = data[0]
        joint.joint_2 = data[1]
        joint.joint_3 = data[2]
        joint.joint_4 = data[3]
        joint.time = data[4]
        try:
            #调用机械臂关节客户端,进行机械臂关节操作
            vkarm_python_joint = rospy.ServiceProxy('/vkarm/python_joint', PythontoSet JointPosition)
            #输入具体的关节内容
            response = vkarm_python_joint(joint.joint_1, joint.joint_2, joint.joint_3, joint.joint_4,joint.time)
            rospy.loginfo("vkarm joint control ok!!")
            returnresponse.is_ok
        except rospy.ServiceException, e:
            print "Service call failed: %s" % e

    def vkarm_set_gripper(self, data):
        gripper = PythontoSetGripperValue()
        gripper.gripper_value = data
        try:
            #调用夹抓控制客户端,进行夹爪操作
            vkarm_python_gripper = rospy.ServiceProxy('/vkarm/python_gripper', PythontoSet GripperValue)
```

demo08 文件

```
            #输入具体的夹爪值内容
            response = vkarm_python_gripper(gripper.gripper_value)
            rospy.loginfo("vkarm gripper control ok!!")
            return response.is_ok
        except rospy.ServiceException, e:
            print "Service call failed: %s" % e

    def vkarm_set_pose(self, data):
        pose = PythontoSetJointPosition()
        pose.x = data[0]
        pose.y = data[1]
        pose.z = data[2]
        pose.time = data[3]
        try:
            #调用机械臂位姿客户端,进行机械臂位姿操作
            vkarm_python_pose = rospy.ServiceProxy('/vkarm/python_pose', PythontoSetKinematicsPose)
            #输入具体的位姿内容
            response = vkarm_python_pose(pose.x, pose.y, pose.z, pose.time)
            rospy.loginfo("vkarm pose control ok!!")
            return response.is_ok
        except rospy.ServiceException, e:
            print "Service call failed: %s" % e

    def shutdown(self):
        rospy.loginfo("Stopping the vkbot...")
        rospy.sleep(2)
```

代码解析如下。

上述代码是一个自定义的类 Vkbot_competition,里面包含了初始化方法和自定义的几个函数。其中,vkarm_set_joint()函数实现对机械臂关节的操控,vkarm_set_gripper()函数实现对夹爪的操控,vkarm_set_pose()函数实现对机械臂位姿的操控。

6. 为自定义节点 demo08.py 添加可执行权限

```
$ chmod +x demo08.py
```

7. 启动机械臂操控节点

```
$ roslaunch vkarm_controller vkarm_controller.launch
```

打开一个终端,输入上述命令后,该 launch 文件启动了机器人机械臂的操控节点。

8. 启动机械臂 GUI 节点

```
$ roslaunch vkarm_control_gui vkarm_control_gui.launch
```

打开一个终端,输入上述命令后,机械臂的 GUI 出现在屏幕上,依次单击 GUI 界面的

"开启定时器"按钮和"Home 位置"按钮后，采摘机器人的机械臂就准备就绪了。

9. 运行机械臂的转接口文件

```
$ roslaunch vkarm_controller vkarm_control_bsp.launch
```

该 launch 文件启动了机器人机械臂的转接口文件。

10. 启动机械臂操控任务节点

```
$ rosrun lichee_test demo08.py
```

启动该节点后，机械臂做好采摘准备。后续如果检测到荔枝，机器人会根据荔枝的坐标计算目标点位置坐标，机械臂就会运动到目标点位置摘取荔枝。

11. 启动荔枝检测节点

```
$ rosrun lichee_test lichee_detect.py
```

启动荔枝检测节点后，机械臂上的深度相机拍摄到的实时图像出现在屏幕上。如图 3-38 所示，图像中的 2 个荔枝分别被红色框标记，表示机器人检测到 2 个荔枝。随后，机器人的机械臂会依次自动摘取 2 个荔枝，完成采摘荔枝的工作。

图 3-38 机器人检测到荔枝

采摘机器人采摘荔枝的过程请扫二维码查看。

采摘荔枝视频

【任务评价】

班级		姓名		日期	
自我评价	1. 是否了解神经网络算法的概念和特点				□是 □否
	2. 是否了解卷积神经网络和神经网络的区别				□是 □否
	3. 是否了解 YOLO 算法的概念和结构				□是 □否
	4. 是否了解 YOLOv8 模型训练方法				□是 □否
	5. 是否了解 OpenVINO 的概念和功能				□是 □否
	6. 是否能修改代码控制机械臂实现采摘动作				□是 □否

续表

班级		姓名		日期	
自我总结					
小组评价	是否遵守课堂纪律				□优 □良 □中 □差
	是否遵守"服务机器人应用技术员"职业守则				□优 □良 □中 □差
	是否积极与小组成员团结协作完成项目任务				□优 □良 □中 □差
	是否积极参与课堂教学活动				□优 □良 □中 □差
异常情况记录					

【任务拓展】

为了更好地运用 OpenVINO 进行人工智能推理，请仔细阅读以下拓展知识。

OpenVINO 开发流程如下。

1. 安装 OpenVINO 工具包

首先需要在计算机上安装 OpenVINO 工具包，包括 OpenVINO 运行时的组件和模型优化器，主要用于将深度学习模型转换为 OpenVINO 支持的格式。

2. 准备模型

准备或获取已训练的深度学习模型。这些模型可以来自各种深度学习框架，如 TensorFlow、PyTorch、Caffe 等。OpenVINO 支持多种深度学习模型。

3. 模型转换

使用 OpenVINO 的模型优化器将深度学习模型转换为 OpenVINO 支持的 IR 格式。IR 格式是一种与框架无关的模型表示，是 OpenVINO 官方自定义格式，IR 模型由 XML 文件和 BIN 文件两个文件组成。XML 文件描述网络拓扑结构，BIN 文件包含网络权重和偏置二进制数据。

4. 模型优化（可选）

利用 OpenVINO 提供的优化工具对转换后的模型进行优化，以提高推理速度和精度。这些优化可能包括量化、层融合、内存优化等。

5. 编写 Python 代码

使用 Python 和 OpenVINO 的 Python API 编写应用程序。应用程序一般包括导入必要的库、加载 IR 模型、设置推理计算的目标设备（如 CPU、GPU 等）、准备输入数据（如读取图像、进行预处理等）、将输入数据传递给模型并执行推理计算、处理模型的输出结果（如解析分类结果、绘制边界框等）。

6. 测试和调试

在开发环境中测试应用程序，确保它能够正确加载模型、处理输入数据、执行推理计算并处理输出结果。可能需要调整模型的参数或优化设置以获得最佳性能。

7. 部署和集成

如果应用程序在开发环境中工作正常，就可以将其部署到目标环境中（如服务器、嵌入式设备等），并与其他系统或应用程序进行集成。

参 考 文 献

［1］肖南峰. 服务机器人［M］. 北京：清华大学出版社，2013.

［2］许晓艳，张智军，陈锐. 智能机器人入门与实战［M］. 北京：北京航空航天大学出版社，2022.

［3］谷明信，赵华君，董天平. 服务机器人技术及应用［M］. 成都：西南交通大学出版社，2021.

［4］何琼，楼桦，周彦兵. 人工智能技术应用［M］. 北京：高等教育出版社，2021.

［5］余正泓，卢敦陆，熊友军. 服务机器人实施与运维（中级）［M］. 北京：机械工业出版社，2022.

［6］张春芝，石志国. 智能机器人技术基础［M］. 北京：机械工业出版社，2023.

［7］张晶晶，陈西广，高佼，等. 智能服务机器人发展综述［J］. 人工智能，2018（3）：83-96.

［8］中国电子学会. 机器人简史［M］. 2版. 北京：中国电子学会，2017.

［9］郭彤颖，安东. 机器人技术基础及应用［M］. 北京：清华大学出版社，2017.

［10］中国电子学会. 中国机器人产业发展报告（2019年）［R］. 北京：中国电子学会，2019.

［11］陶永，王田苗，刘辉，等. 智能机器人研究现状及发展趋势的思考与建议［J］. 高技术通讯 2019（29）：149-163.

［12］唐怀坤. 国内外人工智能的主要政策导向和发展动态［J］. 中国无线电，2018（5）：45-46.

［13］服务机器人应用技术员国家职业技能标准［S］. 中华人民共和国人力资源和社会保障部，2022.

［14］张建. 让机器人为人们提供更贴心的服务——"服务机器人应用技术员"职业发展概况［J］. 中国培训，2023（10）：64-66.

［15］刘京运."机器人+"应用行动加快推动高质量发展［J］. 机器人产业，2023（2）：42-47.

［16］袁涛. 智能机器人技术进展和新产业平台发展趋势［J］. 天津科技，2024，51（7）：27-29.

［17］王翠林. 智能机器人产业发展现状、问题及政策建议［J］. 机器人产业，2024（3）：1-4.

［18］刘思彤. 国外人形机器人技术前沿及产业发展形势研判［J］. 人工智能与机器人研究，2024，13（2）：246-254.

［19］王军义，韩泉城. ROS 机器人操作系统原理与应用［M］. 科学出版社，2022.

［20］余承健，黄人薇. ROS 机器人设计实训教程［M］. 武汉：武汉大学出版社，2022.

［21］莫宏伟，徐立芳. 移动机器人 SLAM 技术［M］. 北京：电子工业出版社，2023.

［22］赵魁，王文成，钟磊. 机器人操作系统（ROS）基础与应用［M］. 哈尔滨：哈尔滨工业大学出版社，2022.